建筑结构新规范系列培训读本

混凝土异形柱结构技术规程理解与应用

严士超　康谷贻　王依群　赵艳静　陈云霞　编著

中国建筑工业出版社

图书在版编目（CIP）数据

混凝土异形柱结构技术规程理解与应用/严士超等编著．
北京：中国建筑工业出版社，2007
（建筑结构新规范系列培训读本）
ISBN 978-7-112-09117-1

Ⅰ．混… Ⅱ．严… Ⅲ．混凝土结构-异形柱（结构）
-工程技术-规程 Ⅳ．TU375．3-65

中国版本图书馆 CIP 数据核字（2007）第 024646 号

为配合《混凝土异形柱结构技术规程》（JGJ 149—2006）的颁布实施，便于结构设计、审图、施工、监理人员深入学习了解规程，由《规程》编制组编写本书。书中对《规程》的条文规定进行全面、系统的说明和解释，突出异形柱结构的特点，最后还介绍了异形柱结构配筋软件并给出工程实例计算。内容全面，文字简练。

本书适合从事结构设计、施工、监理、审图等技术人员及高校师生参考使用。

* * *

责任编辑：王　梅
责任设计：赵　力
责任校对：安　东　孟　楠

建筑结构新规范系列培训读本
混凝土异形柱结构技术规程理解与应用
严士超　康谷贻　王依群　赵艳静　陈云霞　编著
*
中国建筑工业出版社出版、发行（北京西郊百万庄）
各地新华书店、建筑书店经销
北京密云红光制版公司制版
北京市铁成印刷厂印刷
*
开本：787×1092 毫米　1/16　印张：11¼　字数：278 千字
2007 年 4 月第一版　2007 年 11 月北京第二次印刷
印数：4001-7000 册　定价：**26.00** 元
ISBN 978-7-112-09117-1
（15781）

（邮政编码　100037）
本社网址：http://www.cabp.com.cn
网上书店：http://www.china-building.com.cn

前　　言

中华人民共和国行业标准《混凝土异形柱结构技术规程》（JGJ 149—2006）（以下简称《规程》）已于2006年8月10日由建设部批准实施。为配合结构设计、审图、施工、监理等工程技术人员学习了解和应用《规程》的需要，特编著本书。本书的内容主要是根据《规程》编制所基于的试验研究、理论研究及工程实践的成果，对《规程》的条文规定进行全面、系统的说明和解释。对涉及普通混凝土结构设计及抗震设计的一般原则，由于有关规范中已有专门介绍说明，本书在提到该部分内容时避免大量重复，在内容上主要突出异形柱结构的特点。

本书共分为十章，第一章《规程》编制工作，第二章术语、符号，第三章结构设计的基本规定，第四章结构计算分析，第五章异形柱正截面承载力计算，第六章异形柱斜截面受剪承载力计算，第七章异形柱框架节点核心区受剪承载力计算，第八章结构构造与施工，第九章底部抽柱带转换层的异形柱结构，第十章异形柱结构配筋软件CRSC和工程实例计算。

本书由《规程》编制组各章节主要起草人执笔，各章的撰写人为：严士超第一、二、三、四、九章，赵艳静、陈云霞第五章，王依群、康谷贻第六、七章，王依群、赵艳静、康谷贻、陈云霞第八章，王依群第十章。最后由严士超全面汇总审核定稿。

本书的编写得到了编制组其他起草人的关心与支持，本书的编写工作还得到有关设计、研究、施工单位的帮助，特此表示衷心的感谢！

混凝土异形柱结构是混凝土结构体系中的一个新成员，这种新型结构体系使用时间尚不是很久，还没有积累起足够丰富的工程实践经验。尽管混凝土异形柱结构的国家行业标准已经实施，《规程》的内容还要接受工程实践的检验，《规程》还要进一步补充、修正、深化和发展，恳请读者对本书提出宝贵的意见和建议。

《混凝土异形柱结构技术规程理解和应用》编写组

2006年10月

目　录

第一章　规程编制工作

第一节　《规程》编制任务及编制组的组成

一、任务的来源

2002 年 4 月 4 日，建设部以建标［2002］84 号文件下达中华人民共和国行业标准《混凝土异形柱结构技术规程》（以下简称《规程》）的编制任务，主编单位为天津大学。

二、《规程》编制组的组成

为开展《规程》编制工作，经建设部有关主管部门同意，有 15 个单位的 27 名人员参加《规程》编制组工作，参编单位包括来自设计院、研究机构、高等院校及工程建设等单位；参编单位所在地区涵盖了国内非地震区和不同抗震设防烈度的地震区；参编人员长期从事工程设计、审图、科研等方面的工作，并对异形柱结构有较深的了解和实践经验，或参与过异形柱结构地方标准制订工作；此外，尚有参与过国家有关标准制订、修订工作的人员，有利于与国家标准的沟通与协调。

第二节　《规程》的主要内容

本《规程》共 7 章，1 个附录，内容包括：1. 总则；2. 术语和符号；3. 结构设计的基本规定（3.1 结构体系，3.2 结构布置，3.3 结构抗震等级）；4. 结构计算分析（4.1 极限状态设计，4.2 荷载和地震作用，4.3 结构分析模型与计算参数，4.4 水平位移限值）；5. 截面设计（5.1 异形柱正截面承载力计算，5.2 异形柱斜截面受剪承载力计算，5.3 异形柱框架梁柱节点核心区受剪承载力计算）；6. 结构构造（6.1 一般规定，6.2 异形柱结构，6.3 异形柱框架梁柱节点）；7. 异形柱结构的施工；附录 A 底部抽柱带转换层的异形柱结构。

第三节 《规程》编制的基础

本《规程》是根据国家有关政策文件精神、总结我国混凝土异形柱结构设计施工实践经验、系列研究成果及国内各地方标准编制经验的基础上编制的。

一、关于异形柱结构发展的依据

当今我国各地城乡正以空前的规模进行住宅建设，并正在大力推行住宅产业现代化，迫切需要发展新型住宅结构体系的关键技术及配套技术，为此，建设部近几年来发布了一系列有关指导性的文件，其中涉及异形柱住宅结构体系的研究和发展方面内容的文件，列举如下：

建设部（1995年）在《2000年小康型城乡住宅科技产业工程——项目实施方案》文件关于“住宅结构体系成套技术研究”专题中，列出了异形柱框架、大开间住宅等结构体系，并在框轻、轻板大开间灵活住宅结构体系的关键技术中提出了“T”、“L”、“十字”形截面柱框架。

建设部（1996年）在《住宅产业现代化试点技术发展要点》（试点）文件关于“住宅结构体系”专题中，提出了发展由T形边柱、十字形中柱、L形角柱组成的异形柱框架结构体系。

建设部（1998年）在《关于建筑业进一步推广应用10项新技术的通知》的“建筑节能和新型墙体应用技术”专题中，提出发展框架轻墙建筑体系，积极采用异形柱框架结构……，开发轻质保温隔热墙体材料和框架轻墙多层建筑工艺体系。

建设部在《一九九九年科技成果重点推广项目》中列出了“大开间住宅钢筋混凝土异形柱框轻结构技术”（编号99010），完成单位是天津大学建筑工程学院土木工程系和天津市新型建材建筑设计研究院。

国务院办公厅（1999年）72号文件《关于推进住宅产业现代化提高住宅质量若干意见的通知》第二节“加强基础技术和关键技术的研究，建立住宅技术保障体系‘之三’加强新型结构技术的开发研究”项中，异形柱框轻结构体系被列为住宅建设中五种结构体系之一，并要求进一步完善和提高。

国家发展计划委员会、科学技术部（1999年）联合印发《当前优先发展的高技术产业化重点领域指南》第125项“新型建筑体系”近期产业化的重点中，隐型框架（作者注：异形柱框架属于柱子隐于填充墙体的框架之类）轻型节能建筑体系被列为当前需优先开发和应用的新型建筑体系之一。

上述一系列文件是异形柱结构体系发展的重要依据。

二、《规程》编制基于相当规模的工程应用、设计施工实践经验及地方规程编制经验

异形柱结构是一种新型的结构体系，它的发展和成长走的是科技自主创新的道路。天津市从20世纪70年代后期起在国内最早从事异形柱框架—轻质填充墙体结构（当时简称异形柱框轻结构）的系统研究与工程实践，对异形柱结构进行了长期积极的探索与实践，前后共经历了：①1975～1985年的探索阶段；②1985～1988年的发展阶段；③1988～1990年的推广阶段；④1990～2000年的完善阶段，现已发展成为天津市多层、小高层住宅的主要结构体系之一。天津市科委、建委、墙改办对异形柱结构的探索研究及应用推广长期以来给予了大力的支持。天津市新型建材建筑设计研究院、天津市轻工业设计院等单位很早就对异形柱结构进行了一定规模的工程实践探索和设计研究；天津大学十多年来长期坚持异形柱结构系统的科学研究，在此基础上揭示了异形柱结构的性能规律，并提出了系统的设计方法，天津市建委组织天津大学及天津市新型建材建筑设计研究院合作编制了国内第一本《异形柱结构设计施工技术规程》（DB 26—16—98）（天津市地方标准），1999年天津大学与天津市新型建材设计研究院合作完成的"大开间钢筋混凝土异形柱框轻结构技术"被评为建设部科技成果重点推广项目，对全国异形柱结构的发展及地方规程的编制起了重要的推动作用。

发展异形柱结构体系的基本思路就是：以墙体改革促进建筑功能的改进及建筑结构体系的变革。具体来讲，就是根据建筑设计对建筑功能及建筑布置的要求，在结构不同部位采取不同形状截面的异形柱，异形柱的柱肢厚度及梁宽度与框架填充墙协调一致，避免框架柱在屋角凸出而影响建筑观瞻及使用功能；同时进行墙体改革，采用保温、隔热、轻质、高效的墙体材料作框架填充墙及内隔墙，取代传统的烧结实心黏土砖，以贯彻国家关于节约能源、节约土地、利用废料和环境保护的政策，所以异形柱框轻结构是墙体改革的产物。自从国家颁布法令，从2000年6月1日起逐步在各地禁止使用烧结实心黏土砖以来，长期广泛使用的、传统的砖混结构体系面临淘汰格局，全国工程界都在积极探索住宅建筑结构体系，其中混凝土异形柱结构体系成为备受关注的住宅建筑结构体系之一。

近年来，混凝土异形柱结构在国内各地得到了发展，迄今为止其建成总量据保守粗估已超过2000万m^2。在各地国家级小康住宅及康居住宅示范工程中建有一批采用异形柱结构体系的住宅小区，例如在天津市近年来先后建成并由建设部主持鉴定通过的国家康居住宅示范工程——华苑碧华里（图1.3-1）、居华里（图1.3-2）、绮华里及金厦新都庄园异形柱结构住宅等（图1.3-3）。建设部住宅产业化促进中心主编的《国家小康住宅示范小区实录》及《国家康居住宅示范工程方案精选（第一集）》列出了国内采用异形柱结构体

系的一批住宅示范小区。仅举其中一部分，例如：江苏昆山娄邑小区、无锡新世纪花园、南京月安花园、仪征镜湖花园；浙江杭州山水人家、温州南瓯景园、瑞安康欣花园、平湖梅兰苑、嘉兴金都景苑小区、嘉善证大东方名嘉小区、台州景元花园；广州保利花园；深圳万科四季花城；湛江金沙湾新城二期；济南新世界阳光花园、济南雅居园小区；郑州德亿时代城小区、郑州清华园；沈阳万科新城小区；大连锦华园、大连大有怡园；广西南宁翡翠园；武汉青山绿景园；重庆回龙湾小区；上海爱建园等，无疑对异形柱结构住宅的应用和推广起到了积极的推动作用。目前，国内各地异形柱结构的应用呈现逐渐增加的趋势。

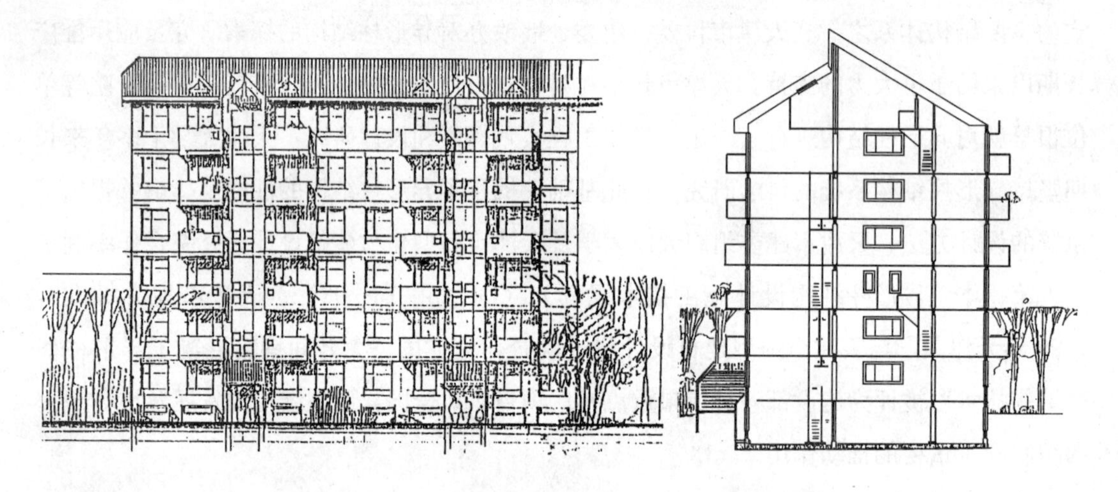

图 1.3-1　天津市华苑碧华里异形柱结构示范建筑

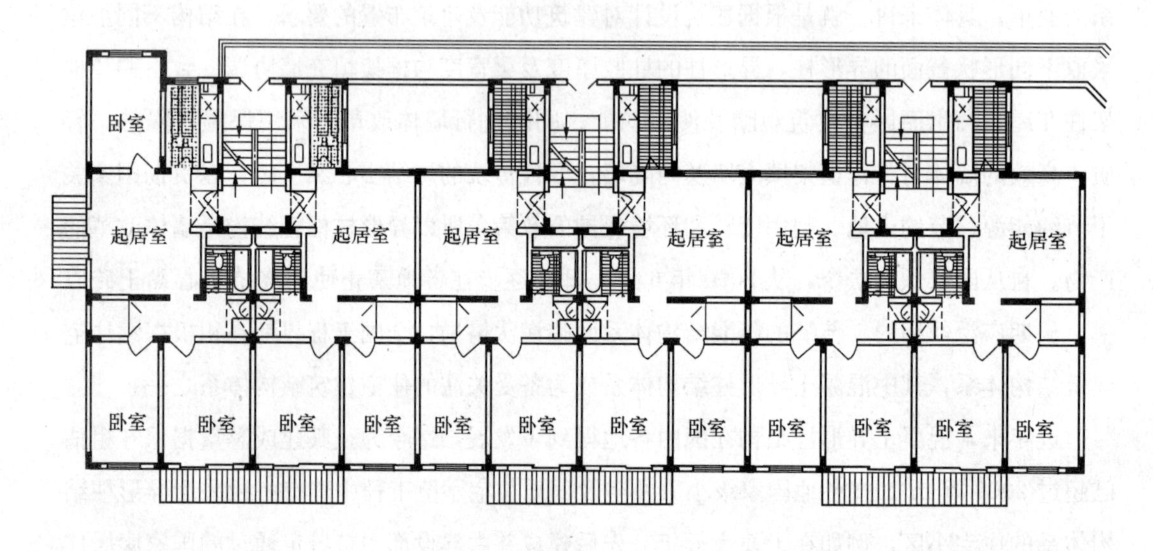

图 1.3-2　天津市华苑居华里异形柱结构示范建筑

混凝土异形柱结构体系主要用于多层、小高层的住宅建筑、低层的别墅建筑，近年来逐渐扩展到用于平面及竖向较为规则的宿舍建筑，例如天津大学、南开大学和河北工业大

图 1.3-3　天津市金厦新都庄园异形柱结构示范建筑

学均先后建成了采用异形柱结构的学生宿舍，工程实践表明效果良好，异形柱结构体系也可用于较为规则的一般民用建筑。

随着异形柱结构在我国各地的发展，迫切需要异形柱结构设计、施工方面的工程技术标准，而国家现行标准中对异形柱结构尚无条文规定，工程实践没有规范依据，因此各地陆续编制、实施了异形柱结构设计、施工暂行规定或地方标准：

(1)《天津市框架轻型住宅设计与施工的若干技术规定》(JG 4—90)，是国内最早的关于异形柱结构设计、施工的地方性暂行技术规定；

(2) 广东省标准：《钢筋混凝土异形柱设计规程》(DBJ/T 15—15—95)，是国内最早的关于异形柱设计的地方标准；

(3) 天津市标准：《大开间住宅钢筋混凝土异形柱框轻结构技术规程》(DB 29—16—98)，该《规程》由天津市建委组织天津大学与天津市新型建材设计研究院合作编制，首次对异形柱结构，从结构设计的一般规定、荷载和地震作用、结构计算，到异形柱构件的截面设计（正截面、斜截面和梁柱节点）、结构构造和施工作出全面的技术规定，填补了当时国内外在该领域的空白，在国内具有重要影响；

(4) 甘肃省标准设计：《钢筋混凝土异形柱结构框架构造图集》(DBJ/T 25—77—99)；

(5) 安徽省标准：《异形柱框架轻质墙（抗震）设计规程》(DB 34/222—2001)；

(6) 江苏省标准：《钢筋混凝土异形柱框架结构技术规程》(DB 32/512—2002)；

(7) 江西省标准：《钢筋混凝土异形柱结构技术规程》(DB 36/T 386—2002)；

(8) 上海市标准：《钢筋混凝土异形柱结构技术规程》(DG/TJ 08—009—2002)；

(9) 河北省标准：《钢筋混凝土异形柱框轻住宅技术规程》(DB 13 (J) 36—2002)；

(10) 天津市标准：《钢筋混凝土异形柱结构技术规程》(DB 29—16—2003)，是上述天津市1998年标准按国家新规范的修订版；

（11）辽宁省标准：《钢筋混凝土异形柱结构技术规程》（DB 21/1233—2003）。

上列这些地方标准的实施，均为本《规程》的编制提供了重要的基础。

三、《规程》编制基于系统的科研成果基础

本《规程》的编制主要基于下列科研成果：

异形柱结构体系是一种新型的结构体系，异形柱的特性较普通矩形柱更为复杂，又缺乏结构震害资料，所以必须在异形柱结构的基础技术和关键技术的研究方面做系统、扎实的工作。随着异形柱结构在各地住宅建设中应用的不断发展，异形柱结构逐渐成为我国建筑结构领域科学研究备受关注的热门课题之一，国内各高等院校、科研单位和设计院也纷纷展开研究，逐步积累了一批异形柱结构丰富的科研成果（示于各章的参考文献）。此外，在《规程》编制期间，编制组还根据《规程》编制工作的需要，在当时已有科研成果的基础上，又专门组织完成了一批科研课题，取得了编制工作直接所需的重要成果。所有这些科研成果均为《规程》的编制提供了系统扎实的科技基础，以下对此作重点说明。

（1）异形柱截面设计（包括正截面、斜截面及梁柱节点）的条文内容编制，主要是基于天津大学先后对75个异形柱截面（T形、L形及十字形）柱的试验研究及理论研究成果，其中正截面32个试件，斜截面27个试件，梁柱节点16个试件。这批科研成果早在1998年已为天津市异形柱结构规程编制所采用，曾获天津市科技进步一等奖、建设部科技进步二等奖 、建设部科技成果重点推广项目、L形柱双向偏压研究成果论文曾获美国COLBY科学文化讯息中心奖状，这批研究成果是《规程》关于异形柱截面设计部分条文编制的基本依据，并在《规程》编制阶段有进一步的补充和深化发展，又再用于本《规程》的编制。

（2）为使异形柱轴压比限值的表达形式与国家现行标准相关规定的表达形式协调一致，及改进异形柱加密区箍筋配置的条文规定，在《规程》编制阶段，天津大学又进一步在原有研究成果基础上系统地进行了12960根等肢和46624根不等肢T形、L形及十字形截面柱在不同弯矩作用方向角、不同轴压比条件下截面曲率延性比的电算分析，得到了在不同抗震等级下异形柱轴压比与配箍特征值的关系，由此得到与国家现行标准相关规定表达形式一致的异形柱轴压比限值，反映了最不利弯矩作用方向角域条件下对应各抗震等级的最大轴压比限值，并从纵筋压曲和约束混凝土两方面来分析箍筋配置对异形柱延性的影响，给出了异形柱的配箍构造规定。

（3）为制定异形柱斜截面受剪承载力计算的有关条文，在《规程》编制阶段，天津大学在原有研究成果基础上，又对国内总计为63个试件的试验结果进行了统计分析，验证

了所提出的计算方法有较大的安全储备，由此得到与国家现行标准形式一致的斜截面受剪承载力计算公式。

(4) 关于梁柱节点核心区受剪承载力计算与构造的条文编制，天津大学在原有对12个异形柱框架底层和中间层节点研究成果的基础上，又进一步补充顶层端节点和中间节点的数据，在《规程》编制阶段，天津大学、南昌大学完成了16个梁柱节点试件的试验研究，研究成果直接用于该部分的《规程》条文编制。

(5) 关于异形柱结构适用的房屋最大高度的有关条文，是基于天津大学根据国家现行相关标准及本《规程》规定的要求，对150多例异形柱结构典型工程的结构分析结果，针对异形柱框架结构及框架—剪力墙结构两种体系、多种不同情况和条件（平面布置、柱网尺寸、结构自重、抗震设防烈度及场地类别），考虑现有异形柱结构抗震试验研究成果及设计、施工的工程实践经验综合归纳得到的，并通过了《规程》试设计的考核。

(6) 关于异形柱结构地震作用计算原则的有关条文，为反映异形柱内力、变形特性随地震作用方向变化呈现显著差异的特性，更充分把握异形柱结构的抗震安全性，编制组进行了专题分析研究，对一批异形柱结构典型工程进行了多方向地震作用计算分析，根据系列计算结果，分析归纳出规律性的结论，由此确定：7度（0.15g）及8度（0.20g）时异形柱结构除在0°、90°正交方向外，尚应对与主轴成45°方向进行地震作用补充验算的条文规定，该规定通过了《规程》试设计的考核。

(7) 关于异形柱结构的抗震试验，由于异形柱结构是新型结构体系，目前尚没有实际地震作用下异形柱结构的震害破坏资料，因此在编制异形柱结构规程中，需要异形柱结构的抗震试验研究成果。

自20世纪80年代以来，国内各单位已完成的异形柱结构抗震试验（包括振动台试验及水平往复荷载试验）研究成果已达20余项，但它们主要限于7度抗震设防条件，为研究、考核8度抗震设防条件下异形柱结构的抗震性能及震害破坏规律，在本《规程》编制阶段，编制组专门组织昆明理工大学、天津大学、同济大学等协作进行了一批针对8度抗震设防条件的异形柱结构抗震试验，包括6层框架结构模型振动台试验（图1.3-4）、10层框架—剪力墙结构模型振动台试验（图1.3-5），及异形柱结构模型的水平往复荷载试验，该项试验得到了昆明市建设局及墙改办的有力支持。

图1.3-4 振动台试验的异形柱框架结构模型（按8度抗震设防要求）

图 1.3-5 振动台试验的异形柱框架—剪力墙结构模型（按 8 度抗震设防要求）

综合现有关于异形柱结构抗震试验的研究成果，都不约而同地得到了相同的结论，归纳而言之，即：合理设计的异形柱结构，破坏属于梁铰机制，能满足现行国家标准《建筑抗震设计规范》（GB 50011—2001）对建筑抗震设防的要求。这些试验研究结果在肯定异形柱结构抗震性能的同时，也指出了异形柱结构的某些不足之处，在《规程》编制中得到了重视（将在以下各有关部分内容中述及）。

异形柱结构的系列抗震试验研究成果对于研究异形柱结构的抗震性能及震害破坏规律具有重要意义，并为《规程》的编制提供了重要的基础。

（8）底部抽柱带转换层异形柱结构的条文规定，主要基于东南大学的底部抽柱带转换层异形柱结构（9 层）模型的振动台试验（试验肯定了这种梁托柱的转换方式在技术上是可行的，并得出结论是这种结构形式能够满足现行国家标准《建筑抗震设计规范》（GB 50011—2001）对结构抗震设防的要求）及系统计算分析的研究成果，并考虑现有关于底部抽柱带转换层异形柱结构的实际工程设计施工经验，该部分有关条文规定通过了《规程》试设计的考核。

（9）天津大学配合《规程》编制了异形柱正截面、斜截面受剪承载力及节点核心区受剪承载力设计计算的专用软件 CRSC（Computation and Reinforcement of Structure with Specially Shaped Columns），可与现行通用大型软件 TAT 及 SATWE 配套使用，使异形柱正截面承载力等繁复的数值分析更为便捷可靠，已在国内一些地区的异形柱结构工程设计中应用。

第四节 《规程》编制的原则

一、安全适用、技术先进、经济合理、确保质量

在总则的第 1.0.1 条中，本《规程》编制的原则将安全适用放在第一位。鉴于异形柱结构是一种新型结构体系，它使用至今，尽管进行了不少试验及理论研究，并积累了一定的设计施工实践经验，但毕竟使用时间并不很久，又缺乏结构震害资料，故编制组始终本着审慎、严格的态度进行《规程》编制，用以指导设计施工，确保工程质量、确保结构抗震安全。

《规程》于2005年9月24～25日通过建设部主持的专家委员会鉴定，结论为："《规程》的编制工作总体上达到了国际先进水平"，符合规程编制对技术先进的要求，也符合我国当前对科技自主创新的要求。

二、《规程》编制突出异形柱结构的特点

现有研究成果表明：异形柱与矩形柱在截面特性、内力、变形及抗震性能上均有较大的差异；异形柱即使截面形状相同、截面的肢高与肢厚比不同时，彼此性能也不相同；当所受荷载（作用）的方向不同时，性能上又有差异；若截面的肢高或肢厚不同时，则其性能更为复杂。国家现行有关标准中尚无关于混凝土异形柱结构的设计规定。本《规程》专门针对异形柱结构的结构布置、适用的最大高度、适用的最大高宽比、抗震等级、地震作用计算、结构分析模型、水平位移限值、正截面承载力计算、斜截面受剪承载力计算、梁柱节点核心区受剪承载力计算和结构构造、施工及底部抽柱带转换层的异形柱结构，系统给出了《规程》条文规定；有些方面的条文采用国家现行标准的规定，但要求上适当有所加严，体现了异形柱结构的特色。

三、与国家现行标准配套使用，协调统一

混凝土异形柱结构与普通矩形柱混凝土结构之间既存在着各自不同的特性，又存在着一般的共性；它们之间尽管有上述一系列的差异，但在结构设计的基本准则上是一致的。例如：异形柱结构也应进行承载能力极限状态和正常使用极限状态的计算；异形柱结构的竖向荷载、风荷载、雪荷载及地震作用等取值及荷载（作用）效应组合原则等，均应符合现行国家标准《建筑结构荷载规范》（GB 50009—2001）及《建筑抗震设计规范》（GB 50011—2001）的有关规定。

本《规程》遵照国家现行相关标准《建筑结构可靠度设计统一标准》（GB 50068—2001）、《建筑结构荷载规范》（GB 50009—2001）、《混凝土结构设计规范》（GB 50010—2002）、《建筑抗震设计规范》（GB 50011—2001）、《混凝土结构工程施工质量验收规范》（GB 50204—2002）及《高层建筑混凝土结构技术规程》（JGJ 3—2002）等标准，并根据异形柱结构有关试验研究成果、理论研究成果和设计施工的实践经验编制而成的。本《规程》在实际使用中应与国家现行相关标准配套使用。异形柱结构中的梁、板、剪力墙等构件应按国家现行相关标准设计、施工。

四、贯彻国家关于节约能源、节约土地、利用废料、环境保护方面的政策

异形柱结构原先在天津市等地墙体改革及新型住宅结构体系探索中，是作为异形柱框架

—轻墙—节能结构体系发展起来的，是墙体改革的产物，在此基础上发展至今。本《规程》条文中规定异形柱结构填充墙应优先采用工业废料制作的、具有保温、隔热、节能等功能的新型轻质墙体（砌体或墙板）作框架填充墙，促进墙体改革，推进住宅产业现代化，贯彻国家关于节约能源、节约土地、利用废料、环境保护方面的政策，在当前具有重要的意义。

第五节 《规程》编制工作过程

在《规程》编制阶段，为研究成果及时交流总结及编制工作研讨，共召开过五次编制组成员参加的《规程》编制工作会议，十八次小型专题研讨会。为满足《规程》编制的需要，除已有的异形柱系列科研成果外，在《规程》编制的各阶段，还配合进行了一批有关的试验研究、理论研究及计算分析工作（见前所列）。

（1）第一次编制工作会议（2001年12月24～25日）及该阶段工作：

● 主管单位（建设部）领导出席会议，下达任务并传达《规程》编制精神；

● 成立《规程》编制组，全体参加工作人员到会；

● 明确《规程》编制任务及分工要求；

● 讨论并确定为《规程》编制需配合进行的试验研究、理论研究及计算分析研究工作，及《规程》编制的重点内容；

● 拟定《规程》编制工作大纲，着手开展有关研究及编制工作；

● 酝酿、准备《规程》讨论稿（草案），先后开过多次小型专题研讨会议。

（2）第二次编制工作会议（2002年9月2～9日）及该阶段工作：

● 进行适用的房屋最大高度及结构布置的有关研究；

● 研讨底部抽柱带转换层的异形柱结构振动台试验研究成果；

● 进行框架顶层节点的试验研究；

● 在《规程》讨论稿的基础上，酝酿、准备《规程》征求意见稿（草案），先后开过多次小型专题研讨会议。

（3）第三次编制工作会议（2003年4月7～9日）及该阶段工作：

● 在该次会议上对历经五个版本修改、补充的《规程》征求意见稿进行深入研讨，在此基础上正式确定《规程》的征求意见稿；

● 将《规程》征求意见稿发往全国有关单位、专家，征集对《规程》的意见和建议；同时，建设部将《规程》征求意见稿在网上公布，向全国广泛征集意见；

● 进行异形柱结构6层框架结构振动台模拟地震试验；

● 进行异形柱结构10层框架—剪力墙结构振动台模拟地震试验。

（4）第四次编制工作会议（2004 年 6 月 28～30 日）及该阶段工作：

● 编制工作会议上深入讨论、研究了征集来的对《规程》的意见和建议，逐条进行认真研究分析和处理解决，认真落实到《规程》条文的改进上；

● 初步草拟《规程》送审稿草稿；

● 进行地震作用计算的多方向附加验算问题的研究分析；

● 进行异形柱延性及轴压比限值的研究分析；

● 进行框架节点承载力计算分析研究；

● 进行三榀异形柱框架模型水平往复荷载试验；

● 进行典型工程试设计工作。

（5）第五次编制工作会议（2005 年 6 月 16～18 日）及该阶段工作：

● 进行试设计的交流、研讨和总结；

● 汇报、交流和研讨重点问题的研究成果及相关条文内容；

● 在之前工作的基础上，通过深入研讨，反复修改，正式确定《规程》送审稿；

● 讨论《规程》上报送审的准备工作。

（6）2005 年 9 月 25 日通过了建设部组织的审查委员会对《规程》送审稿的审查。

第六节　《规程》的试设计工作

在《规程》送审之前，编制组专门组织各参编单位进行试设计工作。试设计的目的是检验《规程》条文规定的合理性、用于实际工程设计的可实施性和可操作性，以及与国家现行标准的协调性，发现《规程》条文规定可能的不足和问题，以便及时对《规程》送审稿进行修改或补充。

为使试设计具有较充分的代表性，编制组将试设计工作安排处于非地震区和 6 度、7 度以及 8 度地震区共六个区（基本覆盖了全国代表性的区域）、十个参加单位，结合本地区的条件完成。

试设计共 25 个工程项目，包括异形柱框架结构、异形柱框架—剪力墙结构两种结构体系。

一、试设计的原则和基本规定

（1）设计和计算严格执行《规程》以及国家现行相关技术标准。不考虑各地方标准以及试设计单位内部制定的技术规定、技术措施，以确切反映《规程》条文规定的合理性、可实施性和可操作性。

(2) 试设计工程的项目为居住(住宅或宿舍)建筑。

(3) 试设计工程的结构选型:异形柱框架结构、异形柱框架—剪力墙结构、底部抽柱带转换层的异形柱框架结构和底部抽柱带转换层的异形柱框架—剪力墙结构。

(4) 结构设计按非抗震、抗震设防烈度6度(0.05g)、7度(0.10g,0.15g)和8度(0.20g)。底部抽柱带转换层的异形柱结构不考虑7度(0.15g)和8度抗震。

(5) 材料:混凝土强度等级不低于C25,不高于C50;钢筋采用HPB235、HRB335和HRB400级。

(6) 试设计项目房屋的总高度根据结构类型和抗震设防烈度,按《规程》规定的适用的房屋最大高度确定。

(7) 结构计算分析软件采用中国建筑科学研究院PKPM系列(TAT或SATWE),异形柱框架节点和异形柱正截面、斜截面设计采用天津大学编制的设计软件CRSC。

(8) 按《规程》编制组编制的统一格式要求,汇总试设计的基本参数、结果数据、主要技术经济指标,并提出试设计的分析意见和结论。

二、试设计分析和结论

配合《规程》的编制,参加试设计的单位对试设计成果提出了专项设计文件和分析报告,通过试设计分析的主要结论可归纳为以下几方面:

(1) 试设计项目的房屋高度大多接近《规程》规定的适用的房屋最大高度。通过试设计归纳得到影响结构最大高度的主要因素:非抗震设计和6度、7度(0.10g)抗震设计时,结构的最大高度一般由柱轴压比或节点核心区受剪承载力控制;而7度(0.15g)及8度(0.20g)抗震设计时,则主要受节点核心区受剪承载力的控制。试设计工作表明,关于异形柱结构适用的房屋最大高度的规定是合理的。

(2) 试设计项目的结构分析表明:异形柱结构具有较大的侧向刚度,所有算例的结构侧向位移角均能满足《规程》规定的位移角限值。

(3) 底部抽柱带转换层异形柱结构的试设计共7个项目,其中6项底部抽柱数接近转换层相邻上部楼层框架柱总数的30%,满足《规程》不宜超过30%的规定要求。转换层上部结构与下部结构的侧向刚度比为1.06~1.14,满足《规程》"侧向刚度比宜接近1"的规定要求。

(4) 7度(0.15g)和8度(0.20g)抗震设计的部分试设计项目发现:地震作用方向与结构主轴方向成45°、135°时,异形柱配筋有可能比0°、90°正交方向地震作用时增大,尤其是L形柱。验证了《规程》关于抗震设防7度(0.15g)和8度(0.20g)时,除在异形柱结构两个主轴方向分别计算水平地震作用并进行抗震验算外,尚应对与主轴成45°方向进行补充验算的规定是必要的。

(5) 试设计项目的材料用量指标：由于结构类型、结构平面布置、设防烈度的不同，材料用量指标有较大的变化。一般来说，同一类型结构的材料指标，随抗震设防烈度和建筑高度的增大而增加。

(6) 综合归纳25项试设计成果，结论是：试设计结构分析的各项计算结果数据均满足《规程》和现行国家标准的规定要求。《规程》所确定的异形柱结构设计各项技术规定合理、《规程》符合可实施性和可操作性要求。

三、结合试设计，对居住建筑采用异形柱结构和矩形柱结构作了比较

(1) 主体结构材料用量指标（混凝土和钢筋），异形柱结构比矩形柱结构稍大。根据几个试设计项目材料的统计，混凝土用量约增加4%～6%；钢筋用量约增加5%～9%，具体差异随不同设计方案而异。

(2) 异形柱结构柱子隐于墙体，房内不凸现柱子棱角，而且由于隐柱，采用异形柱结构房屋的有效使用面积要比矩形柱结构房屋稍大，据试设计中对某设计方案的估算，采用异形柱结构可增加净面积约0.6%～1.2%，具体增幅随不同设计方案而异。

因此，虽然异形柱结构的材料指标和工程造价比矩形柱结构稍高，但综合考虑到建筑使用功能的改善，受到住户及开发商的欢迎，异形柱结构应用于居住建筑工程，仍有其优越性。试设计工程一览表见表1.6-1。

试设计工程一览表　　**表1.6-1**

序号	试设计项目名称	结构类型	建筑层数	建筑总高（m）	抗震设防烈度（地震加速度）、场地类别	完成单位
1	住宅	框　架	9	26.5	非抗震	南昌有色冶金设计研究院 南昌大学土木工程学院
2			8	23.6	6度（0.05g）、Ⅲ类	
3			7	20.7	7度（0.1g）、Ⅲ类	
4			6	17.8	7度（0.15g）、Ⅲ类	
5		框架（底部带转换层）	7（底部3层）	24.5	非抗震	
6			6（底部2层）	20.3	6度（0.05g）、Ⅲ类	
7			5（底部2层）	17.4	7度（0.1g）、Ⅲ类	
8		框架—剪力墙	17	49.7	非抗震	
9			15	43.9	6度（0.05g）、Ⅲ类	
10			13	38.1	7度（0.10g）、Ⅲ类	
11			12	35.2	7度（0.15g）、Ⅲ类	
12		框架—剪力墙（底部带转换层）	14（底部3层）	44.8	非抗震	
13			12（底部2层）	39.0	6度（0.05g）Ⅲ类	
14			11（底部2层）	36.1	7度（0.10g）Ⅲ类	

续表

序号	试设计项目名称	结构类型	建筑层数	建筑总高（m）	抗震设防烈度（地震加速度）场地类别	完成单位
15	住宅	框架—剪力墙	12	34.8	7度（0.15g）、Ⅲ类	天津市建筑设计院
16	学生宿舍	框架	6	18	7度（0.15g）、Ⅲ类	天津市新型建材建筑设计研究院
17			4	12	8度（0.2g）、Ⅱ类	
18	住宅	框架	地上6层 地下1层	20.1	7度（0.1g）、Ⅲ类	南京市建筑设计研究院
19	住宅	框架	4	11.8	8度（0.2g）、Ⅱ类	甘肃省建筑设计研究院
20	住宅	框架	4	12.6	8度（0.2g）、Ⅲ类	云南省建筑工程设计院
21	住宅	框架—剪力墙	7	20.3	8度（0.2g）、Ⅲ类	昆明理工大学 昆明恒基建设工程项目施工图文件审查有限公司
22			8	23.65	8度（0.2g）、Ⅲ类	
23			9	26.1	8度（0.2g）、Ⅲ类	
24	住宅	框架	6	20.0	7度（0.1g）、Ⅱ类	广州容柏生建筑工程事务所
25		框架—剪力墙（底部带转换层）	9	30.0	7度（0.1g）、Ⅱ类	

第七节 《规程》强制性条文的报审

2005年9月24～25日《规程》审查会议后，编制组将《规程》的强制性条文专门报送建设部强制性条文（房屋建筑部分）咨询委员会进行审查，2005年10月17日，咨询委员会对报审的《规程》强制性条文正式批复审查意见：同意第3.3.1条、第4.1.1条、第4.2.3条、第4.2.4条、第4.3.6条、第5.3.1条、第6.1.6条、第6.2.5条、第6.2.10条、第7.0.2条、第7.0.3条、第7.0.4条为《规程》的强制性条文，必须严格执行。

第八节 《规程》的报批

编制组通过落实《规程》审查委员会及强制性条文（房屋建筑部分）咨询委员会的审查意见，经全面认真地修改、补充、整理后完成《规程》报批稿，2005年11月将《规程》报批稿报建设部审批。建设部于2006年3月9日以415号公告正式发布国家行业标准《混凝土异形柱结构技术规程》（JGJ 149—2006），并宣布于2006年8月1日起正式实施。

参考文献

[1]　建设部建标[2004]84 号文件．北京:2004.

[2]　建设部公告第 415 号．关于发布行业标准混凝土异形柱结构技术规规范(JGJ 149—2006)的公告．2006.

[3]　《规程》编制组．天津市异形柱框轻结构的研究及技术规程编制．《建筑结构》,总第181 期．1999.

[4]　刘松涛等．轻型建筑在天津．北京:中国建筑工业出版社,1993.

[5]　建设部住宅产业化促进中心．国家小康住宅示范小区实录．北京:中国建筑工业出版社,2003.

[6]　建设部住宅产业化促进中心．国家康居住宅示范工程方案精选(第一集)．北京:中国建筑工业出版社,2003.

[7]　严士超．异形柱框轻结构节能住宅结构体系．小康住宅结构体系成套技术指南,第六章,P 347—388,2001 年,北京:中国建筑工业出版社,2001.

[8]　天津市框架轻型住宅设计与施工的若干技术规定(JJG 4—90)．1990.

[9]　广东省标准．钢筋混凝土异形柱设计规程(DBJ/T 15—15—95)．1995.

[10]　天津市标准．大开间住宅钢筋混凝土异形柱结构框轻结构技术规范(DB 29—16—98)．1998.

[11]　编制组严士超等．天津市异形柱框轻结构的研究及技术规程编制．建筑结构,1999,(1):7～10.

[12]　甘肃省标准设计:钢筋混凝土异形柱结构框架构造图集(DBJ/T 25—77—99)．1999.

[13]　安徽省标准:异形柱框架轻质墙(抗震)设计规程(DB 34/222—2001)．2001.

[14]　江苏省标准:钢筋混凝土异形柱框架结构技术规程(DB 32/512—2002)．2002.

[15]　江西省标准:钢筋混凝土异形柱结构技术规程(DB 36/T386—2002)．2002.

[16]　上海市标准:钢筋混凝土异形柱结构技术规程(DG/TJ 08—009—2002)．2002.

[17]　河北省标准:钢筋混凝土异形柱框轻住宅技术规程(DB 13(J)36—2002)．2002.

[18]　天津市标准:钢筋混凝土异形柱结构技术规程(DB 29—16—2003)．2003.

[19]　辽宁省标准:钢筋混凝土异形柱框轻住宅技术规程(DB 21/1233—2003)．2003.

[20]　《规程》编制组严士超等．混凝土异形柱结构的应用发展、科学研究及规程编制基础,全国混凝土异形柱结构学术研讨会论文集:混凝土异形柱结构理论及应用．北京:知识产权出版社,2006.

[21]　中华人民共和国行业标准:混凝土异形柱结构技术规程送审报告．天津:2005.

第二章 术语、符号

第一节 术语、符号的解释及依据

“术语”是指技术学科中的专业用语或专门用语。

“符号”是采用字母或特定标志简明地表达某一术语的方式。

本《规程》的术语、符号是根据现行国家标准《工程结构设计基本术语和通用符号》(GBJ 132—90)、《建筑结构设计术语和符号标准》(GB/T 50083—97)和国家有关标准，并考虑异形柱结构的特点制定的。

第二节 异 形 柱

《规程》第 2.1.1 条对异形柱的术语进行了解释。

异形柱是异形截面柱的简称。这里所谓“异形截面”是指柱截面的几何形状与常用普通的矩形截面相异而言。异形柱是指在满足结构刚度和承载力等要求的前提下，根据建筑使用功能、建筑设计布置的要求而采取不同几何形状截面的柱，诸如：T、L、十、乚、匚等形状截面的柱。《规程》目前仅列入 T 形、L 形、十字形三种截面形式的异形柱（图 2.2-1)，因为对此三种截面形式在实际工程中应用较多，积累的试验研究、理论研究成果及工程实践经验较多。而对其他形状截面的柱，由于目前缺乏充分的研究成果依据而未列入，为适应异形柱结构发展的需要，有待今后进一步研究充实。

异形柱内力和变形的性能与一般普通矩形柱相比有较大的差异。异形柱所受外力方向

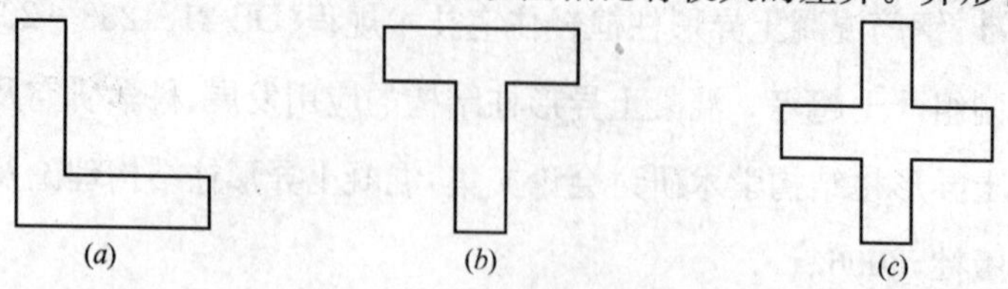

图 2.2-1 常用异形柱截面形式图

(a) L 形柱；(b) T 形柱；(c) 十字形柱

变化，或异形柱截面肢高、肢厚变化时，其内力、变形的性能就会相应呈现复杂的变化。工程实用中异形柱各肢的肢高或肢厚，可能相等或不相等，抗震设计中宜采用等肢等厚的异形柱。当不得不采用不等肢异形柱时，根据《规程》第 6.1.4 条说明：柱两肢的肢高比不宜超过 1.6，且肢厚相差不大于 50mm。

第三节　异形柱结构

《规程》第 2.1.2 条对异形柱结构的术语进行解释。

本《规程》中定义的异形柱结构是以 T 形、L 形、十字形等截面的异形柱代替一般框架柱作为竖向支承构件而构成的结构（图 2.2-2），在设计中可根据建筑设计对建筑功能及建筑布置的要求，在结构的不同部位，采取不同形状截面的异形柱。异形柱的柱肢厚度及梁宽度与框架填充墙协调一致，避免了框架柱及梁在屋内凸出，从建筑学角度也可称其为“隐式框架”，意即框架结构的梁、柱与填充墙平齐，隐而不露。图 2.2-3 所示为采用异形柱结构住宅的建筑布置（天津市某实际工程），由图可见，异形柱比矩形柱少占建筑空间，改善建筑内部观瞻，且为建筑设计的灵活性与有效利用建筑空间提供了有利条件，受到住户及开发商的欢迎。

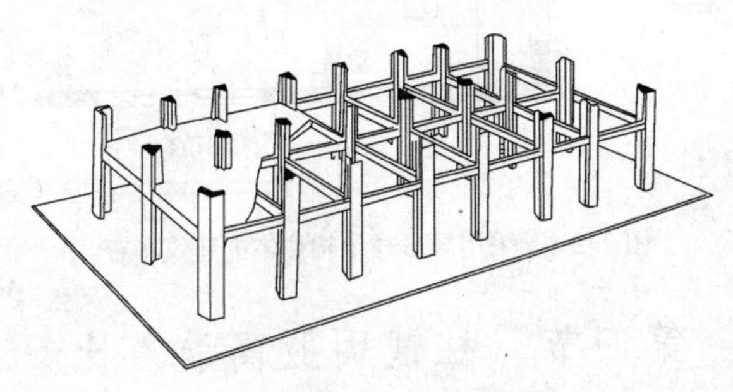

图 2.2-2　异形柱框架结构体系示意图

《规程》中规定异形柱结构可采用框架结构和框架—剪力墙结构两种体系，该两种体系尚可根据建筑功能的需要形成底部抽柱带转换层的异形柱结构。

有关异形柱结构与一般普通矩形柱结构在结构设计的基本规定、结构计算分析、柱截面设计、构造及施工方面的差异和特点，在本《规程》的有关条文规定中有所体现。

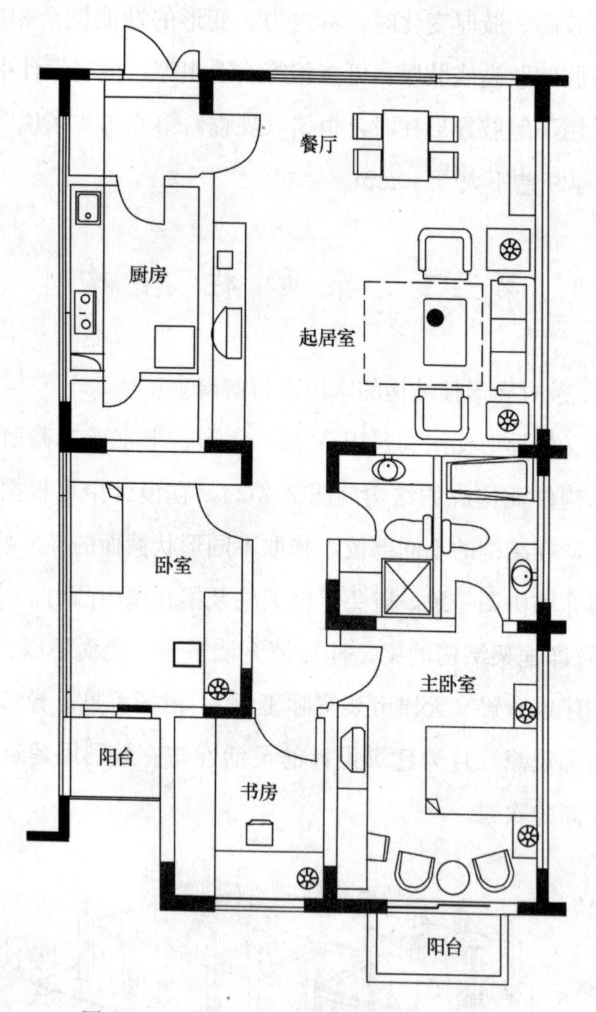

图 2.2-3 采用异形柱结构住宅的建筑布置

第四节 柱截面肢高肢厚比

《规程》第 2.1.3 条对柱截面肢高肢厚比的术语进行了解释。

柱截面肢高肢厚比是指异形柱柱肢截面高度与厚度的比值。研究表明，即使是同一种异形截面柱，当柱截面肢高肢厚比不同时，柱的内力和变形的性能会出现不同的差异，本《规程》对异形柱截面各肢的肢高肢厚之比控制在不大于 4 的范围，这种条件下异形柱在偏心受压状态下的应变基本符合平截面假定，其力学性能符合柱的特性。

参考文献

建筑结构设计术语和符号标准(GB/T 50083—97). 北京:中国建筑工业出版社,1997.

第三章 结构设计的基本规定

第一节 结 构 体 系

一、混凝土异形柱结构体系

第3.1.1条对《规程》所指的异形柱结构体系作出规定。

自从异形柱结构开始应用至今，实际工程应用的主要是以T形、L形和十字形截面的异形柱构成的框架和框架—剪力墙结构体系，对柱的其他截面形式由于目前缺乏充分研究成果依据及问题的复杂性而未列入。这里的异形柱框架结构体系包括全部由异形柱作为竖向受力构件组成的钢筋混凝土结构（图3.1-1），也包括由于结构受力等需要而部分采用一般框架柱的情形。如图3.1-2所示的天津市某工程实例，对负荷较大的中间柱采用了方柱，既满足了结构的要求，又基本发挥了异形柱结构建筑功能的优点。

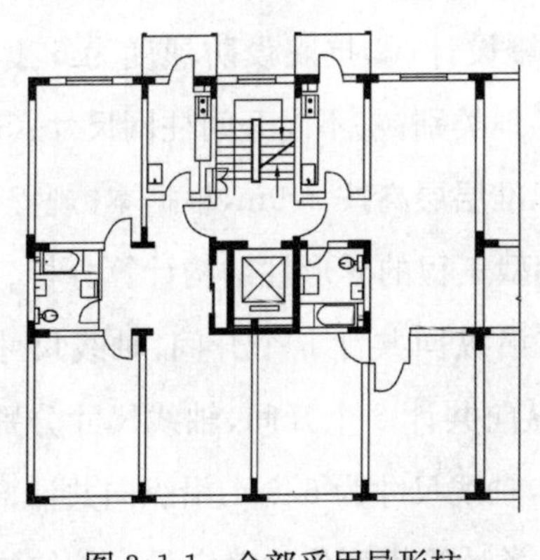

图3.1-1 全部采用异形柱的结构（工程实例）

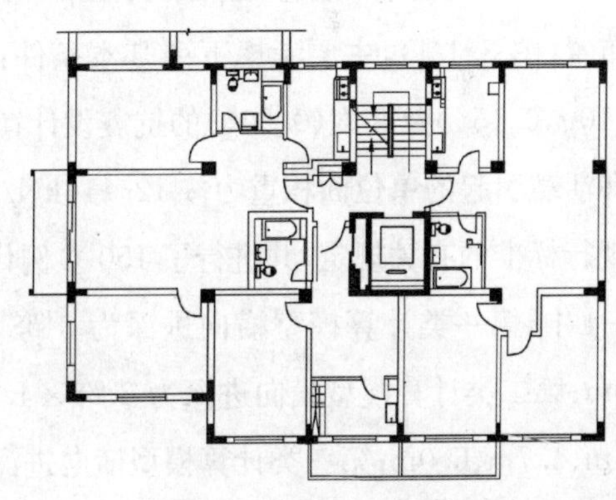

图3.1-2 异形柱与方柱合用的结构（工程实例）

为满足在建筑物底部设置大空间的建筑功能要求，可以采用“底部抽柱、以梁托柱”的转换技术，形成底部抽柱带转换层的异形柱框架结构或异形柱框架—剪力墙结构（图3.1-3），此时应遵守本规程附录A的规定。

框架—核心筒结构是框架—剪力墙结构中剪力墙集中布置于建筑平面核心部位的一种特殊情形，其核心筒具有较大的空间刚度和抗倾覆力矩的能力，但其外围周边框架柱的抗

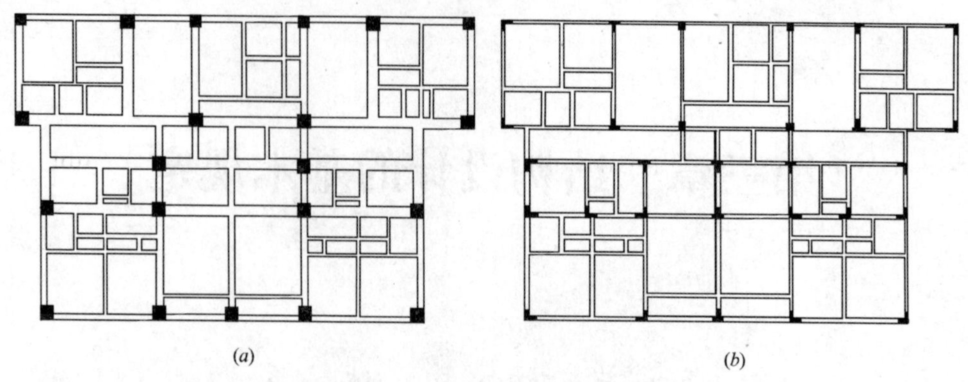

图 3.1-3　底部抽柱带转换层的异形柱框架结构（工程实例）
（a）转换层结构平面图；（b）上部结构平面图

扭能力相对薄弱，成为抗震的薄弱环节，现有的震害资料表明，框架—核心筒结构在强烈地震作用下，框架柱的损坏程度明显大于核心筒。考虑到异形柱结构的特性，以及目前对异形柱用于此类结构体系尚缺乏研究和工程实践，故现阶段《规程》的异形柱结构中未包括此类结构体系。

二、异形柱结构适用的房屋最大高度

对混凝土异形柱结构，从结构安全和经济合理等方面综合考虑，其适用的房屋最大高度应有所限制，我国现行有关标准中还没有对异形柱结构适用的房屋最大高度做出规定，为此，《规程》针对混凝土异形柱框架及框架—剪力墙两种结构体系、三种典型代表性的结构平面布置(图 3.1-4)，主要考虑下列基本条件：①非抗震设计；②抗震设防烈度为 6 度、7 度(0.10g，0.15g)及 8 度(0.20g)的抗震设计；③不同场地类别；④不同开间柱网尺寸；⑤由恒载和活载引起的单位面积重力按 12～14kN/m^2；⑥标准层层高按 2.9m，根据本《规程》及国家现行标准的有关规定，共进行了 150 多例代表性典型工程的异形柱结构计算分析。在图 3.1-4 中，第一类计算模型横向进深为 3 跨×4.5m，沿纵向共计 6 个开间，轴线尺寸取为 4.5m；第二类计算模型横向进深为 3 跨×4.5m，沿纵向共计 6 个开间，轴线尺寸分别采用 5.4m、5.7m、6.0m；第三类计算模型横向进深为两跨，轴线尺寸为 6.6m，沿纵向共计 6 个开间，轴线尺寸分别采用 5.1m、5.4m、5.7m。其中第一类计算模型作为确定异形柱结构适用的房屋最大高度的基本计算模型。

根据上述工作的基础，将结构计算分析结果综合考虑异形柱结构现有的理论研究、试验研究成果及设计、施工的工程实践经验，由此归纳总结得到本《规程》第 3.1.2 条关于异形柱结构适用的房屋最大高度的条文规定，并与现行国家标准相关规定的表达方式基本保持一致，用作工程设计的宏观控制。通过《规程》编制组组织各参编单位进行的 25 项典型工程试设计的考核，认为本《规程》关于异形柱结构适用的房屋最大高度的规定是合

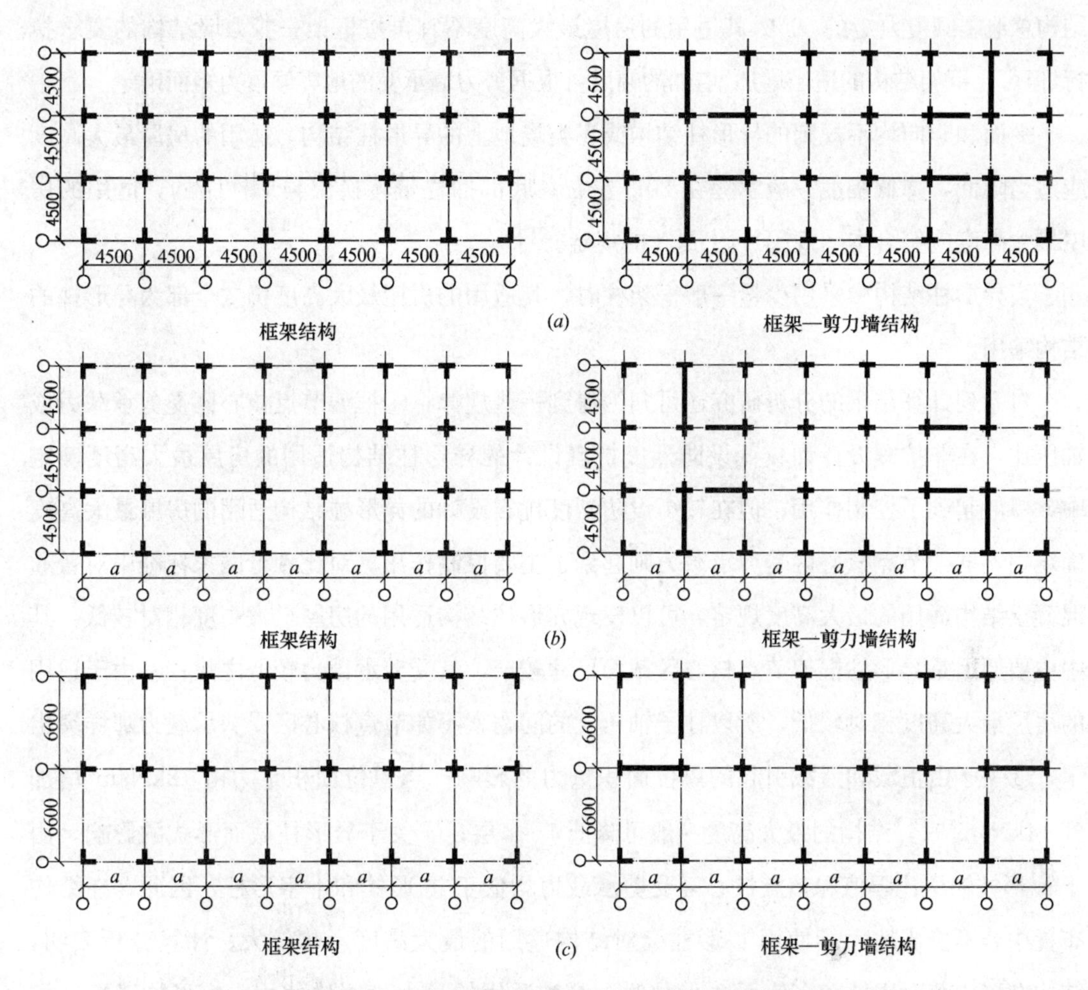

图 3.1-4　确定最大高度计算分析中采用的三种代表性典型平面布置图

(*a*) 第一类计算模型；(*b*) 第二类计算模型；(*c*) 第三类计算模型

理的、可行的。

《规程》第 3.1.2 条规定，异形柱结构适用的房屋最大高度应符合表 3.1-1 的要求。

异形柱结构适用的房屋最大高度（m）　　表 3.1-1

结构体系	非抗震设计	抗震设计			
		6 度	7 度		8 度
		0.05g	0.10g	0.15g	0.20g
框架结构	24	24	21	18	12
框架—剪力墙结构	45	45	40	35	28

结构的顶层采用坡屋顶时，适用的房屋最大高度在国家现行有关标准中未作具体规定，异形柱结构设计时可由设计人员根据实际情况合理确定。

异形柱框架—剪力墙结构在基本振型地震作用下，框架部分承受的地震倾覆力矩若大于结构总地震倾覆力矩的50%,其适用的房屋最大高度不宜再按框架—剪力墙结构的要求执行,但可比框架结构的适当增加,增加的幅度可根据剪力墙承受的地震倾覆力矩而确定。

平面和竖向均不规则的异形柱结构或Ⅳ类场地上的异形柱结构，适用的房屋最大高度应适当降低，降低幅度一般掌握在20%左右；底部抽柱带转换层异形柱结构，适用的房屋最大高度应符合本《规程》附录A的规定。

当异形柱结构中采用少量一般框架柱时，其适用的房屋最大高度仍按全部为异形柱的结构采用。

对系列计算结果的分析研究还可归纳得到一些规律：①框架节点核心区受剪承载力或轴压比，在非抗震设计和较低设防烈度抗震设计的异形柱结构适用的房屋最大高度确定中，一般起到了控制作用；但在较高设防烈度抗震设计的异形柱结构适用的房屋最大高度确定中，框架节点核心区受剪承载力则起到了主要控制作用。对比现行国家标准中对普通混凝土结构适用的最大高度规定，可以发现异形柱结构适用的房屋最大高度相对较低，其中主要原因是异形柱框架节点核心区截面尺寸较窄，其受剪承载力较低之故；②由于适用的房屋最大高度相对较低，所以柱子轴压比的问题就不如节点核心区受剪承载力那样突出了；③关于由恒载和活载引起的单位面积重力的影响；当单位面积重力由12kN/m^{2}增加到14kN/m^{2}时，结构的最大高度一般可降低1～2层；④关于异形柱截面形式的影响，由于L形柱轴压比限值和节点核心区受剪承载力均低于T形柱和十字形柱，因此，在结构布置中若不恰当地大量使用L形柱会对结构适用的最大高度影响较大。计算分析表明，结构布置中若对中柱较多使用L形柱时，结构适用的最大高度比使用十字形柱或矩形柱约可降低1～3层，值得引起设计中的注意。

在异形柱结构实际工程设计中应综合考虑不同结构体系、结构设计方案、抗震设防烈度、场地类别、单位面积重力、柱网尺寸及结构布置的规则性等影响因素，正确使用本《规程》关于异形柱结构适用的房屋最大高度规定。当房屋高度超过表3.1-1中规定的数值时，结构设计应有可靠的依据，并采取有效的加强措施。

三、异形柱结构适用的最大高宽比

《规程》第3.1.3条规定，异形柱结构适用的最大高宽比不宜超过表3.1-2的限值。

异形柱结构适用的最大高宽比　　表3.1-2

结构体系	非抗震设计	抗震设计			
		6度	7度		8度
		0.05g	0.10g	0.15g	0.20g
框架结构	4.5	4	3.5	3	2.5
框架—剪力墙结构	5	5	4.5	4	3.5

高宽比是对结构刚度、整体稳定、承载能力和经济合理性的宏观控制。本《规程》对异形柱结构适用的最大高宽比限值的规定是根据异形柱结构的特性，比现行国家行业标准《高层建筑混凝土结构技术规程》（JGJ 3—2002）对应的有关规定更加严格。本条文适用于10层及10层以上或高度超过28m的情形，当层数或高度低于上述数值时，可适当放宽。

四、异形柱结构体系应符合的规定

在异形柱结构设计中，应根据是否抗震设防、抗震设防烈度、场地类别、房屋高度、高宽比和施工技术等因素，全面地通过对结构安全、技术经济和使用条件的综合分析比较，选用合理的结构体系，并宜通过增加结构体系的超静定次数、考虑传力途径的多重性、避免采用脆性材料和加强结构的延性等措施来加强结构的整体稳定性，使结构在承受自然界的灾害或人为破坏等意外作用而发生局部破坏时，不至于引发连续倒塌而导致严重恶性后果。

《规程》第3.1.1条规定，异形柱结构可采用框架结构和框架—剪力墙结构体系。尽管异形柱结构中竖向受力构件已由普通矩形柱换成异形柱，异形柱的受力、变形性能与普通矩形柱有很大的不同，但由异形柱、矩形柱所构成的框架结构和框架—剪力墙结构体系，就结构总体性能而言，仍具有一些共性，所以一般的结构概念设计知识，在异形柱结构设计阶段的结构体系选型中仍然具有重要的意义。

异形柱结构体系除应符合国家现行标准对一般钢筋混凝土结构的要求外，尚应符合本《规程》第3.1.4条的有关规定。

（1）框架结构与砌体结构在抗侧刚度、变形能力、抗震性能方面有较大差异，将这两种不同的结构混合使用于同一结构体系中，会对整体结构的抗震性能产生不利的影响，故异形柱结构抗震设计时，不应采用部分由砌体墙承重的混合结构形式。例如异形柱框架结构中的楼、电梯间及局部出屋顶的电梯机房、楼梯间、水箱间等，均应采用框架承重，不应采用砌体墙承重。

（2）国内外历次大地震的震害资料表明，框架结构在地震中都有一些震害，一般来说，框架填充墙不同程度的震害较为普遍，框架结构抗御地震的能力不如框架—剪力墙结构，当采用单跨框架结构时抗震安全性差。震害调查资料表明，单跨框架结构，尤其是多层及高层者，震害一般较重。故现行行业标准《高层建筑混凝土结构技术规程》（JGJ 3—2002）规定“抗震设计的框架结构不宜采用单跨框架”。本《规程》则根据异形柱较矩形柱相对薄弱之特点，在第3.1.4条第2款中规定“不应采用单跨框架结构”，比前者的规定更加严格是很有必要的。

异形柱结构是一种应用尚不是很久的新型结构体系，目前异形柱结构尚无采用多塔、连体和错层等复杂结构形式的工程实践，且目前对这方面缺乏专门研究基础，基于对异形柱抗震性能特点的考虑，故现行《规程》规定不应采用，有待今后进行研究。

需要指出的是，《规程》第3.1.4条第2款中的错层，指的是现行国家标准《建筑抗震设计规范》(GB 50011—2001) 第3.4.2条关于平面不规则类型中所谓的“较大的楼层错层”，按其条文说明，即超过梁高的错层，此时需按楼板开洞对待；当错层面积大于该层总面积的30%时，则属于楼板局部不连续。错层用于一般矩形柱框架结构及框架—剪力墙结构，目前都尚未有试验研究资料，用于异形柱结构缺乏依据，故《规程》对错层作出了不应采用的规定。

(3) 在结构设计中利用楼梯间、电梯井位置合理布置剪力墙，对电梯设备运行、结构抗震、抗风均有好处；框架结构中加设了剪力墙，构成框架—剪力墙结构，即使楼梯间、电梯井采用的剪力墙数量不大，但也会对整个框架—剪力墙结构的整体抗震能力有所帮助。但若剪力墙布置不合理，将导致平面不规则，加剧扭转效应，会对结构抗震带来不利影响，故这里强调“合理地布置剪力墙”。对高度不大的异形柱结构的楼梯间、电梯井，也可采用一般框架柱。

(4) 异形柱结构中异形柱的肢厚尺寸较小，相应地梁宽尺寸及梁柱节点核心区尺寸均较小，目前异形柱结构实际工程大都是柱、梁、剪力墙连同楼板一起采用全现浇的施工方式。为保证异形柱结构具有较好的整体受力性能及结构安全，《规程》第3.1.4条的第4款规定：对主要受力构件——柱、梁、剪力墙应采用现浇的施工方式。

五、异形柱结构填充墙与隔墙应符合的要求

国家有关部门已经发布专门文件，禁止使用烧结黏土砖，积极发展和推广应用新型墙体材料，是当前墙体材料革新的一项主要任务。异形柱结构体系就是20世纪70年代以来天津市等地墙体材料革新推动下促进结构体系变革的产物，它属于采用轻墙的异形柱框架结构体系，也即框架—轻墙（填充墙、隔墙）结构体系，当时在天津市曾称为异形柱框轻结构体系。《规程》在第3.1.5条中提出对异形柱结构的填充墙与隔墙应符合的要求，并规定：异形柱结构的填充墙与隔墙应优先采用轻质高效的墙体材料，不应采用烧结实心黏土砖，由此带来的效益不仅是改善建筑的保温、隔热性能，节约能源消耗，而且减轻了结构的自重，有利于节约基础建设投资，有利于减小结构的地震作用；采用工业废料（例如矿渣、粉煤灰等）制做轻质墙体，有利于利用废料，有利于环境保护，其综合效益值得重视，符合国家当前大力倡导的关于节能、降耗、节土、利废、环保的发展方针。

异形柱结构的主要特点就是采用异形截面柱，柱肢厚度与墙体厚度取齐一致，在工程

实用中尚应综合考虑墙体材料满足保温、隔热、节能、隔声、防水及防火等要求，以满足建筑功能的需要。在此前提下根据不同条件选用合理经济的墙体形式——砌体或墙板。各地应根据当地实际条件，大力推进住宅产业现代化，解决好与异形柱结构体系配套的墙体材料产品，以确保质量，提高效率和降低成本。根据异形柱结构的特点，墙体的质量与构造对于结构性能和使用功能至关重要，现今墙体材料品种名目繁多，产品质量良莠不齐，在实际工程中应慎重选择使用墙体材料制品。对于墙体与异形柱肢相连处的接缝应仔细妥善处理，以免给工程带来不利影响。根据异形柱结构的特点，应对上述问题给予足够重视。

异形柱结构中填充墙和隔墙的布置、墙体材料强度和连接构造应符合国家现行标准的有关规定。

第二节 结 构 布 置

一、异形柱结构设计方案应符合的要求

影响建筑结构安全的因素有三个层次：结构设计方案、内力效应分析和截面设计。结构设计方案虽属概念设计的范畴，但由此所决定的整体稳定性对结构安全的重要意义远超过其他因素。合理的结构设计方案无论在非抗震设计还是抗震设计中都具有非常重要的意义，无论采用何种结构体系，结构的平面布置和竖向布置都应使结构具有合理的刚度和承载力分布，避免因局部突变和扭转效应而形成薄弱部位，这就需要结构工程师与建筑师密切协调配合，兼顾建筑功能与结构功能的合理性。

概念设计中对结构设计方案的规则性非常重视，尤其是在抗震设计中。结构设计方案的规则性按其规则程度，一般有四个档次，即规则、不规则、特别不规则和严重不规则。所谓“规则的结构设计方案”是指体型（平面和立面形状）简单，抗侧力体系的刚度和承载力上下连续均匀地变化，平面布置基本对称，即在平面、竖向的抗侧力体系或计算图形中没有明显的、实质的不连续（突变）；“特别不规则的结构设计方案”是指多项不规则指标均超过国家现行标准或本《规程》有关的规定，或某一项超过规定指标较多，具有较明显的抗震薄弱部位，将会导致不良后果者；“严重不规则的结构设计方案”是指体型复杂，多项不规则指标超过国家现行标准或本《规程》的上限值，或某一项大大超过规定值，具有严重的抗震薄弱环节，会导致地震破坏的严重后果者。

关于异形柱结构布置中对规则性的要求，本《规程》第3.2.1条规定：异形柱结构宜采用规则的结构设计方案，抗震设计的异形柱结构应符合抗震概念设计的要求，不应采用

特别不规则的结构设计方案，比现行国家标准《建筑抗震设计规范》(GB 50011—2001）对一般钢筋混凝土结构的有关规定（“不应采用严重不规则的设计方案”）有所加严，这是根据异形柱结构抗震性能和抗震设计特点而提出的。

二、异形柱结构设计方案规则性判别的依据

在异形柱结构抗震设计时，首先应对结构设计方案关于平面布置和竖向布置的规则性进行判别，然后根据判别结果按《规程》的要求进行水平地震作用计算和内力计算，并对薄弱部位采取有效的抗震构造措施。

为方便异形柱结构的抗震设计，这里列出现行国家标准《建筑抗震设计规范》(GB 50011—2001）对平面不规则类型及竖向不规则类型的定义，见表 3.2-1、表 3.2-2 及图 3.2-1、图 3.2-2（考虑异形柱结构的特点，本《规程》第 3.2.2 条说明的表 1 及表 2 中作了部分调整)，作为对异形柱结构不规则类型判别的依据。

平面不规则的类型　　表 3.2-1

不规则类型	定　义
扭转不规则	楼层的最大弹性水平位移（或层间位移）大于该楼层两端弹性水平位移（或层间位移）平均值的 1.2 倍
凹凸不规则	结构平面凹进的一侧尺寸大于相应投影方向总尺寸的 30%
楼板局部不连续	楼板的尺寸和平面刚度急剧变化，例如，有效楼板宽度小于该层楼板典型宽度的 50%，或开洞面积大于该层楼面面积的 30%，或较大的楼层错层

竖向不规则的类型　　表 3.2-2

不规则类型	定　义
侧向刚度不规则	该层的侧向刚度小于相邻上一层的 70%，或小于其上相邻三个楼层侧向刚度平均值的 80%；除顶层外，局部收进的水平向尺寸大于相邻下一层的 25%
竖向抗侧力构件不连续	竖向抗侧力构件（柱）的内力由水平转换构件（梁）向下传递
楼层受剪承载力突变	抗侧力结构的层间受剪承载力小于相邻上一楼层的 80%

注：抗侧力结构的楼层层间受剪承载力是指所考虑的水平地震作用方向上，该层全部柱及剪力墙的受剪承载力之和。

需要说明的是，本书在引用现行国家标准《建筑抗震设计规范》(GB 50011—2001）的平面不规则类型表及竖向不规则类型表时，结合《规程》编制特点，对后者表中内容稍作了一点调整，即：①竖向抗侧力构件不连续类型的定义中，由原来的柱、抗震墙、抗震支撑删改为柱，因为本《规程》中没有框支墙及抗震支撑，只有底部抽柱带转换层异形柱结构才属于此类情形；②原水平转换构件（梁、桁架等）删改为水平转换构件（梁），因本《规程》的底部抽柱带转换层异形柱结构只采用梁式转换；③对竖向抗侧力构件不连续

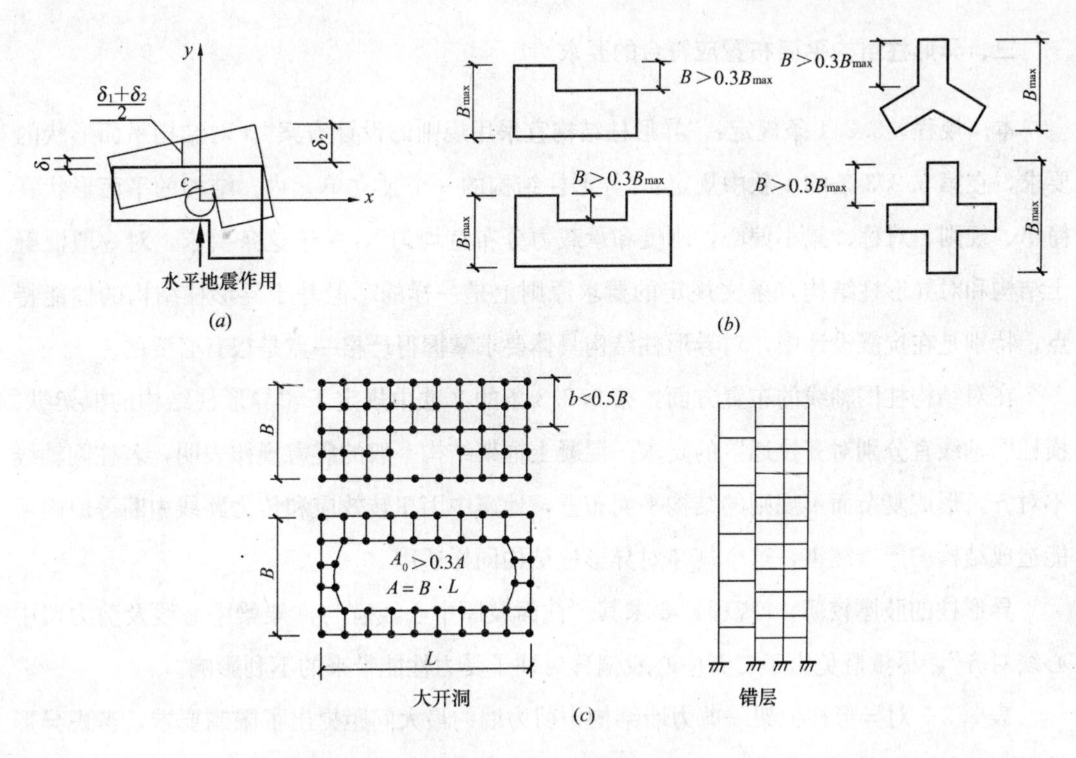

图 3.2-1　平面不规则的类型

（a）建筑结构平面的扭转不规则示例；（b）建筑结构平面的凹凸不规则示例；

（c）建筑结构平面的楼板局部不连续（大开洞及错层）示例

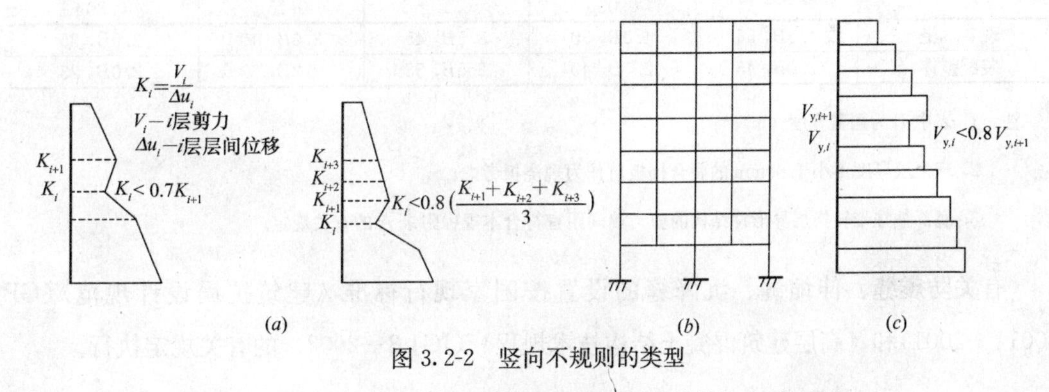

图 3.2-2　竖向不规则的类型

（a）沿竖向的楼层侧向刚度不规则；（b）竖向抗侧力构件不连续示例；

（c）沿竖向的楼层受剪承载力突变

的附图，保留了底部抽柱的框架，删去了本《规程》不用的框支剪力墙的附图。

对根据上列规定判定为不规则异形柱结构的抗震设计，除应符合国家现行标准对一般钢筋混凝土结构的有关要求外，尚应符合本《规程》有关规定的要求，在设计中采取有效措施。

三、异形柱结构平面布置应符合的要求

本《规程》3.2.1条规定："异形柱结构宜采用规则的设计方案"。对结构平面形状的要求，在第3.2.3条的1款中规定："异形柱结构的一个独立单元内，结构的平面形状宜简单、规则、对称、减小偏心，刚度和承载力分布宜均匀"，关于这条要求，对一般混凝土结构和对异形柱结构，条文规定的要求原则上是一样的，但基于异形柱结构的性能特点，特别是在抗震设计中，对异形柱结构具体要求掌握得严格一点是很有必要的。

在对结构柱网轴线的布置方面，第3.2.3条的2款中规定了"异形柱结构的框架纵、横柱网轴线宜分别对齐拉通"的要求。混凝土框架结构一般的震害规律表明，若柱网轴线不对齐，形成复杂而不规则的结构平面布置，地震中因扭转效应和传力路线中断等原因可能造成结构的严重震害，这个规律对异形柱结构同样适用。

异形柱的肢厚较薄，《规程》要求其"截面肢厚中心线宜与框架梁中心线及剪力墙中心线对齐"，尽量避免由于二者中心线偏移对柱子受力性能带来的不利影响。

表3.2-3对异形柱框架—剪力墙结构中剪力墙的最大间距提出了限制要求，考虑异形柱结构的特点，其限值较现行国家标准对一般混凝土结构的相关规定有所加严。

异形柱结构的剪力墙最大间距（m）　　表3.2-3

楼盖、屋盖类型	非抗震设计（取较小值）	抗震设计（取较小值）			
		6度	7度		8度
		0.05g	0.10g	0.15g	0.20g
现　浇	4.5B，55	4.0B，50	3.5B，45	3.0B，40	2.5B，35
装配整体	3.0B，45	2.7B，40	2.5B，35	2.2B，30	2.0B，25

注：1. 表中B为楼盖宽度（m）；

2. 现浇层厚度不小于60mm的叠合楼板可作为现浇板考虑；

3. 底部抽柱带转换层异形柱结构的剪力墙间距宜符合本规程附录A的有关规定。

有关防震缝、伸缩缝、沉降缝的设置按国家现行标准《建筑抗震设计规范》(GB 50011—2001)和《高层建筑混凝土结构技术规程》(JGJ 3—2002）的有关规定执行。

四、异形柱结构的竖向布置应符合的要求

根据异形柱结构的特点及抗震概念设计原则，本《规程》第3.2.4条对结构竖向布置提出应符合的要求。

第3.2.4条第1款规定："建筑的立面和竖向剖面宜规则、均匀，避免过大的外挑和内收"；

第3.2.4条第2款规定："结构的侧向刚度沿竖向宜均匀变化，避免抗侧力结构的侧

向刚度和承载力沿竖向的突变，竖向结构构件的截面尺寸和材料强度不宜在同一楼层变化”。

以上这两款规定与对一般混凝土结构的要求基本上是一样的。但对异形柱结构具体掌握上严格一点则是很必要的。

异形柱结构体系中，除异形柱上下连续贯通落地的一般框架结构之外，根据建筑功能之需要尚可采用底部抽柱带转换层的异形柱框架结构和异形柱框架—剪力墙结构，这种结构上部楼层框架的一部分异形柱根据建筑功能的要求、并不上下连续贯通到结构底部（即底部抽柱），而是落在转换大梁上（即以梁托柱）（图 3.2-2*b*），完成上部小柱网到底部大柱网的转换，以形成底部大空间结构，但剪力墙应上下对齐连续贯通房屋全高（第 3.2.4 条之 3 款要求），不允许采用框支剪力墙。

五、不规则异形柱结构的抗震设计应符合的要求

在刚性楼板假定的条件下，抗震设计时，对于按上述规定判定为不规则的异形柱结构，除按现行国家标准《建筑抗震设计规范》(GB 50011—2001) 的相关规定外，本《规程》在第 3.2.5 条中尚提出了应符合的要求。

当异形柱结构楼层竖向构件的最大水平位移（或层间位移）与该楼层两端弹性水平位移（或层间位移）平均值之比大于 1.20 时，根据现行国家标准《建筑抗震设计规范》(GB 50011—2001) 的有关规定，可界定为平面不规则的“扭转不规则类型”，但本《规程》规定此时控制该比值不应大于 1.45（第 3.2.5 条第 1 款），较现行国家标准相应规定的“不宜大于 1.50”有所加严，目的是为了严格限制异形柱结构平面布置的不规则性，避免过大的扭转效应而导致严重的震害。

当异形柱结构的层间受剪承载力小于相邻上一楼层的 80%时，根据现行国家标准《建筑抗震设计规范》(GB 50011—2001) 的有关规定，可界定为竖向不规则中的“楼层承载力突变类型”，并规定其薄弱层的受剪承载力不应小于相邻上一楼层的 65%，且对薄弱层的地震剪力应乘以 1.15 的增大系数，本《规程》则规定应乘以 1.20 的增大系数（第 3.2.5 条第 2 款），对异形柱结构的要求有所加严。

本《规程》中的底部抽柱带转换层异形柱结构，根据现行国家标准的有关规定，可界定为竖向不规则中的“竖向抗侧力构件不连续类型”，且该构件传递给水平转换构件的地震内力应乘以 1.25～1.5 的增大系数，系数的取值范围与现行国家标准《建筑抗震设计规范》(GB 50011—2001) 的相应规定相同，但本《规程》说明中规定此时按该增大系数的较大值取用（第 3.2.5 条之第 3 款）。

抗震设计时，对异形柱结构中处于受力复杂、不利部位的异形柱，例如结构平面柱网

轴线斜交处的异形柱、平面凹进不规则等部位的异形柱，提出宜采用一般框架柱的要求（第 3.2.5 条第 4 款），以改善结构的整体受力性能。

第三节　结构抗震等级

抗震设计的混凝土异形柱结构应根据抗震设防烈度、结构类型、房屋高度划分为不同的抗震等级，有区别地分别采用相应的抗震措施，包括内力调整和抗震构造措施。现行国家相关标准中对混凝土抗震结构划分为四个抗震等级，抗震等级由高向低依次为：一级、二级、三级、四级，抗震等级的高低，体现了对结构抗震性能要求的严格程度，一级抗震等级的要求最严，其中主要是基于对延性的要求，同时也考虑了耗能能力的要求。本《规程》第 3.3.1 条（强制性条文）规定的结构抗震等级是根据异形柱结构试验及理论研究成果、工程设计实践经验，针对异形柱结构的抗震性能特点及丙类建筑抗震设计的要求制定的，在制定中还参考了现行国家相关标准的规定。

《规程》的征求意见稿中对抗震等级的条文规定曾根据部分意见列出方案一和方案二供选择。方案一的指导思想是在确定抗震等级时对框架的梁、柱、节点及剪力墙采取区别对待的规定；方案二则是对框架的梁、柱、节点采取统一的框架抗震等级规定。《规程》征求意见稿反馈回来的意见表明，赞成方案二的占大多数。归纳理由是，方案一虽然在抗震等级的确定中考虑了框架的梁、柱、节点的抗震设计、构造等要求的差别，但在实际工程中框架的梁、柱及节点采用不同抗震等级，增加了设计、施工的复杂性，会带来一些麻烦或不便，可操作性较差，国家现行相关标准中都未对框架的梁、柱、节点采取不同的抗震等级规定。方案二则是对框架采取统一的抗震等级规定，内容上也反映异形柱结构特点，在抗震等级表达形式上与现行国家标准协调一致，工程实际使用中较为方便。经反复研究论证，《规程》对异形柱结构的抗震等级规定最终按方案二确定。

关于异形柱结构抗震等级的条文规定内容列于《规程》第 3.3 节，抗震等级列于表 3.3-1 中。

《规程》抗震等级表 3.3-1 中的注 2 及注 3，体现了在异形柱结构抗震设计中，应考虑某些场地类别对抗震构造措施的影响。

表 3.3-1—注 2　当建筑场地为Ⅰ类时，除 6 度外，应允许按本地区抗震设防烈度降低一度所对应的抗震等级采取抗震构造措施，但相应的计算要求不应降低；

"当建筑场地为Ⅲ、Ⅳ类时，对设计基本加速度为 0.15g 的地区，宜按抗震设防烈度 8 度（0.20g）时的要求采取抗震构造措施"，这是现行国家标准《建筑抗震设计规范》（GB 50011—2001）第 3.3.3 条涉及 7 度（0.15g）的有关规定。本《规程》表3.3-1—注

3　将该部分规定落实到7度（0.15g）时建于Ⅲ、Ⅳ类场地的异形柱框架结构和框架—剪力墙结构情形时，也按8度（0.20g）采取抗震构造措施，但以括号内所示的抗震等级形式来具体表达，以方便实际应用，需注意的是本《规程》采取了“应”按表中括号所示的抗震等级采取抗震构造措施，比国家现行标准《建筑抗震设计规范》（GB 50011—2001）的上述对应部分规定（“宜”按……）有所加严。

异形柱结构的抗震等级　　**表3.3-1**

<table>
<tr><td colspan="2" rowspan="3">结构体系</td><td colspan="7">抗震设防烈度</td></tr>
<tr><td colspan="2">6度</td><td colspan="4">7度</td><td>8度</td></tr>
<tr><td colspan="2">0.05g</td><td colspan="2">0.10g</td><td colspan="2">0.15g</td><td>0.20g</td></tr>
<tr><td rowspan="2">框架结构</td><td>高度（m）</td><td>≤21</td><td>>21</td><td>≤21</td><td>>21</td><td>≤18</td><td>>18</td><td>≤12</td></tr>
<tr><td>框架</td><td>四</td><td>三</td><td>三</td><td>二</td><td>三（二）</td><td>二（二）</td><td>二</td></tr>
<tr><td rowspan="3">框架—剪力墙结构</td><td>高度（m）</td><td>≤30</td><td>>30</td><td>≤30</td><td>>30</td><td>≤30</td><td>>30</td><td>≤28</td></tr>
<tr><td>框架</td><td>四</td><td>三</td><td>三</td><td>二</td><td>三（二）</td><td>二（二）</td><td>二</td></tr>
<tr><td>剪力墙</td><td>三</td><td>三</td><td>二</td><td>二</td><td>二（二）</td><td>二（一）</td><td>一</td></tr>
</table>

注：1. 房屋高度指室外地面到主要屋面板板顶的高度（不包括局部突出屋顶部分）；

2. 建筑场地为Ⅰ类时，除6度外，应允许按本地区抗震设防烈度降低一度所对应的抗震等级采取抗震构造措施，但相应的计算要求不应降低；

3. 对7度（0.15g）时建于Ⅲ、Ⅳ类场地的异形柱框架结构和异形柱框架—剪力墙结构，应按表中括号内所示的抗震等级采取抗震构造措施；

4. 接近或等于高度分界线时，应结合房屋不规则程度及场地、地基条件确定抗震等级。

对异形柱框架—剪力墙结构的抗震等级，《规程》第3.3.2条规定：框架—剪力墙结构在基本振型地震作用下，当其框架部分承受的地震倾覆力矩小于结构总地震倾覆力矩的50%时，其框架部分应按框架—剪力墙结构中的框架确定抗震等级。

对异形柱结构地下室的抗震等级，《规程》第3.3.3条规定，当异形柱结构的地下室顶层作为上部结构的嵌固端时，地下一层结构的抗震等级应按上部结构的相应等级采用，地下一层以下的抗震等级可根据具体情况采用三级或四级。

当把地下室顶板作为上部结构的嵌固端时，应避免地下室顶板开设大洞口，并应采用现浇结构，地下室结构的楼层侧向刚度不宜小于相邻上部楼层侧向刚度的2倍，构造方面尚应符合国家现行标准的有关要求。

表3.3-1的抗震等级规定，虽然在表达形式上与国家现行标准协调一致，但在内容上与国家现行相关标准的规定有较大的不同，体现了异形柱结构的特色。第3.3.2条和第3.3.3条，由于属于共性的问题，其条文内容基本上是按照国家现行相关标准的对应条文制定的。表3.3-1的注2也是如此。但表3.3-1的注3，则比国家现行相关标准的对应条文规定有所加严。

参考文献

[1] 建筑结构可靠度统一标准(GB 50068—2001). 北京:中国建筑工业出版社,2001.

[2] 建筑抗震设计规范(GB 50011—2001). 北京:中国建筑工业出版社,2001.

[3] 混凝土结构设计规范(GB 50010—2002). 北京:中国建筑工业出版社,2002.

[4] 高层建筑混凝土结构技术规程(JGJ 3—2002). 北京:中国建筑工业出版社,2002.

[5] 李文清,严士超. 混凝土异形柱结构适用的房屋最大高度分析,全国混凝土异形柱结构学术研讨会论文集,混凝土异形柱结构理论及应用. 北京:知识产权出版社,2006.

[6] 高小旺,龚思礼,苏经宇,易方民. 建筑抗震设计规范理解与应用. 北京:中国建筑工业出版社,2002.

第四章　结构计算分析

第一节　承载能力极限状态设计

一、异形柱结构的安全等级

按现行国家标准《混凝土结构设计规范》(GB 50010—2002) 关于承载能力极限状态的计算规定，根据建筑结构破坏后果（危及人的生命、造成经济损失、产生社会影响等）的严重程度，将建筑结构划分为三个安全等级，采用混凝土异形柱结构的居住建筑属于“一般的建筑物”类，其破坏后果属于“严重”类，故本《规程》第 4.1.1 条（强制性条文）规定：“居住建筑异形柱结构的安全等级应采用二级”。当异形柱结构用于类似的较为规则的一般民用建筑时，其安全等级也可参照此条规定。

二、异形柱结构的设计使用年限

设计使用年限是设计规定的一个时期，在这一规定时期内，只需进行维护而不需大修就能按预期目的使用，完成预定的功能，即房屋建筑在正常设计、正常施工、正常使用和维护下所应达到的使用年限。设计使用年限是房屋建筑的主体结构工程和地基基础工程“合理使用年限”的具体化。

混凝土异形柱结构主要用于普通房屋，根据现行国家标准《建筑结构可靠度设计统一标准》(GB 50068—2001) 的规定，这类房屋的设计使用年限为 50 年，该标准所指的结构可靠度（或结构失效概率），是对结构的设计使用年限而言的，当结构的使用年限超过设计使用年限，结构失效概率可能较设计预期值大。《规程》第 4.1.2 条规定异形柱结构的设计使用年限不应少于 50 年。若建设单位对设计使用年限提出更长的要求，应采取专门措施，包括荷载设计值、设计地震动参数和耐久性措施等均应依据设计使用年限相应确定。

三、异形柱结构的承载能力极限状态设计

根据现行国家标准《混凝土结构设计规范》(GB 50010—2002)，混凝土结构应按以概率理论为基础的极限状态设计方法进行计算和验算。结构的极限状态是指整个结构或其一部分能够满足设计规定功能的特定状态，当超过此特定状态时，结构就不能满足这些功能的要求。极限状态分为两种。

承载能力极限状态：相应于结构或构件达到最大承载力、疲劳破坏或发生不适于继续承载的变形的情形。

正常使用极限状态：相应于结构或构件的变形、裂缝或耐久性能达到某项规定的限值，使其无法正常使用的情形。

《规程》第 4.1.3 条规定，异形柱结构和一般混凝土结构一样，应进行承载能力极限状态和正常使用极限状态的计算和验算。但异形柱的具体设计方法和一般混凝土结构有所不同，应按本《规程》的有关规定。

四、异形柱截面设计

基于异形柱受力性能及设计、构造等特点，《规程》第 4.1.4 条规定，异形柱结构应按《规程》第 5 章的规定进行异形柱正截面承载力计算、斜截面受剪承载力计算及梁柱节点核心区受剪承载力计算。异形柱结构中除异形柱以外的其他构件（例如梁、板及剪力墙）的承载力计算则应遵守国家现行相关标准的规定。

异形柱结构构件承载力极限状态应按下列公式进行验算（《规程》第 4.1.5 条）

无地震作用组合：
$$\gamma_0 S \leqslant R \tag{4.1-1}$$

有地震作用组合：
$$S \leqslant R/\gamma_{RE} \tag{4.1-2}$$

式中 γ_0——结构重要性系数：对安全等级为一级或设计使用年限为 100 年及以上的结构构件，不应小于 1.1；对安全等级为二级或设计使用年限为 50 年的结构构件，不应小于 1.0。结构的设计使用年限分类和安全等级划分，应分别按现行国家标准《建筑结构可靠度设计统一标准》(GB 50068—2001) 及本《规程》第 4.1.2 条、第 4.1.1 条的有关规定采用；

S——作用效应组合的设计值；

R——构件承载力设计值；

γ_{RE}——构件承载力抗震调整系数。

异形柱结构的构件截面设计应根据实际情况，按国家现行标准的有关规定进行竖向荷载、风荷载和地震作用效应分析及作用效应组合，并取最不利的作用效应组合作为设计的依据。

第二节 荷载和地震作用

一、荷载和作用的定义

现行国家标准《建筑结构可靠度设计统一标准》(GB 50068—2001) 对施加在结构上的集中力、分布力，以及引起结构外加变形或约束变形的原因，统称为结构上的作用。前者就是直接以力的形式表现，属于直接作用，习惯上称为荷载；后者是指不直接以力的形式表现，例如，温度变化、基础沉降、材料的收缩和徐变、地震地面运动等，属于间接作用，不应与荷载混淆，应称为作用。

二、异形柱结构的荷载和地震作用取值依据

《规程》第 4.2.1 条规定，异形柱结构的竖向荷载、风荷载及雪荷载等取值及荷载(作用) 效应组合应符合现行国家标准《建筑结构荷载规范》(GB 50009—2001) 的有关规定。

《规程》第 4.2.2 条规定，异形柱结构的抗震设防烈度和设计地震动参数应符合现行国家标准《建筑抗震设计规范》(GB 50011—2001) 的有关规定。

三、异形柱结构的地震作用计算规定

异形柱结构的地震作用计算及结构抗震验算除应符合现行国家标准《建筑抗震设计规范》(GB 50011—2001) 的有关规定外，《规程》第 4.2.3 条及第 4.2.4 条 (强制性条文) 尚提出了异形柱结构应符合的规定。

1. 将抗震设防为 6 度的异形柱结构也列入应进行地震作用计算和截面抗震验算的范围

根据现行国家标准《建筑抗震设计规范》(GB 50011—2001) 第 3.1.4 条规定："抗震设防烈度为 6 度时，除本规范有具体规定外，对乙、丙、丁类建筑可不进行地震作用计算"及第 5.1.6 条规定："6 度时的建筑 (建造于Ⅳ类场地上较高的高层建筑除外)，以及生土房屋及木结构房屋，应允许不进行截面抗震验算"。但本《规程》第 4.2.3 条则以强制性条文方式规定："抗震设防为 6 度、7 度 (0.10g、0.15g) 及 8 度 (0.20g) 的异形柱结构应进行地震作用计算及结构抗震验算。"《规程》第 4.2.3 条将抗震设防为 6 度的异形柱结构也列入应进行地震作用计算和截面抗震验算的范围，这是基于异形柱结构的抗震性能特点和要求而制订的。

2. 关于对 45°方向进行补充验算问题

异形柱与矩形柱具有不同的截面特性及受力特性，试验研究及理论分析表明：异形柱的双向偏压正截面承载力随荷载（作用）方向不同而有较大的差异。在L形、T形和十字形三种异形柱中，以L形柱的差异最为显著。当异形柱结构中混合使用等肢异形柱与不等肢异形柱时，则差异情况更为错综复杂，成为异形柱结构地震作用计算中不容忽视的问题，也是《规程》编制中应考虑的重要问题。

关于水平地震作用计算和截面抗震验算，《规程》第 4.2.4 条（强制性条文）第 1 款规定："一般情况下，应允许在结构两个主轴方向分别计算水平地震作用并进行抗震验算，各方向的水平地震作用应由该方向抗侧力构件承担，7 度（0.15g）及 8 度（0.20g）时尚应对与主轴成 45°方向进行补充验算"。

下面引用编制组对某实际工程进行计算分析的结果作为对上述问题的说明。

1. 计算模型平面布置和计算参数

（1）计算模型平面布置：本文选择的计算模型为某公寓式办公楼，采用异形柱框架结构，具体平面简图、构件编号见图 4.2-1 所示。

（2）建筑物层高：首层考虑基础埋深取为 4.2m，标准层取为 3.0m。

（3）构件尺寸：

① 异形柱采用 L、T、十字形 3 种截面形式。最大柱肢高 h=750mm，柱肢厚 b=200mm、250mm，柱截面的肢高与肢厚之比 h/b 均符合不大于 4 的要求，各柱的编号如图 4.2-1 所示；

② 梁采用矩形截面：梁宽 b=200mm，梁高 h=450～600mm。

（4）混凝土强度等级：底层采用 C40，2～3 层采用 C35，4 层以上采用 C30。

（5）结构抗震设计计算：按抗震 6 度、7 度（0.10g）、7 度（0.15g）、8 度（0.20g）计算，场地类别为Ⅲ类，地震作用方向分别为 0°、22.5°、45°、90°、112.50°、135°及 157.50°。

（6）计算程序：结构内力及变形计算采用建研院编制的 SATWE 软件；异形柱配筋计算采用天津大学编制的 CRSC 软件。

2. 计算结果

由于各楼层的各异形柱在不同烈度、不同方向水平地震作用下的内力和配筋的计算结果数据太多，限于篇幅，仅列出供讨论用的第 2 层 1 号、9 号、40 号、13 号柱子的有关计算结果数据作为示例（表 4.2-1～表 4.2-4），面对如此复杂变化的大量内力数据，难于对最不利情形作出正确的判断，除内力数据外，表中还列出了根据荷载（作用）效应组合计算的配筋结果，由此可明确看出不同方向地震作用对各柱配筋的影响，并按最不利情形对应的数据（即最大配筋数据）作为设计的依据。

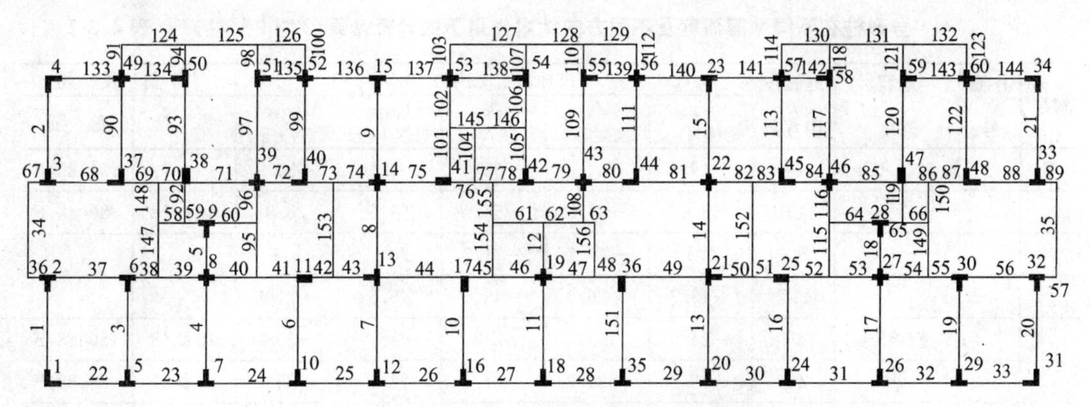

第1层柱、梁及节点编号简图

梁总数=156 柱总数=60

图 4.2-1 结构标准层平面布置简图

异形柱在不同地震烈度及不同方向地震作用下的计算结果（2层1号柱） 表 4.2-1

楼层	柱编号	地震烈度	地震作用方向	地震工况内力					计算配筋	
				V_X (kN)	V_Y (kN)	N (kN)	$M_{X(柱底)}$ (kN·m)	$M_{Y(柱底)}$ (kN·m)	纵筋	箍筋
2	1	6度(0.05g)	0°	−9.6	13.5	88.0	−22.7	−15.4	8Φ20	ϕ8@88,F
			45°	−9.1	−22.0	−86.2	41.7	−15.2	8Φ20	ϕ8@88,F
			90°	−13.2	−21.8	87.1	41.8	21.9		
			135°	−13.3	12.5	89.0	23.6	−22.0		
		7度(0.10g)	0°	−12.2	18.1	65.4	−27.2	−18.5	8Φ20	ϕ8@88,F
			45°	−17.4	−15.1	66.7	25.1	−27.2	8Φ20	ϕ8@88,F
			90°	−17.4	−30.0	65.4	50.5	−27.2		
			135°	−11.7	−30.4	64.1	50.7	−18.4		
		7度(0.15g)	0°	−18.2	26.5	98.5	−39.3	−27.4	8Φ20	ϕ8@88,F
			22.5°	−25.9	20.1	99.9	−28.8	−40.0	8Φ20	ϕ8@88,F
			45°	−26.2	−22.3	100.4	36.8	−40.6	8Φ20	ϕ8@88,F
			67.5°	−26.3	−30.6	99.9	53.0	−40.9	8Φ20	ϕ8@88,F
			90°	−26.1	−44.3	98.5	73.9	−40.6		
			112.5°	−19.2	−45.2	97.1	75.2	−30.5		
			135°	−17.6	−44.9	96.5	74.3	−27.4		
			157.5°	17.1	−43.5	−97.1	71.5	26.1		
		8度(0.20g)	0°	−16.5	29.2	58.3	−36.2	−23.3	8Φ20	ϕ8@88,F
			22.5°	−23.1	20.5	59.4	−23.7	−33.6	8Φ20	ϕ8@88,F
			45°	−23.4	−19.5	59.8	26.1	−34.1	8Φ20	ϕ8@88,F
			67.5°	−23.3	−27.6	59.4	40.1	−34.2	8Φ20	ϕ8@88,F
			90°	−23.0	−44.2	58.3	61.1	−33.9		
			112.5°	−16.3	−45.5	57.3	62.8	−24.7		
			135°	−14.9	−45.6	56.8	62.5	−22.0		
			157.5°	15.0	−44.5	−57.3	60.5	21.4		

异形柱在不同地震烈度及不同方向地震作用下的计算结果(2层9号柱)　表 4.2-2

楼层	柱编号	地震烈度	地震作用方向	地震工况内力					计算配筋	
				V_X (kN)	V_Y (kN)	N (kN)	$M_{X(柱底)}$ (kN·m)	$M_{Y(柱底)}$ (kN·m)	纵筋	箍筋
2	9	6度(0.05g)	0°	−19.5	5.5	−62.0	−9.9	−30.9	10⌀18	ϕ8@88,F
			45°	18.2	−37.8	−67.5	66.6	28.8	10⌀18	ϕ8@88,F
			90°	2.1	−40.1	−71.7	70.7	3.1		
			135°	−13.7	−26.0	−66.6	45.8	−21.8		
		7度(0.10g)	0°	−24.0	10.1	62.8	−16.7	−35.9	10⌀18	ϕ8@88,F
			45°	−16.7	−34.3	−67.0	56.1	−25.0	10⌀18	ϕ8@88,F
			90°	2.8	−54.6	−72.4	89.4	4.2		
			135°	22.4	−51.8	−68.5	84.8	33.4		
		7度(0.15g)	0°	−35.9	15.2	−94.5	−25.0	−53.1	10⌀18	ϕ8@88,F
			22.5°	−35.1	−25.1	−95.9	41.0	−52.0	10⌀18	ϕ8@88,F
			45°	−25.0	−51.5	−100.9	83.8	−37.0	10⌀18	ϕ8@88,F
			67.5°	−13.7	−79.6	−106.2	129.4	−20.2	10⌀18	ϕ8@88,F
			90°	4.2	−82.1	−109.0	133.4	6.3		
			112.5°	14.7	−81.4	−107.7	132.3	21.8		
			135°	33.4	−77.9	−103.1	126.6	49.5		
			157.5°	35.2	−41.1	−97.5	66.8	52.2		
		8度(0.20g)	0°	−33.9	−18.4	−74.1	26.9	−45.5	10⌀18	ϕ8@88,F
			22.5°	−33.1	−23.7	−74.8	34.4	−44.5	10⌀18	ϕ8@88,F
			45°	−23.8	−48.1	−78.5	69.7	−31.6	10⌀20	ϕ8@88,F
			67.5°	−13.0	−76.5	−82.9	110.8	−17.2	10⌀18	ϕ8@88,F
			90°	3.0	−79.1	−85.4	114.5	4.9		
			112.5°	13.5	−78.7	−84.7	113.9	18.7		
			135°	31.5	−75.5	−81.3	109.4	42.4		
			157.5°	33.2	−42.1	−76.9	61.1	44.7		

异形柱在不同地震烈度及不同方向地震作用下的计算结果(2层13号柱)　表 4.2-3

楼层	柱编号	地震烈度	地震作用方向	地震工况内力					计算配筋	
				V_X (kN)	V_Y (kN)	N (kN)	$M_{X(柱底)}$ (kN·m)	$M_{Y(柱底)}$ (kN·m)	纵筋	箍筋
2	13	6度(0.05g)	0°	2.6	−29.9	−45.4	47.7	4.3	10⌀18	ϕ8@84,F
			45°	30.8	21.0	41.8	−33.5	50.1	10⌀18	ϕ8@84,F
			90°	32.9	2.1	−39.1	−3.3	53.5		
			135°	22.1	27.8	−42.9	44.3	35.9		

续表

楼层	柱编号	地震烈度	地震作用方向	地震工况内力					计算配筋	
				V_X (kN)	V_Y (kN)	N (kN)	$M_{X(柱底)}$ (kN·m)	$M_{Y(柱底)}$ (kN·m)	纵筋	箍筋
		7度(0.10g)	0°	4.5	−37.0	−37.9	55.6	7.1	10Φ18	ϕ8@84,F
			45°	28.8	−34.4	−36.0	51.7	45.0	10Φ18	ϕ8@84,F
			90°	43.5	2.9	−32.6	−4.4	68.1		
			135°	40.8	26.1	34.8	−39.2	63.9		
		7度(0.15g)	0°	6.8	−55.4	57.1	82.5	10.7	10Φ18	ϕ8@84,F
			22.5°	21.8	−54.3	−56.6	80.8	33.9	10Φ18	ϕ8@84,F
			45°	43.5	−51.5	−54.2	76.7	67.7	10Φ18	ϕ8@84,F
			67.5°	64.1	−21.7	−51.1	32.4	99.7	10Φ18	ϕ8@84,F
			90°	65.8	4.4	−49.2	−6.6	102.4		
			112.5°	64.9	21.3	49.8	−31.8	101.0		
			135°	61.8	39.0	52.4	−58.2	96.1		
			157.5°	29.4	54.2	55.4	80.8	45.8		
		8度(0.20g)	0°	7.3	−50.7	−36.2	69.8	11.1	10Φ18	ϕ8@84,F
			22.5°	18.2	−49.6	−36.0	68.4	27.6	10Φ18	ϕ8@84,F
			45°	36.8	−47.1	−34.5	64.9	55.8	10Φ18	ϕ8@84,F
			67.5°	55.0	−19.8	−32.5	27.2	83.3	10Φ18	ϕ8@84,F
			90°	56.6	3.9	31.2	−5.7	85.7		
			112.5°	55.9	19.5	31.5	−27.1	84.7		
			135°	53.3	35.8	33.1	−49.4	80.7		
			157.5°	26.2	49.6	35.0	−68.4	39.7		

异形柱在不同地震烈度及不同方向地震作用下的计算结果(2层40号柱)　表4.2-4

楼层	柱编号	地震烈度	地震作用方向	地震工况内力					计算配筋	
				V_X (kN)	V_Y (kN)	N (kN)	$M_{X(柱底)}$ (kN·m)	$M_{Y(柱底)}$ (kN·m)	纵筋	箍筋
2	40	6度(0.05g)	0°	−21.9	−2.5	53.7	5.0	−34.6	8Φ18	ϕ8@88,F
			45°	15.1	−20.1	57.3	39.9	23.8	8Φ18	ϕ8@88,F
			90°	1.8	−21.4	61.1	42.5	2.9		
			135°	−20.5	−14.2	57.7	28.2	−32.3		
		7度(0.10g)	0°	−27.0	−4.4	40.5	7.8	−40.5	8Φ18	ϕ8@88,F
			45°	−25.2	−19.2	43.6	33.5	−37.7	8Φ18	ϕ8@88,F
			90°	2.3	−29.6	46.1	51.5	3.5		
			135°	18.6	−27.9	43.2	48.5	27.9		

续表

楼层	柱编号	地震烈度	地震作用方向	地震工况内力					计算配筋	
				V_X (kN)	V_Y (kN)	N (kN)	$M_{X(柱底)}$ (kN·m)	$M_{Y(柱底)}$ (kN·m)	纵筋	箍筋
		7度(0.15g)	0°	−40.4	−6.5	61.0	11.5	−60.1	8Φ18	ϕ8@88,F
			22.5°	−39.7	−14.4	62.5	24.9	−59.0	8Φ18	ϕ8@88,F
			45°	−37.7	−28.6	65.6	49.4	−56.1	8Φ18	ϕ8@88,F
			67.5°	−16.6	−42.7	68.4	73.7	−24.8	8Φ18	ϕ8@88,F
			90°	3.4	−43.9	69.4	75.8	5.3		
			112.5°	14.8	−43.3	68.0	74.9	22.0		
			135°	27.9	−41.3	65.0	71.4	41.5		
			157.5°	39.5	−20.5	62.1	35.5	58.7		
		8度(0.20g)	0°	−36.7	−7.7	35.9	11.4	−51.3	8Φ18	ϕ8@88,F
			22.5°	−36.0	−13.6	36.9	19.8	−50.4	8Φ18	ϕ8@88,F
			45°	−34.2	−27.3	38.7	39.3	−47.8	8Φ18	ϕ8@88,F
			67.5°	−15.0	−41.6	40.3	59.7	−21.1	8Φ18	ϕ8@88,F
			90°	3.0	−42.9	40.8	61.5	4.3		
			112.5°	13.5	42.5	40.0	60.9	18.8		
			135°	25.4	−40.6	38.2	58.2	35.4		
			157.5°	35.9	−21.0	36.5	30.2	50.1		

3. 对计算结果的分析结论

(1) 从上列各表计算配筋结果看，楼层2的9号柱当8度（0.20g）地震作用下，对应与45°方向地震作用下的柱子纵筋为10Φ20，较其他各方向的纵筋10Φ18有所增大，通过这样的计算，把握了不利情形作为设计依据，使柱子的抗震设计更为安全，计算证实了《规程》关于45°方向补充验算的规定是正确的和必要的。

(2) 计算结果表明：在烈度不高的6度、7度（0.10g）抗震设计时，各异形柱相对于不同方向地震作用情形下内力变化一般较小，其配筋差异也相应较小，一般没有必要再耗费精力去进行大量的计算，因此《规程》第4.2.4条第1款规定，仅要求在7度（0.15g）及8度（0.20g）抗震设计时才补充进行45°方向水平地震作用计算与抗震验算。

(3) 计算结果表明：考虑斜向水平地震作用计算所得的结构底部剪力，与0°及90°正交方向水平地震作用下的结构底部剪力相比，可能减小，也可能增大，即使结构底部剪力减小，但还是有可能在某些异形柱构件出现内力增大的现象，甚至增幅不小，必须在设计中引起足够重视，否则可能导致对结构安全留下隐患。

(4) 要精确地确定异形柱结构中各异形柱构件水平地震作用的最不利方向是一个很复杂的问题，实际工程设计中可以采用工程实用方法，采取多角度方向地震作用计算，考虑结构抗震概念设计规律，着重注意结构底部、角部、负荷较大及结构平面变化较大部位的异形柱，在不同方向地震作用情形下的内力变化和配筋变化中，选取最不利情形作为异形柱截面设计的依据，以增加异形柱结构抗震设计的安全性。

（5）具体计算中，由于地震作用方向的角度划分得越多越细，各异形柱的内力相对于不同方向的变化差异就越趋于缩小，为避免庞大而繁琐的计算工作量以及提高设计效率，没有必要选取过多的角度方向，对于全部采用等肢异形柱且布置较为规则的异形柱结构，除0°、90°正交方向外，再采取45°方向附加地震作用验算，一般可以满足工程精度的要求；对于采用不等肢异形柱及布置较为复杂情形，可以适当补充其他角度方向的水平地震作用计算，并通过分析比较，从中选取最不利数据作为设计的依据是可取的。

4. 关于双向地震作用计算问题

国内外历次大地震的震害、试验和理论研究均表明，平面不规则，质量与刚度偏心和抗扭刚度太弱的结构，扭转效应可能导致结构严重的震害，对异形柱结构尤其需要在抗震设计中加以重视。本《规程》第4.2.4条第2款（强制性条文）规定："在计算单向水平地震作用时应计入扭转影响；对扭转不规则的结构，水平地震作用计算应计入双向水平地震作用下的扭转影响。"条文中所指"扭转不规则的结构"，可按现行国家标准《建筑抗震设计规范》（GB 50011—2001）有关规定的条件（即楼层竖向构件的最大水平位移（或层间位移）与该楼层两端弹性水平位移（或层间位移）平均值的比值>1.20）来判别，此时异形柱结构的水平地震作用计算应计入双向水平地震作用下的扭转影响，并可不考虑质量偶然偏心的影响，而计算单向地震作用时则应考虑偶然偏心的影响。

四、异形柱结构地震作用的计算方法

根据现行国家标准《建筑抗震设计规范》（GB 50011—2001）的规定，振型分解反应谱法和底部剪力法都是地震作用计算的基本方法，但考虑到现今在结构设计计算中计算机的应用已很普遍，且实际工程中大都存在着不同程度的不对称、不均匀等情况，已很少采用底部剪力法这类简化方法，故《规程》第4.2.5条中对异形柱结构地震作用计算的方法仅列振型分解反应谱法：平面不规则结构的扭转影响显著，此时应采用扭转耦联振型分解反应谱法。

本《规程》主要用于住宅，突出屋面的大都为面积较小、高度不大的屋顶间、女儿墙或烟囱。根据现行国家标准《建筑抗震设计规范》（GB 50011—2001）的有关规定，当采用振型分解法时，此类突出屋面部分可作为一个质点来计算；根据现行行业标准《高层建筑混凝土结构技术规程》（JGJ 3—2002）的有关规定，当结构顶部有小塔楼且采用振型分解反应谱法时，无论是考虑或是不考虑扭转耦联振动影响，小塔楼宜每层作为一个质点参与计算。

五、荷载效应和地震作用效应组合

1. 无地震作用效应组合时，荷载效应组合的设计值应按式（4.2-1）确定

$$S=\gamma_G S_{GK}+\psi_Q\gamma_Q S_{QK}+\psi_W\gamma_W S_{WK} \tag{4.2-1}$$

式中 S——荷载效应组合的设计值；

γ_G——永久荷载分项系数；

γ_Q——楼面活荷载分项系数；

γ_W——风荷载的分项系数；

S_{GK}——永久荷载效应标准值；

S_{QK}——楼面活荷载效应标准值；

S_{WK}——风荷载效应标准值；

ψ_Q——楼面活荷载组合值系数；

ψ_W——风荷载组合值系数。

2. 有地震作用效应组合时，荷载效应和地震作用效应组合的设计值应按式(4.2-2)确定

$$S=\gamma_G S_{GE}+\gamma_{Eh}S_{EhK}+\gamma_{Ev}S_{EvK}+\psi_W\gamma_W S_{WK} \tag{4.2-2}$$

式中 S——荷载效应和地震作用效应组合的设计值；

S_{GE}——重力荷载代表值的效应；

S_{EhK}——水平地震作用标准值的效应，尚应乘以相应的增大系数或调整系数；

S_{EvK}——竖向地震作用标准值的效应，尚应乘以相应的增大系数或调整系数；

S_{WK}——风荷载效应标准值；

γ_G——重力荷载的分项系数；

γ_W——风荷载的分项系数；

γ_{Eh}——水平地震作用分项系数；

γ_{Ev}——竖向地震作用分项系数；

ψ_W——风荷载的组合值系数。

异形柱结构设计中对上列各系数的取值，和普通混凝土结构一样，均统一按国家现行有关标准的规定取用。

第三节 结构分析模型和计算参数

一、异形柱结构内力和位移的计算方法

无论是非抗震设计还是抗震设计，在竖向荷载、风荷载、多遇地震作用下混凝土异形

柱结构的内力和变形分析，按我国现行规范体系，均采用弹性方法计算，但在截面设计时则考虑材料的弹塑性性质。在竖向荷载作用下框架梁及连梁等构件可以考虑梁端部塑性变形引起的内力重分布（《规程》第4.3.1条）。

二、异形柱结构分析模型

关于异形柱结构分析模型的选择方面，在当今计算机使用普及和讲求计算分析精度的情况下，且考虑到异形柱结构的特点，《规程》第4.3.2条规定，应采用基于空间工作的分析模型，可选择空间杆系模型、空间杆—薄壁杆系模型、空间杆—墙板元模型或其他组合有限元等分析模型及相应计算机分析软件。平面结构空间协同计算模型虽然计算简便，其缺点是对结构空间整体的受力性能反映得不完全，现已较少应用，当规则结构初步设计时也可用于估算。

《规程》第4.3.3条还规定异形柱结构按空间分析模型计算时，应考虑下列变形：

——梁的弯曲、剪切、扭转变形，必要时考虑轴向变形；

——柱的弯曲、剪切、轴向、扭转变形；

——剪力墙的弯曲、剪切、轴向、扭转变形，当采用薄壁杆系分析模型时，还应考虑翘曲变形。

本规程适用的异形柱，其柱肢截面的肢高肢厚比限制在不大于4的范围，与矩形柱相比，其柱肢一般相对较薄，试验研究及理论分析表明：这样尺度比例的异形柱，其内力和变形性能具有一般杆件的特征，并不满足划分为薄壁杆件的基本条件，不应采用薄壁杆单元模拟异形柱。故在计算分析中，对肢高肢厚比不大于4的异形柱应按杆系模型分析。$h/\delta=5\sim8$属于短肢剪力墙，$h/\delta>8$属于剪力墙，剪力墙可按薄壁杆系或墙板元模型分析。前述各情况示于图4.3-1。

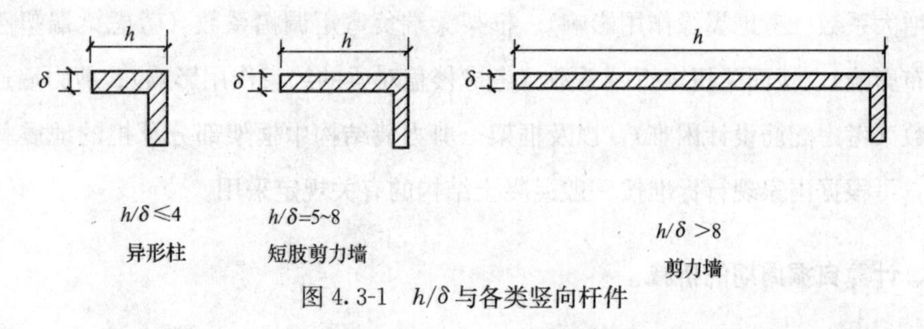

图4.3-1　h/δ与各类竖向杆件

薄壁杆件是指截面厚度较薄的等截面杆，其壁厚与截面最大宽度b（或高度）、杆件长度l（图4.3-2）应满足下列条件：

$$\delta/b\leqslant0.1 \tag{4.3-1}$$

$$\delta/l\leqslant0.1\sim0.2 \tag{4.3-2}$$

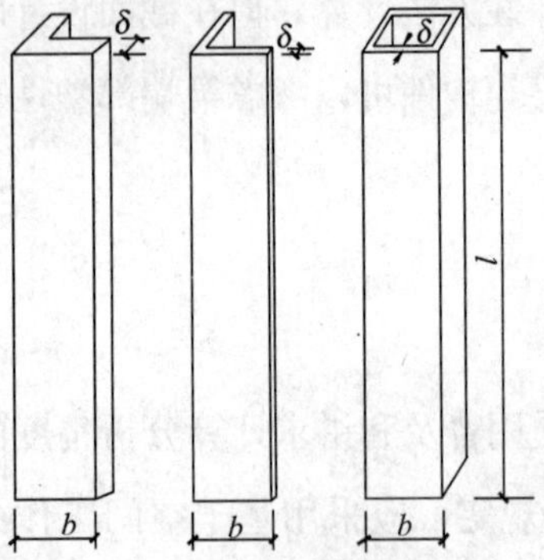

薄壁杆件的杆端有7个自由度，比一般空间杆件6个自由度（三个线位移、三个角位移）增加了一个用以描述薄壁杆件翘曲变形（扭转角变化率）的自由度，其相应的内力为双力矩。

按空间整体工作分析时，不同分析模型的梁、柱自由度是相同的：剪力墙采用薄壁杆系模型时比采用墙板元模型时多考虑翘曲变形自由度。

图 4.3-2　薄壁杆件及其他杆件示意

三、异形柱结构计算中对楼板的处理

进行结构内力和位移计算时，《规程》第 4.3.4 条规定可采用楼板在其自身平面内为无限刚性的假定，以使结构分析的自由度大大减少，从而减少由于庞大自由度系统而带来的计算误差，实践证明这种刚性楼板假定对绝大多数多、高层结构分析具有足够的工程精度。采用刚性楼板假定进行结构计算时，应在设计中采取必要措施以保证楼板平面内的整体刚度。绝大多数异形柱结构的楼板采用现浇钢筋混凝土楼板，能够满足该假定的要求，但还应在结构平面布置中注意避免楼板局部削弱或不连续，当楼板存在大洞口的不规则类型时，楼板平面内的变形会使楼层内抗侧刚度较小的构件的内力和变形加大，对结构不利，故此时计算中应考虑楼板平面内的变形，或对采用无限刚性楼板假定所得的计算结果进行适当调整，此时一般可对楼板削弱部位的抗侧刚度相对较小的结构构件，适当增大计算内力，加强配筋和构造措施。对局部削弱的楼面，可采取楼板局部加厚、设置边梁、加大楼板配筋等措施。

四、异形柱结构的计算参数

《规程》第 4.3.5 条规定异形柱结构内力与位移计算时的有关计算参数，例如：楼面梁刚度增大系数（考虑翼缘作用影响）、框架梁端负弯矩调幅系数（考虑梁端塑性变形内力重分布影响）、楼面梁扭矩折减系数（考虑楼盖对梁的约束作用影响）、剪力墙连梁刚度折减系数（考虑配筋设计困难），以及框架—剪力墙结构中框架部分承担的地震剪力调整要求等，可根据国家现行标准按一般混凝土结构的有关规定采用。

五、计算自振周期的折减

通常框架结构内力、位移分析中只考虑了主要结构构件（梁、柱）的刚度，没有考虑非结构构件（框架填充墙）的刚度，因而计算所得的结构自振周期较实际的长，现有的大量工程实测周期资料表明了这个事实。由此计算出的结构地震作用会偏小。为此，《规程》第 4.3.6 条（强制性条文）规定：“计算各振型地震影响系数所采用的结构自振周期，应考虑非承重填充墙体对结构整体刚度的影响予以折减”。这与现行行业标准《高层建筑混凝土结构技术规程》（JGJ 3—2002）相关规定的原则完全一致，但由于《规程》第 3.1.5 条规定，异形柱结构的填充墙与隔墙应优先采用轻质墙体材料，考虑到轻质墙体材料的强度、弹性模量一般较实心砖低的情况，对自振周期折减的影响较实心砖填充墙相对较小，故《规程》在第 4.3.7 条对计算自振周期折减系数 ψ_T 给出了一个取值范围：

（1）框架结构可取 0.6～0.75；

（2）框架—剪力墙结构可取 0.7～0.85。

上列折减系数 ψ_T 较现行国家行业标准《高层建筑混凝土结构技术规程》（JGJ 3—2002）对实心砖填充墙的折减系数的上限值略高，反映了异形柱采用轻质填充墙之特点。

考虑到目前异形柱框架填充墙与隔墙采用的轻质墙体材料品种繁多，而折减系数 ψ_T 取值的大小，会影响到设计地震作用的取值大小，设计人员可根据工程实际情况，在《规程》规定的折减系数范围内合理选定计算自振周期的折减系数。

六、结构分析软件

现有的一些结构分析软件，主要适用于一般钢筋混凝土结构，尚不能满足异形柱结构设计计算的需要。《规程》颁布实施后，应从异形柱结构内力和变形计算到异形柱截面设计和构造措施，全面按照本《规程》及国家现行有关标准的要求，编制相应配套的异形柱结构专用的设计软件，确保设计质量。

《规程》第 4.3.8 条对异形柱结构分析提出了要求：“设计中所采用的异形柱结构分析软件的技术条件，应符合本《规程》的有关规定。软件应经考核验证和正式鉴定，对结构分析软件的计算结果应经分析判断，确认其合理有效后，方可用于工程设计。”

天津市《钢筋混凝土异形柱结构技术规程》（DB 19—16—2003）编制组开发了异形柱设计配筋软件 CRSC，通过大量工程计算与系列试验结果的严格考核，于 2001 年 5 月通过天津市城乡建设委员会组织的鉴定，并经过国内各地一批异形柱结构实际工程计算应用，后又配合《规程》的编制进行了补充、完善与改进，经《规程》试设计工作的检验，表明 CRSC 软件计算结果可靠，符合《规程》要求。

第四节　水平位移限值

异形柱结构在正常使用条件下应具有足够的刚度，避免产生过大的位移而影响结构的承载力、稳定性和使用要求。为保证异形柱结构具有足够的刚度，应对结构水平层间位移加以限制，这个限制实际上是对构件截面、结构抗侧刚度的宏观控制。

《规程》第 4.1.7 条规定，异形柱结构应进行风荷载、地震作用下水平位移的验算，并在第 4.2 节中分别列出弹性层间位移及弹塑性层间位移的验算公式及规定限值。

1. 弹性层间位移验算目的

非抗震设计的异形柱结构，在风荷载作用下应保持正常使用状态，并保证主体结构基本处于弹性受力状态，为此，应对结构的弹性层间位移加以限制。

抗震设计的异形柱结构是根据抗震设防的三水准要求，采用二阶段设计方法来实现的。现行国家标准《建筑抗震设计规范》（GB 50011—2001）对各类混凝土结构要求，除在第一阶段设计中进行构件截面抗震承载力验算外，尚须进行多遇地震作用下结构弹性变形的验算，以实现抗震设计第一水准（即在多遇地震作用下主体结构不受损坏，非结构构件包括填充墙、隔墙、幕墙、内外装修等没有过重的破坏，保证建筑的正常使用功能）下的抗震设防要求。弹性变形验算的指标以弹性层间位移角（即最大层间弹性位移与层高之比 $\Delta u/h=\theta$）表示，并按构件的弹性刚度计算。

2. 弹性层间位移验算公式和限值

《规程》第 4.4.1 条规定，在风荷载、多遇地震作用下，异形柱结构按弹性方法计算的楼层最大层间位移应符合式（4.4-1）要求：

$$\Delta u_e \leqslant [\theta_e]h \tag{4.4-1}$$

式中 Δu_e——风荷载、多遇地震作用标准值产生的楼层最大弹性层间位移；

$[\theta_e]$——弹性层间位移角限值，按表 4.4-1 采用；

h——计算楼层层高。

异形柱结构弹性层间位移角限值 **表 4.4-1**

结构体系	$[\theta_e]$
框架结构	1/600 (1/700)
框架—剪力墙结构	1/850 (1/950)

注：表中括号内的数字用于底部抽柱带转换层的异形柱结构。

3. 弹塑性层间位移验算目的

震害表明，结构如果存在薄弱层，在强烈地震作用下结构薄弱部位将产生较大的塑性变形，导致结构严重破坏，甚至倒塌。对于这种情况，抗震结构的二阶段设计方法，还要求在第二阶段设计中当必要时宜进行罕遇地震作用下结构弹塑性变形的验算，检查多遇地震作用下承载力验算可能未发现的薄弱部位，实现第三水准（即在罕遇地震作用下，主体结构遭受破坏或严重破坏但不倒塌）下的抗震设防要求。

4. 弹塑性层间位移验算范围

《规程》第 4.4.2 条对异形柱结构弹塑性变形验算的范围作出了具体规定：7 度抗震

设计时，底部抽柱带转换层的异形柱结构、层数为 10 层及 10 层以上或高度超过 28m 的竖向不规则异形柱框架—剪力墙结构，宜进行罕遇地震作用下的弹塑性变形验算。

弹塑性变形的计算方法，按现行国家标准《建筑抗震设计规范》（GB 50011—2001）的规定，可采用静力弹塑性分析方法或弹塑性时程分析方法。

5. 弹塑性层间位移验算公式和限值

《规程》第 4.4.3 条规定，罕遇地震作用下，异形柱结构的弹塑性层间位移应符合式 (4.4-2) 要求：

$$\Delta u_{\mathrm{p}} \leqslant [\theta_{\mathrm{p}}]h \tag{4.4-2}$$

式中 Δu_{p}——罕遇地震作用标准值产生的弹塑性层间位移；

h——楼层层高；

$[\theta_{\mathrm{p}}]$ ——弹塑性层间位移角限值，按表 4.4-2 采用。

异形柱结构弹塑性层间位移角限值 **表 4.4-2**

结构体系	$[\theta_{\mathrm{p}}]$
框架结构	1/60 (1/70)
框架—剪力墙结构	1/110 (1/120)

注：表中括号内的数字用于底部抽柱带转换层的异形柱结构。

《规程》对异形柱结构的弹性及弹塑性层间位移角限值的规定（表 4.4-1 及表 4.4-2），分别根据建筑的正常使用功能要求及保证结构抗倒塌能力的要求，并根据对一批异形柱结构实际工程设计中水平层间位移计算值及异形柱结构试验研究成果的统计、分析和研究的基础上制定的，与现行国家标准中对一般钢筋混凝土框架结构及框架—剪力墙结构的位移限值相比，均有所加严。

参考文献

[1] 混凝土结构设计规范(GB 50010—2002). 北京:中国建筑工业出版社,2002.

[2] 建筑结构可靠度设计统一标准(GB 50068—2001). 北京:中国建筑工业出版社,2001.

[3] 建筑抗震设计规范(GB 50011—2001). 北京:中国建筑工业出版社,2001.

[4] 高层建筑混凝土结构技术规程(JGJ 3—2002). 北京:中国建筑工业出版社,2002.

[5] 严士超,李文清. 混凝土异形柱结构多方向地震作用计算分析,全国混凝土异形柱结构学术研讨会论文集混凝土异形柱结构理论及应用. 北京:知识产权出版社,2006.

[6] 徐有邻,周氏. 混凝土结构设计规范理解与应用. 北京:中国建筑工业出版社,2003.

[7] 包世华,方鄂华. 高层建筑结构设计. 北京:清华大学出版社,1990.

第五章　异形柱正截面承载力计算

对于异形截面偏心受压柱，由于其截面形状的不规则性，不管其截面形心惯性主轴是倾斜还是平行于柱肢，只要弯矩不作用在其截面形心惯性主轴方向，就会产生双向弯曲。而异形柱处于复杂的空间三维框架结构中，所承担的弯矩往往并不平行于截面形心惯性主轴，因此，一般情况下异形柱截面产生双向弯曲，应按照双向偏压柱来研究异形柱的正截面承载力。

国外学者对钢筋混凝土异形截面柱在双向偏心压力作用下受力性能的研究始于20世纪60年代，后来随着计算机技术的引入，20世纪80年代后有了较快的发展[1-10]。20世纪90年代开始，在国内由于异形截面柱结构应用和发展的需要，天津大学[11-21]、华南理工大学[22-24]、大连理工大学[25-28]、河北工业大学[29-31]等单位及其他单位的学者[32-41]，相继对异形柱的正截面承载力、变形性能开展了大量的试验研究及深入的理论分析工作。《规程》编制组在上述研究的基础上，提出了异形柱正截面承载力的计算方法，总结了异形柱承载力的变化规律；并采用弯矩增大系数法（或偏心距增大系数法）来近似考虑二阶效应的影响。异形柱截面偏心距增大系数的计算公式，则是通过对异形截面柱承载力及变形的大量非线性分析得到。

《规程》中提出的异形柱正截面承载力计算方法与现行国家标准《混凝土结构设计规范》（GB 50010—2002）相协调一致。

第一节　基　本　假　定

一、平均应变的平截面假定

为了研究T形、L形和十字形截面双向压弯柱的正截面承载力变化规律，验证平均应变的平截面假定在T形、L形和十字形截面双向压弯柱中是否成立，天津大学课题组设计了28根试件[11-14]，包括11个T形、6个L形截面、8个等肢十字形截面柱和3个对比用的矩形截面柱。

25个L形、T形、十字形柱在轴力与双向弯矩共同作用下的试验加载过程中，用手持应变仪量测 500（400）mm 标距内混凝土的平均应变在横截面上的分布情况，并用 2mm×3mm 纸基应变片量测纵向钢筋的应变。量测结果（图 5.1-1）表明：柱平均应变沿截面高度的分布，自加载开始直至破坏基本符合平截面假定，因而平均应变的平截面假定在 T 形、L 形和十字形截面双向压弯柱中仍然适用。此结论也为很多其他学者的研究所证实。

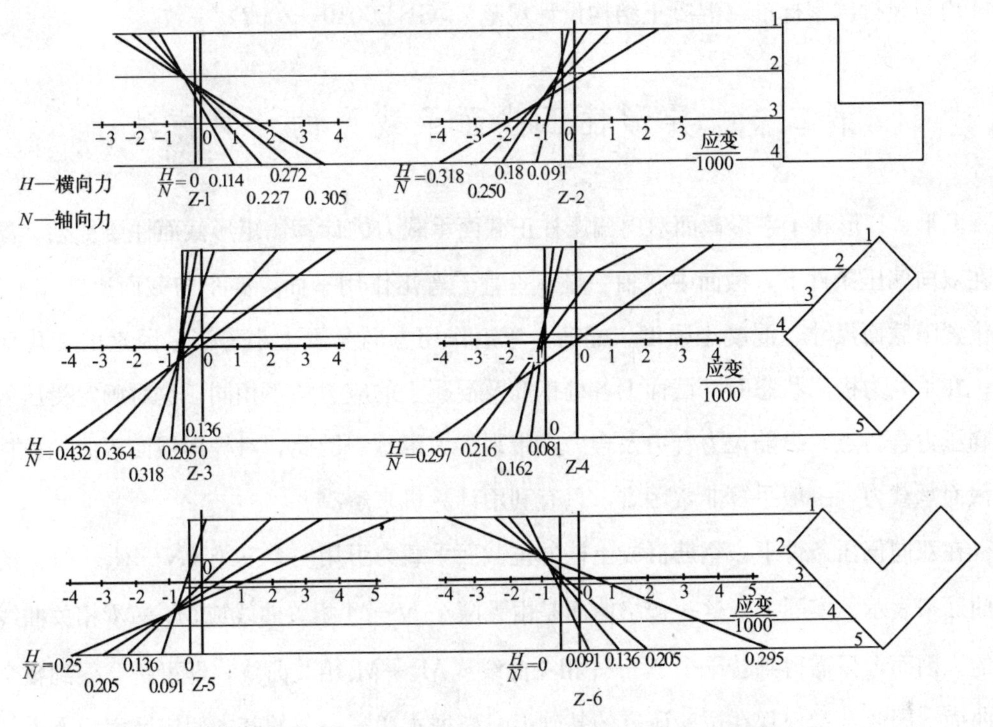

图 5.1-1　L 形试件标距内平均应变在横截面的分布图

二、混凝土受压应力—应变曲线、极限压应变 ε_{cu}

试验结果表明，T 形、L 形和十字形截面双向压弯柱的破坏形态与矩形截面单向压弯柱类似，根据轴向力或相对偏心距的大小也可分为受压破坏和受拉破坏两类。但对于同一截面，在各种弯矩作用方向角情况下，两类破坏的界限轴力或相对偏心距并非定值，有时相差甚大。

试验结果还表明：大偏心受压破坏时，混凝土的极限压应变 ε_{cu} 是：0.0037～0.0045；小偏心受压破坏时，混凝土的极限压应变 ε_{cu} 是：0.0033～0.0039，而且随轴力 N 的增大而下降，与一般矩形柱试验结果类同，因此，混凝土受压应力—应变关系曲线、极限压应变 ε_{cu} 可按现行国家标准《混凝土结构设计规范》（GB 50010—2002）[42]第 7.1.2 条的规定采用。

三、其他基本假定

（1）不考虑混凝土的抗拉强度；

（2）纵向钢筋的应力取等于钢筋应变与其弹性模量的乘积，但其绝对值不应大于其相应的强度设计值；纵向受拉钢筋的极限拉应变取为0.01。

均与现行国家标准《混凝土结构设计规范》(GB 50010—2002）一致。

第二节　异形柱正截面承载力的计算方法

T形、L形和十字形截面双向偏压柱正截面承载力的计算比矩形截面柱要复杂。原因是在双向偏压条件下，截面中和轴一般不垂直于弯矩作用平面，亦不与截面边缘相平行，其位置随截面尺寸、混凝土强度、配筋、弯矩作用方向角及大小等诸多因素的变化而变化；在承载力极限状态时，截面上各处钢筋及混凝土的应力均不相同，这对确定受压区面积和压力合力点、纵筋拉力合力及合力点带来很大困难。因此，对异形截面双向偏压柱的正截面承载力，一般手算非常困难，只有利用计算机来解决。

在双向偏压条件下，钢筋混凝土柱的正截面承载力可用一个三维（N—M_x—M_y）的封闭曲面来表示。实际上，这一包络曲面是由无限个N—M相关曲线或M_x—M_y相关曲线组成的，因而，只需得到若干个N—M相关曲线或M_x—M_y相关曲线，即可拼合得到整个包络曲面。因此，本规程在试验研究的基础上，根据本章第一节的基本假定及截面上力的平衡条件，编制了异形柱正截面承载力的电算程序。运用该程序，可得到异形柱截面极限破坏时的N—M相关曲线和M_x—M_y相关曲线以及中和轴的位置。

一、异形柱正截面承载力的计算方法

（1）将柱截面划分为有限个混凝土单元和钢筋单元（图5.2-1)，近似取单元内的应变和应力为均匀分布，合力点在单元形心处；

（2）初步选定中和轴法线角度θ（θ为中和轴法线方向与坐标轴x正向的夹角，以逆时针为正）和坐标原点O到中和轴的距离R，根据平截面假定即可求得截面上各钢筋及混凝土单元形心至中和轴的距离，进而求得截面上各钢筋及混凝土单元的应变；

（3）有了任一点的应变，就可以根据基本假定中钢筋及混凝土的应力—应变关系，求出钢筋及混凝土的应力σ_{sj}，σ_{ci}，然后用公式（5.2-1）求出截面的承载力。

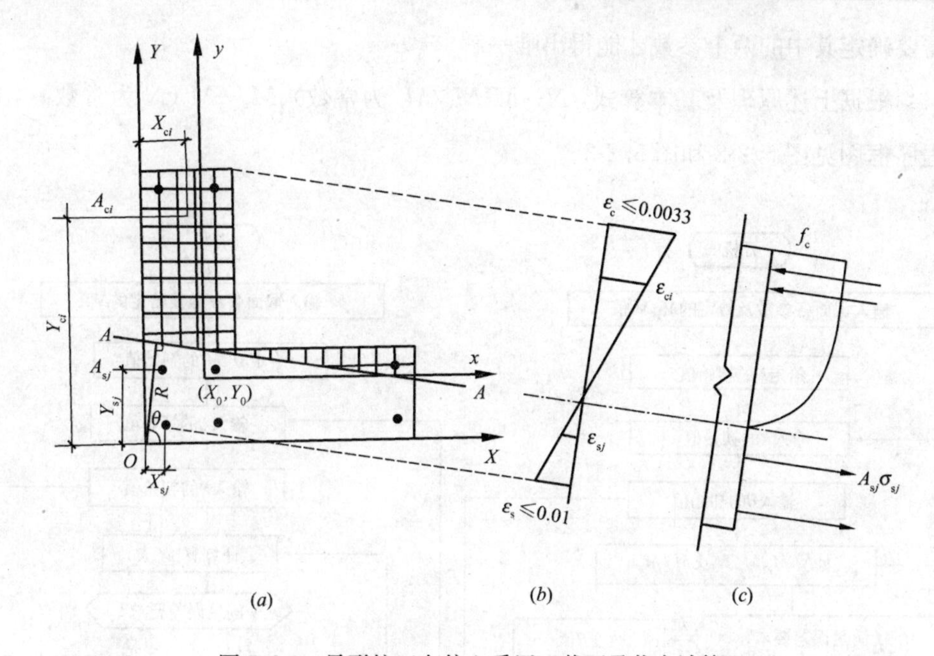

图 5.2-1 异形柱双向偏心受压正截面承载力计算

(a) 截面配筋及单元划分；(b) 应变分布；(c) 应力分布

A—A—中和轴

$$N = \sum_{i=1}^{n_c} A_{ci}\sigma_{ci} + \sum_{j=1}^{n_s} A_{sj}\sigma_{sj}$$

$$M_x = \sum_{i=1}^{n_c} A_{ci}\sigma_{ci}(Y_{ci} - Y_0) + \sum_{j=1}^{n_s} A_{sj}\sigma_{sj}(Y_{sj} - Y_0) \tag{5.2-1}$$

$$M_y = \sum_{i=1}^{n_c} A_{ci}\sigma_{ci}(X_{ci} - X_0) + \sum_{j=1}^{n_s} A_{sj}\sigma_{sj}(X_{sj} - X_0)$$

式中 N——轴向承载力；

M_x、M_y——对截面形心轴 x、y 的弯矩承载力（这里 x、y 轴为过截面形心且平行于 X、Y 轴的轴线）；

σ_{ci}、A_{ci}——第 i 个混凝土单元的应力及面积，σ_{ci} 为压应力时取正值；

σ_{sj}、A_{sj}——第 j 个钢筋单元的应力及面积，σ_{sj} 为压应力时取正值；

X_0、Y_0——截面形心坐标；

X_{ci}、Y_{ci}——第 i 个混凝土单元的形心坐标；

X_{sj}、Y_{sj}——第 j 个钢筋单元的形心坐标；

n_c、n_s——混凝土及钢筋单元总数。

式（5.2-1）的 3 个方程中实际上有 5 个未知数：θ, R, M_x, M_y, N，是一个非线性方程组，需要确定其中的两个参数才能得出唯一解。

(4) 根据上述原理及基本算式，N—M(M_x/M_y 为常数)、M_x—M_y(N 为常数) 相关曲线的程序框图见图 5.2-2 和图 5.2-3。

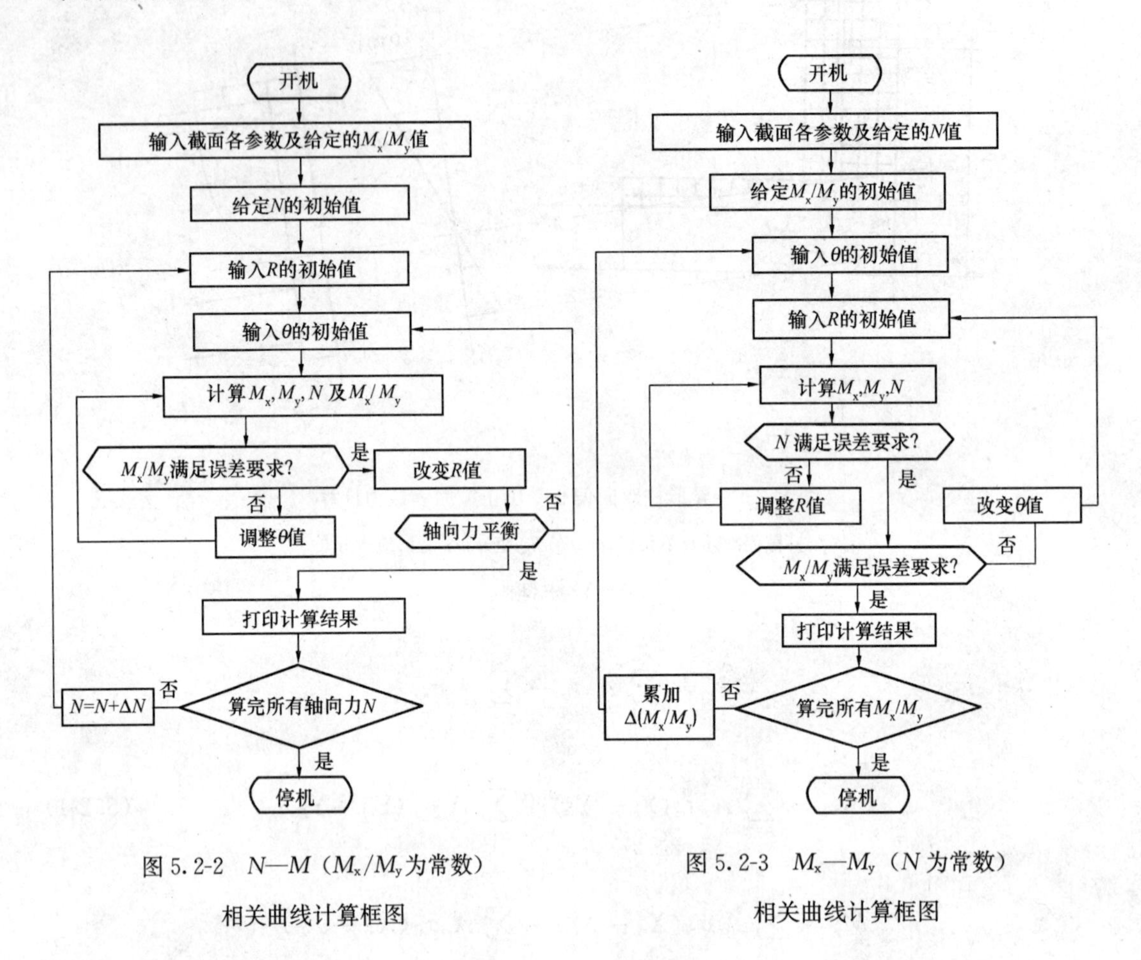

图 5.2-2　N—M (M_x/M_y为常数)

相关曲线计算框图

图 5.2-3　M_x—M_y (N 为常数)

相关曲线计算框图

二、电算结果与试验结果的比较

试件截面极限破坏时，中和轴的位置、受压区面积和正截面承载力的试验值与电算值均吻合较好。

1. 截面中和轴的位置

图 5.2-4 为通过试验和电算分析得到的十字形试件极限破坏时的截面中和轴位置[13-14]。不难看出，试件截面极限破坏时，试验与电算的中和轴位置吻合较好。

由图 5.2-4 还可看出，异形截面双向压弯柱截面中和轴一般不与弯矩作用平面相垂直，只有当荷载作用在对称主轴上时（如 Z-1，4，5，8）例外。即使在同一弯矩作用方向角时，截面中和轴的方向、高度也因轴向力大小、混凝土强度的不同而异（如 Z-4，8)，其受压区图形亦迥然不同。

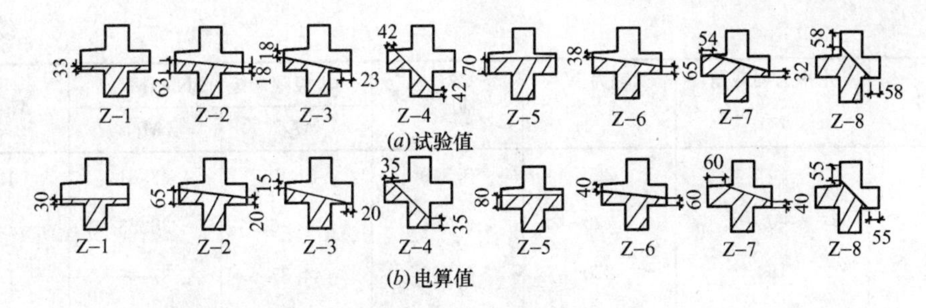

图 5.2-4　试件极限破坏时截面中和轴的位置

2. 压区面积

表 5.2-1 为通过试验和电算分析得到的十字形试件极限破坏时的受压区面积比较[14]。由表 5.2-1 可知，试验值与电算值吻合较好；受压区的大小及形状不但与轴压比有关，且与弯矩作用方向角度有关。

十字形试件压区面积的试验结果与电算结果的比较　　表 5.2-1

试　件	弯矩作用方向角 α (°)	轴压比	压区面积 A (mm²)		A_t/A_c
			试验值 A_t	电算值 A_c	
Z_+-1	0	0.302	20700	19800	1.0455
Z_+-2	15	0.289	23100	23550	0.9809
Z_+-3	30	0.271	24900	25500	0.9765
Z_+-4	45	0.314	18800	17600	1.0682
Z_+-5	0	0.556	31800	34800	0.9138
Z_+-6	15	0.556	32850	31800	1.0330
Z_+-7	30	0.556	35800	37200	0.9624
Z_+-8	45	0.556	32570	32980	0.9876

3. 正截面承载力

28 个 L 形、T 形、十字形和矩形截面双向压弯试件的极限抗弯能力的试验值和电算值列在表 5.2-2 中，试验值与计算值之比的平均值为 1.198，变异系数为 0.087，彼此吻合较好。

试验结果与电算结果的对比　　表 5.2-2

试　件	水平力加载角 (°)	轴力 N (kN)	轴压比	极限弯矩 (kN·m)		$M_{试}/M_{计}$
				$M_{试}$	$M_{计}$	
Z_T-1	—	1120	—	—	—	—
Z_T-2	90	560	0.525	56.55	56.24	1.006
Z_T-3	270	560	0.525	72.8	61.05	1.192
Z_T-4	67.5	560	0.621	50.1	48.24	1.039
Z_T-5	67.5	280	0.256	54.4	50.88	1.069
Z_T-6	45	560	0.680	62.5	50.45	1.239
Z_T-7	45	280	0.256	57.6	47.44	1.214
Z_T-8	22.5	560	0.621	62.8	48.11	1.305
Z_T-9	22.5	280	0.256	60.4	46.24	1.306
Z_T-10	0	560	0.525	58.6	51.26	1.143

续表

试件	水平力加载角 (°)	轴力 N (kN)	轴压比	极限弯矩（kN·m）		$M_{\text{试}}/M_{\text{计}}$
				$M_{\text{试}}$	$M_{\text{计}}$	
Z_T-11	0	280	0.340	61.2	43.81	1.397
Z_L-1	0	220	0.281	47.96	38.33	1.251
Z_L-2	180	220	0.296	44.85	37.45	1.198
Z_L-3	315	220	0.281	62.10	48.06	1.292
Z_L-4	135	370	0.472	72.45	52.38	1.383
Z_L-5	225	220	0.296	34.50	33.47	1.031
Z_L-6	45	220	0.296	46.58	35.03	1.330
$Z_{\square}$-1	45	560	0.621	54.4	40.88	1.331
$Z_{\square}$-2	45	280	0.311	48.0	38.78	1.240
Z_{+}-1	0	500	0.302	72.68	66.20	1.098
Z_{+}-2	15	480	0.289	75.76	66.75	1.135
Z_{+}-3	30	450	0.271	75.42	67.00	1.126
Z_{+}-4	45	520	0.314	91.85	70.36(72.70)	1.305(1.263)
Z_{+}-5	0	670	0.556	72.66	63.70	1.141
Z_{+}-6	15	670	0.556	78.96	62.13	1.271
Z_{+}-7	30	670	0.556	64.60	61.26(54.92)	1.055(1.176)
Z_{+}-8	45	670	0.556	78.08	66.20	1.179

注：括号内数值为考虑试件实际保护层影响后的结果。

试验值与计算值差异的主要原因是试验中柱的混凝土实际强度、混凝土保护层厚度、钢筋位置不准确等与理论计算采用值的差异所致。此外，通过对5个矩形截面双向偏心受拉试件承载力和偏心受压柱 M—N 相关曲线的核算，均有很好的一致性。表明本《规程》提出的异形柱正截面承载力的计算方法是正确可行的。

第三节　异形柱正截面承载力的变化规律

试验与理论分析表明[11-14,18]，由于异形柱截面形状的不规则性，其正截面承载力具有自己的特点，其中包括：截面中和轴一般不与弯矩作用平面垂直，也不与截面边缘平行，其位置随截面尺寸、混凝土强度、配筋及弯矩作用方向角等诸多因素的变化而异；其正截面承载力，除了与所采用的材料强度、配筋率、截面尺寸有关外，还与弯矩作用方向角有关，随弯矩作用方向角不同，其承载力差异很大（等肢十字形截面柱除外），所以设计时应由组合内力的最不利弯矩作用方向角方向的承载力控制。这些研究成果为异形柱的正截面配筋计算提供了坚实的基础。

一、弯矩作用方向角 α

截面的弯矩作用方向角 α 系指轴向压力作用点至截面形心的连线与截面形心轴 x 正向的夹角，逆时针旋转为正，见图 5.3-1。

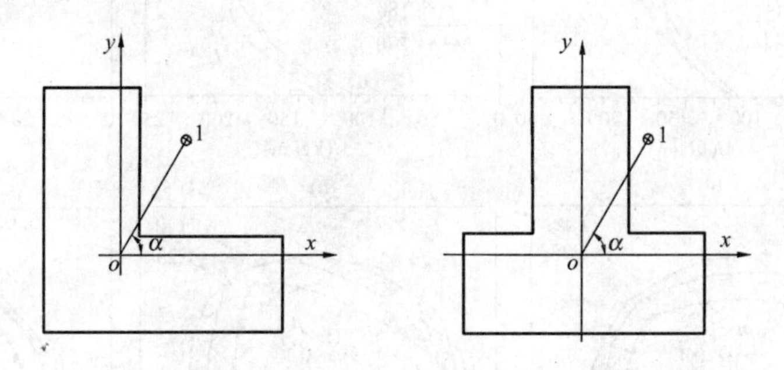

图 5.3-1　异形柱截面弯矩作用方向角

1—轴向力作用点；o—截面形心；x、y—截面形心轴；α—弯矩作用方向角

1. 截面的承载力随弯矩作用方向角的不同而不同

图 5.3-2（a）～（c）和图 5.3-3（a）分别为 L 形、T 形、方形和十字形截面柱在不同弯矩作用方向角情况下的 N—M 相关曲线[14,18]。可以看出，在不同弯矩作用方向角 α 情况下，截面的 N—M 相关曲线与单向偏心受压柱有着类似的规律：当截面受拉破坏时，轴力增大，抗弯能力随之增大；当截面受压破坏时，随着轴力增大，抗弯能力随之降低。

对于 L 形、T 形截面柱，不同弯矩作用方向角时，同一轴力下截面的抗弯能力有着很大的差异；相比之下，方形截面柱和等肢十字形截面柱在各弯矩作用方向角下截面的承载力差异不大，方形柱 $\alpha=45°$ 时截面的承载力最小，十字形柱在弯矩作用方向角由 0°增大到 45°时，在同一轴力下截面的抗弯能力稍有提高。可见，等肢十字形截面柱若取弯矩作用方向角为 0°的 N—M 相关曲线进行设计，一般偏于安全。

2. 截面的界限偏心点随弯矩作用方向角的不同而不同，甚至相差很大

众所周知，当截面极限承载力 N_u 小于某一值 N_{ub} 时，随截面轴向极限承载力 N_u 的增大，破坏时截面对应的极限抗弯承载力 M_u 增大。当 N_u 大于某一值 N_{ub} 后，随着 N_u 的增大，M_u 随之减小，M_u 的最大值即界限破坏弯矩 M_{ub}，对应的 N_{ub} 为界限破坏力，在 M—N 相关曲线上由 M_{ub} 及 N_{ub} 构成的点为界限破坏点。

由图 5.3-2（a）～（c）和图 5.3-3（a）可以看出：在其他条件相同的情况下，弯矩作用方向角 α 不同，L 形、T 形截面柱的界限偏心点也明显不同，甚至差异很大；相比之下，方形和等肢十字形截面柱的界限偏压点随弯矩作用方向角 α 的不同变化不大，基本在

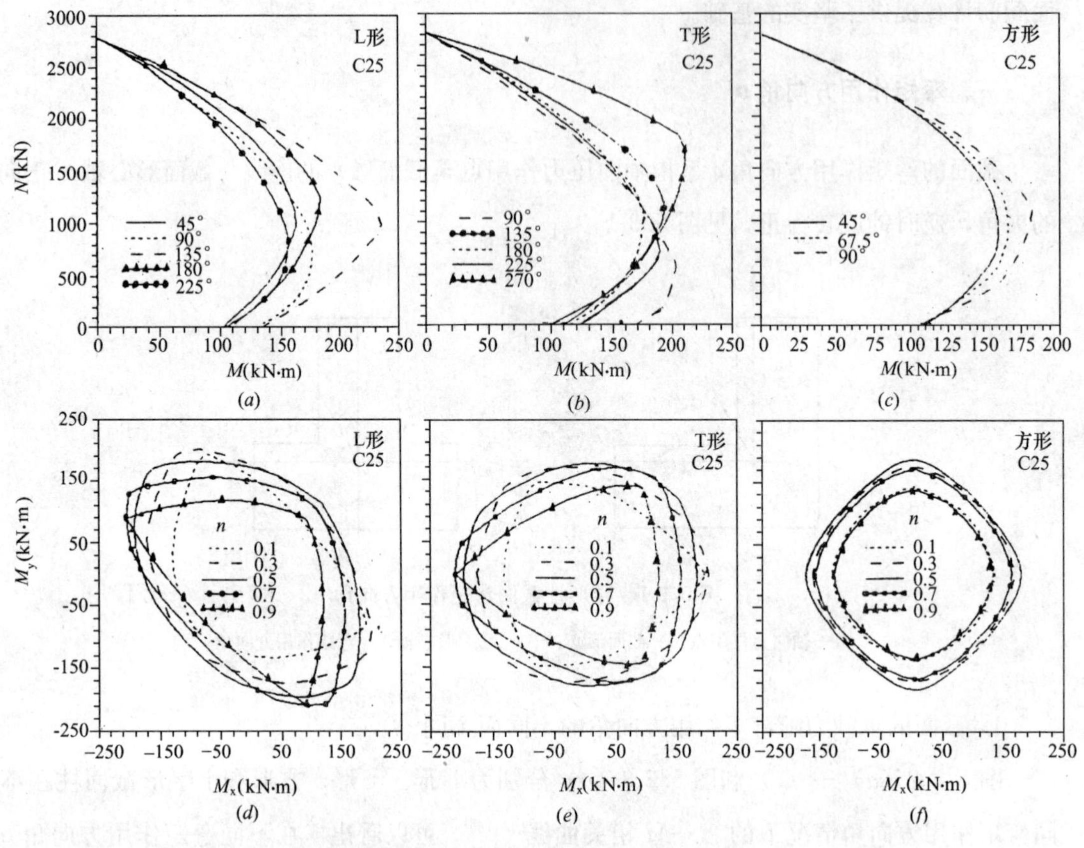

图 5.3-2 L形、T形、方形截面柱的 N—M 相关曲线及 M_x—M_y 相关曲线

（截面尺寸：L、T形为 200mm×500mm×500mm，方形为 400mm×400mm；配筋：三种截面均配置 8Φ18 纵向受力钢筋）

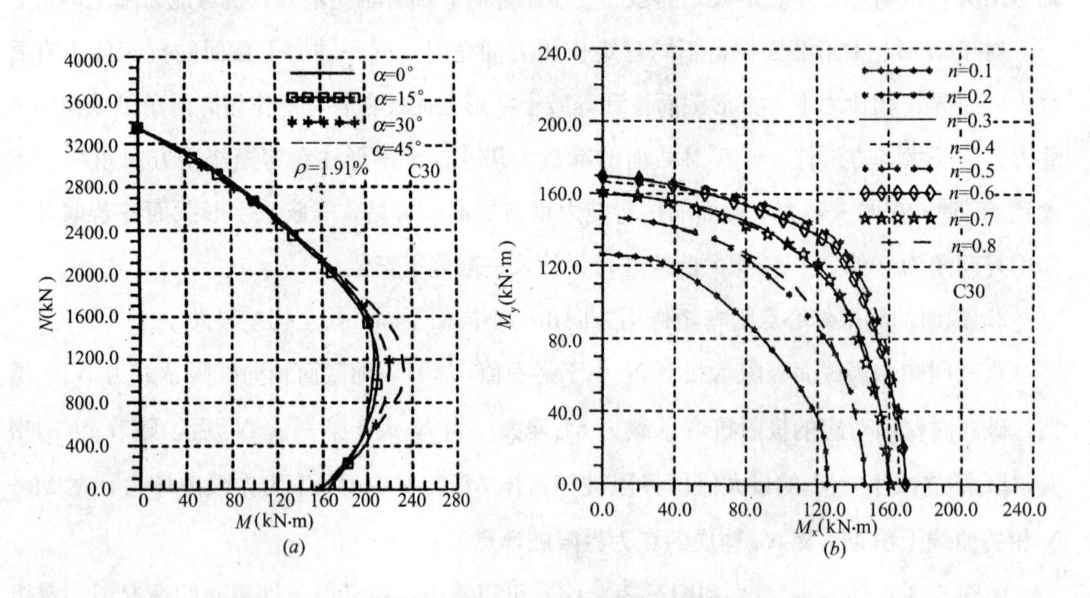

图 5.3-3 十字形截面柱的 N—M 相关曲线及 M_x—M_y 相关曲线

（截面尺寸为 200mm×500mm，配置 8Φ18 纵向受力钢筋）

一条水平线上。

二、轴压比

图 5.3-2（*d*）～（*f*）和图 5.3-3（*b*）为 L 形、T 形、方形截面柱和等肢十字形柱在不同轴压比时的 M_x—M_y 相关曲线[14,18]，从这些图中可以看出：M_x—M_y 相关曲线均对称于截面的对称主轴，不同截面形式时轴压比引起的变化规律如下：

1. L 形和 T 形截面柱

在轴压比较小（轴压比为 0.1）时，M_x—M_y 相关曲线近似为一个三角形；随着轴压比的增大，该相关曲线逐渐变成一个类椭圆形（轴压比为 0.5），所包络的面积也增大；当轴压比继续增大（轴压比为 0.9）时，该相关曲线又逐渐变成反向三角形，所包络的面积也变小。

对于 L 形截面柱（图 5.3-2*a* 和 *d*），当轴压比在 0.5 左右时，弯矩作用方向角为 135°（最小主轴方向）时的抗弯能力最大，轴压比增大或减小，相应于最大抗弯能力的弯矩作用方向在最小主轴左右变化。在不同轴压比情况下，弯矩作用方向角为 45°（最大主轴方向）的抗弯能力大致为最小。

对于 T 形截面柱（图 5.3-2*b* 和 *e*），在低轴压比（轴压比在 0.1～0.3）时，弯矩作用方向角 α 为 270°（荷载作用在翼缘一边的对称主轴上）时，截面抗弯能力最小；弯矩作用方向角 α 为 90°时截面抗弯能力最大，这是因为在小轴压比情况下，截面受拉破坏控制承载力，此时翼缘处于受拉区，受拉钢筋数量多，内力臂相对较大，故抗弯能力最大。在高轴压比（轴压比在 0.7～0.9）情况下，截面最小及最大抗弯能力的弯矩作用方向角 α 分别为 90°及 270°，规律恰好与小轴压比时相反。

2. 方形截面柱

由图 5.3-2（*f*）和（*c*）可以看出，M_x—M_y 相关曲线为一组类圆，其形状不随轴压比的不同而变化；其最大和最小抗弯承载力对应的弯矩作用方向角分别为 0°和 45°左右，也不随轴压比的变化而变化。

3. 等肢十字形截面柱

图 5.3-3 为等肢十字形截面柱不同弯矩作用方向角时 N—M 相关曲线及完全对称的 1/4 截面上的 M_x—M_y 相关曲线，可以看出，在同一轴压比下，各弯矩作用方向的抗弯能力比较均匀；n=0.5 时，相应的轴向力大致为界限偏心力。

三、配筋率

图 5.3-4 为 L 形、T 形和十字形截面柱在某弯矩作用方向角时，变换配筋率所得的

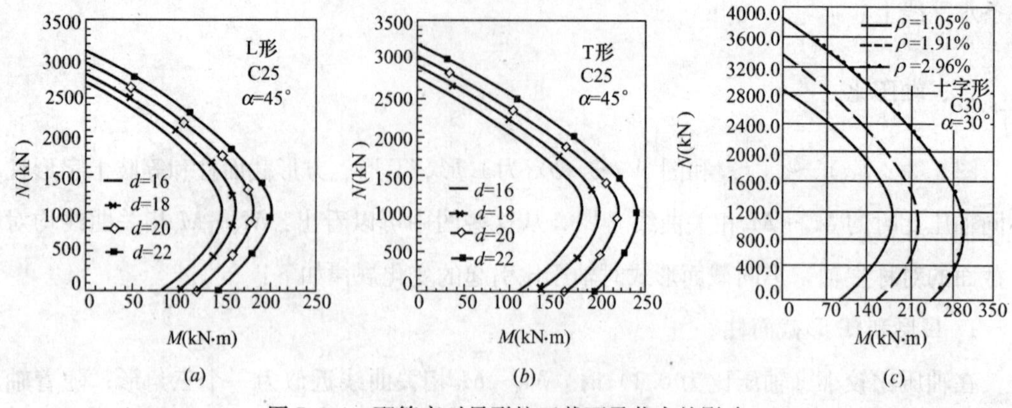

图 5.3-4　配筋率对异形柱正截面承载力的影响

(*a*) L形柱；(*b*) T形柱；(*c*) 十字形柱

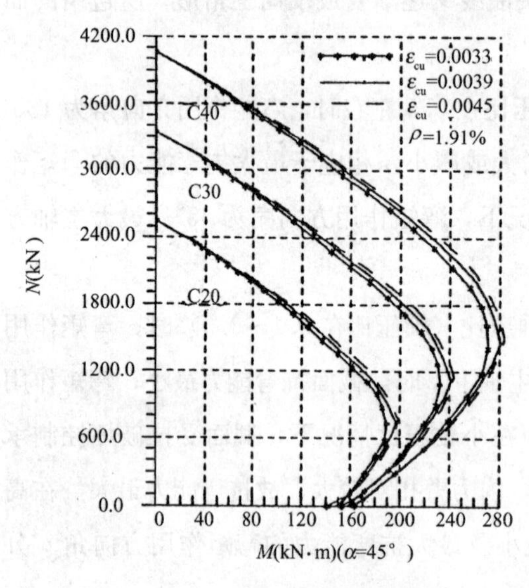

图 5.3-5　混凝土强度对等肢十字形截面柱正截面承载力的影响

N—M 相关曲线[14,18]。由图 5.3-4 可知：在同一弯矩作用方向角下，极限承载能力随配筋率 ρ 的增大而增大，且基本呈线性变化；配筋率对界限偏压点对应的轴力影响甚微。

四、混凝土强度

变化混凝土的强度等级得到的 N—M 相关曲线[14]（图 5.3-5）表明：随着混凝土强度等级的提高，十字形截面柱的正截面承载力提高（L形、T形截面柱具有相同的规律）。在轴压比较大时，抗弯能力提高幅度较大，由 C20，C30 增大到 C40，每增大一个等级，承载力平均提高 37%左右；但当轴压比较小（柱为受拉破坏）时，抗弯能力提高很小，承载力变化不大。此外，变化混凝土极限压应变的取值对极限承载力的影响很小，如图 5.3-5 所示。

第四节　异形柱正截面配筋计算方法

在实际工程设计中，遇到更多的是对结构中的异形柱进行配筋计算。如前所述，由于异形柱截面形状的不规则性，破坏时截面中和轴一般不与弯矩作用平面垂直，其位置是不确定的，这给异形柱的设计带来很大困难。学者们在异形柱试验及理论分析的基础上，针对其特点，先后提出了很多异形柱截面配筋的计算方法，为其工程应用奠定了基础。归纳起来，异形柱的正截面配筋计算方法主要有如下几类。

一、数值分析方法

近年来，随着异形截面柱受力及变形性能研究的深入以及计算机技术的发展，国外的学者[4-10]，以及我国天津大学[12-18]、大连理工大学[27]、同济大学[32,34]、中国建筑科学研究院[37-38]等单位的学者们通过研究，都一致地认为数值分析方法是计算异形柱的配筋或承载力的合理有效的方法，并在很多异形柱结构设计的地方规程中采用[44-48]。

数值分析方法的实质是离散截面，适用于任意截面形状的框架柱。具体做法是：首先将截面划分为有限多个混凝土单元和钢筋单元，当单元足够小时，可近似取单元内的应变及应力均匀分布，单元合力点位于单元形心，然后假定中和轴位置，根据平截面假定、混凝土和钢筋的本构模型，可计算截面的合力。在轴向力和两个方向的弯矩已知的条件下，根据选定的截面尺寸、材料强度以及钢筋布置，通过迭代计算适当调整中和轴的位置，使其满足静力平衡条件，从而得到截面配筋。

当已知异形柱的截面尺寸和外力 N、M_x、M_y及弯矩作用方向角 α（$\alpha=\arctan$（M_x/M_y））时，可按图 5.4-1 所示的步骤确定其截面配筋[16]。图 5.4-1 中截面抵抗弯矩作用方向角 $\beta=\arctan$（M'_x/M'_y）。

由于实际工程中异形柱的数量较大，即使用程序确定异形柱的截面配筋，仍然耗时较多，不能满足工程需要。为了节省时间，人们想到了快速计算的简化方法。

二、简化计算方法

在异形柱正截面承载力的研究过程中，有的学者在试验研究的基础上，借用双向偏压矩形柱正截面承载力中的相关概念，提出了校核异形柱正截面承载力的类椭圆公式[2,3,33]或是提出计算表格，但这些计算公式不便于在工程设计中使用；有的学者则提出了其他的简化方法，如广东规程的当量弯矩法[43]、大连理工大学[28]提出的矩形截面法、折算截面法、针对 T 形截面柱的综合法、平面假定法等；后来的一些学者提出了基于数值积分方法的简化方法，主要是通过对工程中常用截面尺寸及配筋情况的大量电算，将其正截面承载力的 $N—M_x—M_y$相关关系制成系列图[44]、表[45-46]，或者进一步拟合成简化公式[19-20]，用以直接查出配筋或进行承载力校核。

上述方法已全部或部分反映到天津大学开发的本规程的配套软件 CRSC[49]、中国建筑科学研究院开发的 TAT、SATWE 以及广东省建筑设计研究院和深圳市广厦软件有限公司联合开发的广厦建筑结构 CAD[50]等软件中，从而使异形柱的工程应用成为可能。

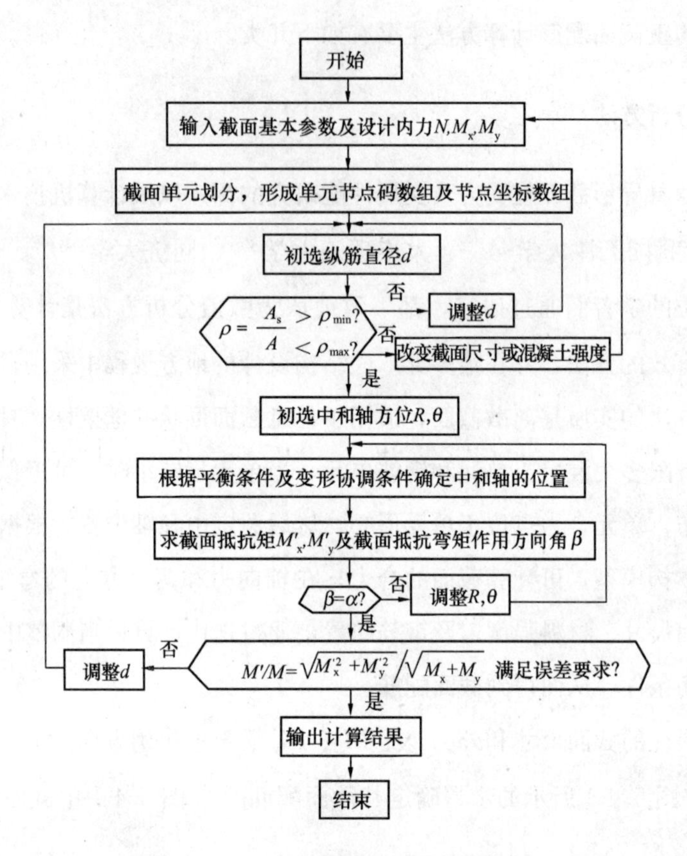

图 5.4-1 异形柱的截面配筋计算框图

第五节 异形柱的偏心距增大系数

在现行国家标准《混凝土结构设计规范》（GB 50010—2002）第 7.3.10 条中，对偏心受压构件采用了偏心距增大系数法（$\eta-l_0$方法），以近似考虑二阶效应的影响，其中 η 定义为标准偏心受压柱高度中点截面的偏心距增大系数，可表示为

$$\eta=\frac{M+\Delta M}{M}=\frac{M/N+\Delta M/N}{M/N}=\frac{e_0+f}{e_0}=1+\frac{f}{e_0} \tag{5.5-1}$$

式中 M——不考虑二阶弯矩的柱高中点弯矩；

ΔM——轴向压力在挠曲变形柱的高度中点产生的附加弯矩；

f——柱高度中点产生的侧向挠度；

e_0——柱端偏心距。

条文中的偏心距增大系数 η 计算公式，是由一般矩形截面单向偏心受压柱分析得到的，显然异形柱由于其截面形状的特殊性，不能直接应用。

本规程中 η 的确定是根据实际工程中常见的等肢和不等肢异形柱，以两端铰接的基本长柱作为计算模型，选取影响异形柱承载力及变形的主要因素，包括长细比 l_0/r_α、相对偏心距 e_0/r_α 和弯矩作用方向角 α（r_α 为柱截面对垂直于弯矩作用方向形心轴 x_α 的回转半径）。通过对不同情况的 350 根等肢异形截面中长柱和 38 根不等肢异形截面中长柱进行非线性全过程分析，得到了异形柱的承载力及侧向挠度规律，并在此基础上回归得到了异形柱偏心距增大系数的计算公式。分析表明，该公式的计算结果与试验结果有很好的一致性[16]。

一、异形截面柱承载力及侧向挠度的计算原理[16]

1. 基本假定

在对等肢和不等肢异形柱的受力分析过程中，引入如下基本假定：

(1) 将柱截面划分为有限个混凝土单元和钢筋单元，近似取单元内的应变和应力为均匀分布，合力点在单元形心处；

(2) 截面达到承载能力极限状态时各单元的应变按截面应变保持平面的假定确定；

(3) 混凝土单元的压应力和钢筋单元的应力应按本规程第 5.1.1 条的假定确定；

(4) 不考虑混凝土收缩、徐变的影响；

(5) 忽略整个受力过程中截面抗扭刚度对侧向挠度的影响；

(6) 将柱沿高度划分为若干柱高单元，且近似认为每个柱高单元上的曲率按直线规律变化。

2. 基本模型

为了确定等肢异形柱的承载力及破坏时柱的侧向挠度，选取两端等偏心加载的铰接基本长柱进行分析。由于柱约束受力的对称性，故可将基本长柱进一步简化为一端固定、一端自由的模型柱来研究，模型柱及坐标如图 5.5-1 所示。

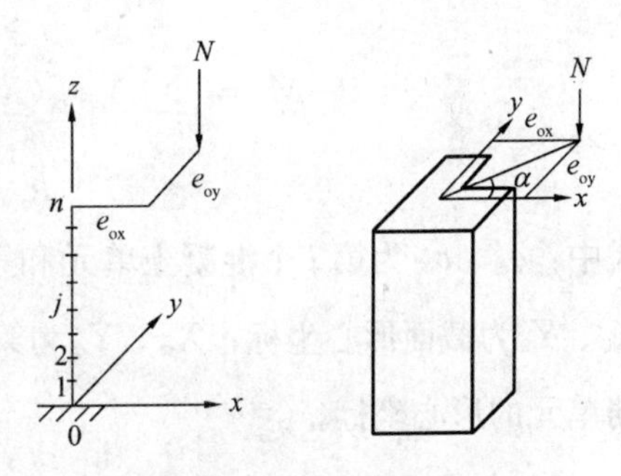

图 5.5-1　坐标系的建立

3. 异形截面柱承载力及侧向挠度的计算原理

采用逐级加载、无限逼近的方法来确定给定异形柱破坏时的极限承载力及侧向挠度曲线。其步骤如下：

(1) 某级荷载 N_k（α_j、e_0 一定）作用下，已知初始变形时，柱各分段点 j（图 5.5-1）截面曲率 ϕ_j 的确定

为了求得柱各分段点截面在 N_k、M_{xj}、M_{yj} 作用时的截面曲率和中和轴位置，必须首先求出异形柱截面在 N_k、M_{xj}、M_{yj} 作用下的 $M—\phi$ 全曲线以备调用。当 N 为某一定值 N_k 时，截面的 $M—\phi$ 关系曲线可按下列步骤确定：

① 首先初步选定中和轴法线角度 θ（θ 为中和轴法线方向与坐标轴 x 正向的夹角，以逆时针为正，见图 5.5-2）；

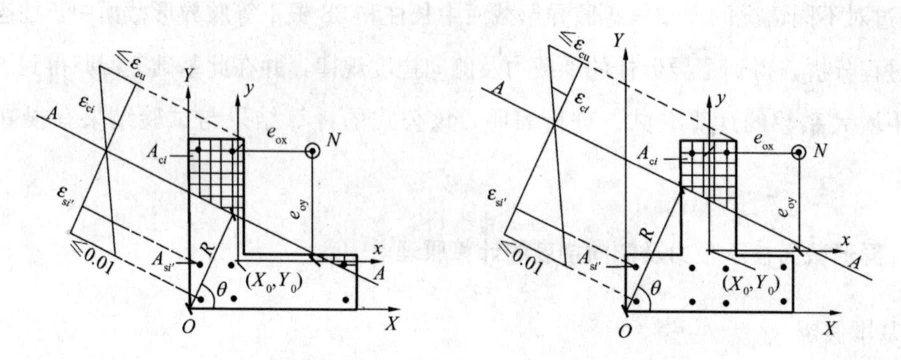

图 5.5-2 异形柱双向偏心受压截面计算图形

② 然后初选截面曲率 ϕ 和中和轴距 X、Y 坐标原点的距离 R。根据应变平截面假定即可求得截面上各钢筋及混凝土单元形心至中和轴的距离 r_i、$r_{i'}$，进而求得相应的应变；

③ 由本规程第 5.1.1 条的假定求截面各钢筋及混凝土单元的应力。通过下式可求得此时截面所能承受的轴力 N 及对形心轴 x、y 的弯矩 M_x、M_y；

$$N = \sum_{i=1}^{n_c} A_{ci}\sigma_{ci} + \sum_{i'=1}^{n_s} A_{si'}\sigma_{si'} \tag{5.5-2}$$

$$M_x = \sum_{i=1}^{n_c} A_{ci}\sigma_{ci}(Y_{ci} - Y_0) + \sum_{i'=1}^{n_s} A_{si'}\sigma_{si'}(Y_{si'} - Y_0) \tag{5.5-3}$$

$$M_y = \sum_{i=1}^{n_c} A_{ci}\sigma_{ci}(X_{ci} - X_0) + \sum_{i'=1}^{n_s} A_{si'}\sigma_{si'}(X_{si'} - X_0) \tag{5.5-4}$$

$$\beta = \arctan(M_x/M_y) \tag{5.5-5}$$

式中：σ_{ci}、$\sigma_{si'}$ 为第 i 个混凝土单元和第 i' 个钢筋单元的应力；β 为抵抗弯矩作用方向角；X_0、Y_0 为截面形心坐标；X_{ci}、Y_{ci} 为第 i 个混凝土单元的形心坐标；$X_{si'}$、$Y_{si'}$ 为第 i' 个钢筋单元的形心坐标。

④ 由式 (5.5-2) 求得的 N 与 N_k 比较，若小于允许误差，再考虑抵抗弯矩作用方向角 β 与给定弯矩作用方向角 α_j 相比是否满足误差要求。若不满足上述两条件，则分别改变中和轴位置 R 及法线角度 θ，重新计算，直至满足条件要求。此时 M 即为异形截面双向偏心受压柱在 N_k（α_j 一定）作用下，当 ϕ 为某一给定值时截面所能抵抗的弯矩值（$M=\sqrt{M_x^2+M_y^2}$）。

⑤ 按比例增加曲率 ϕ，重复步骤①～④，求每级曲率下相应的 M 值，直至当截面压区边缘单元形心最大压应变达到混凝土极限压应变或截面受拉区钢筋单元最大应变达 0.01 时，求得 ϕ_u 及相应的 M_u。最后输出截面在 N_k（α_j 一定）作用下不同 ϕ 值时相应的

M 及 θ 值。

(2) N—f 曲线的确定

在初始荷载 N 作用下，沿柱高各截面 $N \cdot e_0 = M$ 相等时，中和轴法线角 θ 相同，其变形在同一平面内，曲率 ϕ_j 可由备用的 N_k—M_k—ϕ 曲线查出，当已知沿柱高的曲率分布，则可用共轭梁法计算出各截面的挠度 f_j，从而得到初始荷载 N 作用下的侧向挠度 N—f 曲线。在出现第一次附加纵向弯曲变形后，各截面即使所受轴力相同，但因所受弯矩不同，其中和轴法线角发生变化，因此各截面将产生不同的曲率，从而使沿柱高的 N—f 变形曲线的计算更为繁复。

首先，以 N_{k-1} 级荷载作用下柱的收敛侧向挠度作为已知侧向挠度曲线，求在 N_k 级荷载作用下沿柱高各分段点截面（如 j 点）所受的弯矩 M_{xj}、M_{yj}。

$$M_{xj} = N_k(e_{0y} + f_{yj}^{k-1}) \tag{5.5-6}$$

$$M_{yj} = N_k(e_{0x} + f_{xj}^{k-1}) \tag{5.5-7}$$

$$M_j = \sqrt{M_{xj}^2 + M_{yj}^2} \tag{5.5-8}$$

$$\alpha_j = \arctan\,(M_{xj}/M_{yj}) \tag{5.5-9}$$

式中：e_{0x}、e_{0y} 为异形柱所受的初始偏心距；f_{xj}^{k-1}、f_{yj}^{k-1} 为柱在 N_{k-1} 级荷载作用下，j 点的收敛侧向挠度。

柱各分段点截面所受的 N_k、M_j、α_j 确定之后，根据 M—ϕ 曲线求出相应的截面变形曲率 ϕ_j 及中和轴法线角度 θ_j，然后通过积分或共轭梁法求柱轴各分段点在 x、y 轴的侧向挠度分量 f_{xj}、f_{yj} 及总侧向挠度 f_j：

$$f_{xj} = \int_0^{z_j}\int_0^{z_j} \phi_{xj}\,\mathrm{d}z\mathrm{d}z \tag{5.5-10}$$

$$f_{yj} = \int_0^{z_j}\int_0^{z_j} \phi_{yj}\,\mathrm{d}z\mathrm{d}z \tag{5.5-11}$$

$$f_j = \sqrt{f_{xj}^2 + f_{yj}^2} \tag{5.5-12}$$

式中：ϕ_{xj}、ϕ_{yj} 分别为 ϕ_j 在 x、y 轴的分量；z_j 为分段点 j 在 z 轴方向坐标。

在 N_k 级荷载作用下，柱轴的一次侧向挠度确定后，将其作为初始侧向挠度值，可进一步求得由于附加弯矩引起的高阶侧向挠度。将这一过程循环执行，直至侧向挠度在 N_k 级荷载作用下达到收敛要求。逐级加载即可求得柱的 N—f 曲线。若在 N_k 作用下，柱的侧向挠度发散，则利用二分法求 $N_{k+1} = (N_k + N_{k-1})/2$ 作用时柱的侧向挠度，重复上述过程，直至找出柱的破坏荷载及破坏时的侧向挠度。若限制破坏荷载的误差足够小，根据截面变形情况可确定出柱的破坏为失稳破坏还是材料破坏。

根据上述基本原理和计算方法，编制了异形截面双向偏心受压柱的非线性全过程分析程序。该程序的计算结果与有关试验值的吻合较好，说明该程序是正确可行的。

二、等肢异形柱承载力和侧向挠度的变化规律[16]

1. 计算参数

为研究不同长细比、柱端相对偏心距及弯矩作用方向角对等肢异形柱的极限承载力及侧向挠度的影响，选取实际工程中常用的等肢异形柱的截面尺寸和配筋，对各种不同情况的350根异形截面双向偏心受压长柱进行了非线性全过程分析。其中：L形、T形和十字形柱分别变化5、5和4种弯矩作用方向角，每一弯矩作用方向角各选取4种不同的长细比 $l_0/r_\alpha=27.71\sim90.07$，每一长细比又选用5种不同相对偏心距 $e_0/r_\alpha=0.3464\sim2.4249$。

2. 等肢异形柱承载力和侧向挠度的变化规律

等肢异形柱的承载力及侧向挠度有如下变化规律（以等肢L形柱为例，等肢的T形和十字形柱亦具有相似的变化规律）：

(1) 当弯矩作用在最大对称主轴平面时（$\alpha=45°$，225°），柱只产生初始弯矩作用平面内的侧向挠度，侧向挠度曲线近似为正弦曲线；而作用在其他平面时，柱破坏时其柱轴变形一般不在初始弯矩作用平面内，其侧向挠度曲线也可近似认为是一正弦曲线。图5.5-3为 $\alpha=90°$时，柱轴在各级荷载作用下的侧向挠度曲线。

(2) 对不同的弯矩作用方向角，当相对偏心距 e_0/r_α 相同时，随着长细比的增加，柱的极限承载力将降低，二者近似呈直线关系（图5.5-4（$e_0/r_\alpha=0.3464$））；当长细比相同时，随着偏心距的增大，柱的极限承载力也将减小，二者近似为二次曲线关系（图5.5-5（$l_0/r_\alpha=48.5$））。

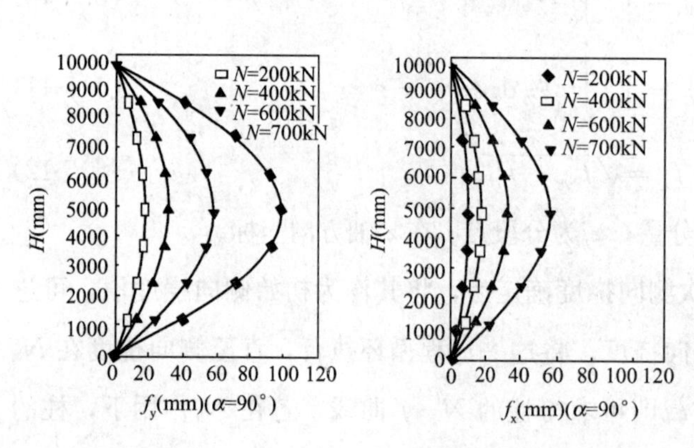

图5.5-3　$\alpha=90°$时，柱轴的侧向挠度曲线

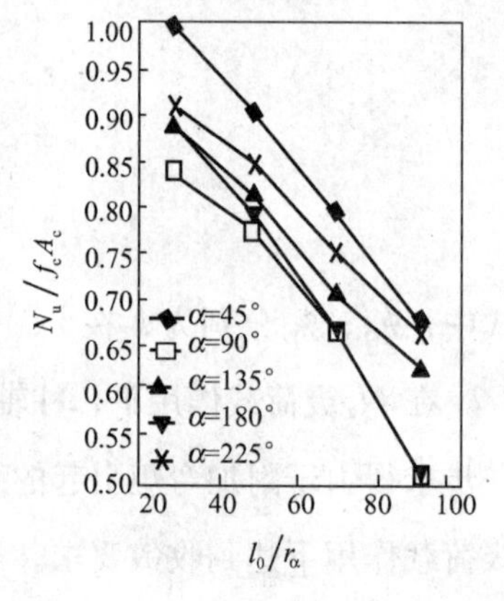

图5.5-4　$l_0/r_\alpha-N_u/f_cA_c$关系

(3) 长细比、相对偏心距及弯矩作用方向角对等肢L形柱侧向挠度有重要影响。

当相对偏心距一定时，柱破坏时其轴线沿弯矩作用方向角方向的侧向挠度值 f_α 随长细比的增大而增大，二者近似为抛物线关系（图 5.5-6（$e_0/r_\alpha=0.3464$））；当长细比一定时，随着相对偏心距的增加，柱破坏时其轴线沿弯矩作用方向角的侧向挠度值也在不断增大（图 5.5-7（$l_0/r_\alpha=48.5$））。

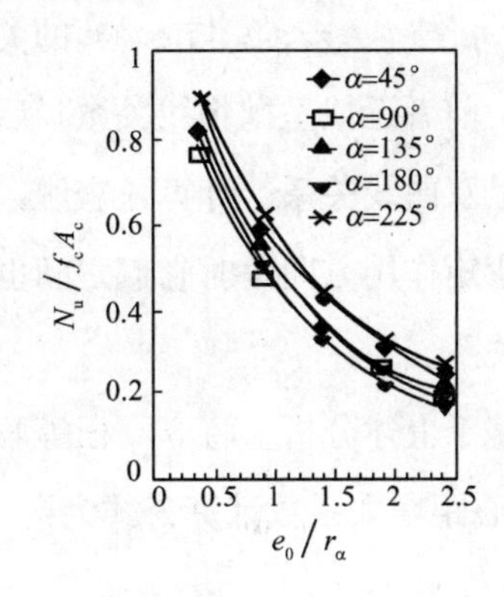

图 5.5-5　$e_0/r_\alpha-N_u/f_cA_c$关系

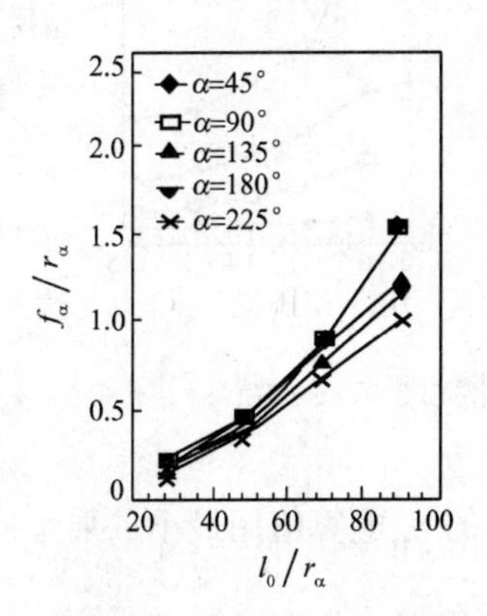

图 5.5-6　$l_0/r_\alpha-f_\alpha/r_\alpha$关系

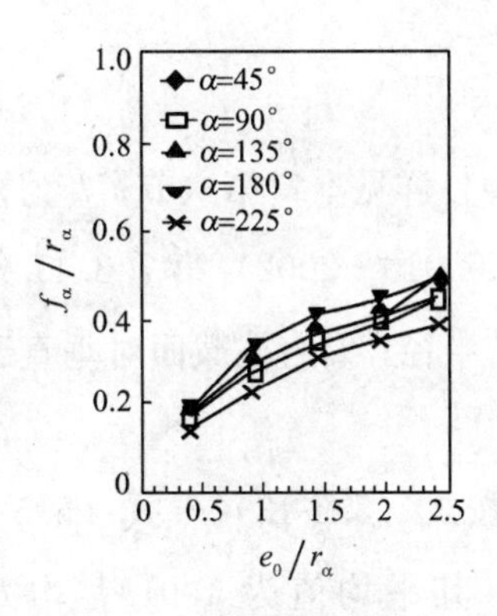

图 5.5-7　$e_0/r_\alpha-f_\alpha/r_\alpha$关系

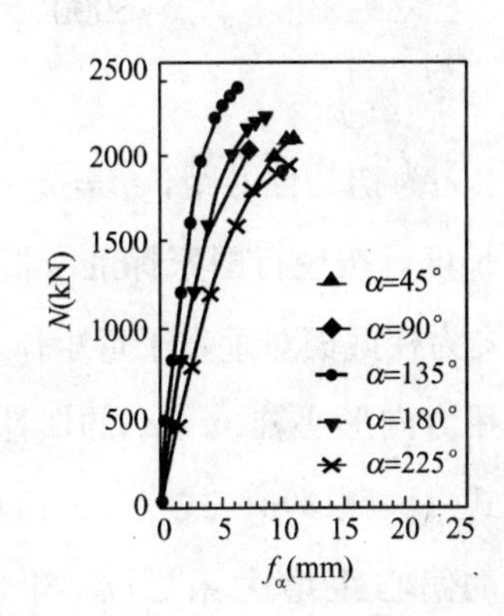

图 5.5-8　$N—f_\alpha$关系

为了观察弯矩作用方向角 α 对等肢 L 形柱受力变形性能的影响，对 L 形柱，取柱高 $l_0=3874$mm，偏心距 $e_0=48.43$mm，分别按 5 种弯矩作用方向角进行了非线性全过程分析，5 种弯矩作用方向角下的荷载侧向挠度曲线见图 5.5-8。图中曲线表明：当弯矩作用方向角 $\alpha=135°$（最小主轴平面）时，柱的承载力最大，破坏时沿弯矩作用方向角方向的侧向挠度 f_α最小；而弯矩作用方向角 $\alpha=225°$、45°（最大主轴平面）时，引起的侧向挠度较大，相应的承载力较低，这主要是由于弯矩作用方向角不同，截面沿弯矩作用方向角方向的抗弯刚度存在较大差异所致。

三、等肢异形柱偏心距增大系数的确定

理论分析表明，影响异形截面柱偏心距增大系数 η_α 的主要因素是沿弯矩作用方向角

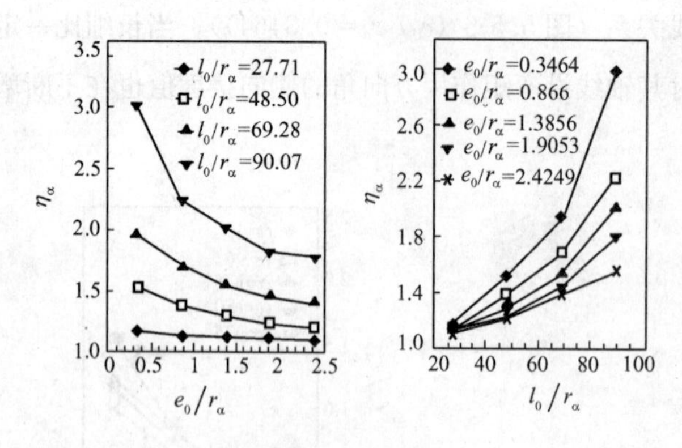

图 5.5-9　α=180°时，$\eta_\alpha - l_0/r_\alpha$、$\eta_\alpha - e_0/r_\alpha$的关系

的柱的长细比和相对偏心距。图5.5-9为α=180°时，对应4种长细比和5种相对偏心距的等肢L形柱破坏时，η_α与l_0/r_α、η_α与e_0/r_α的关系曲线，前者近似呈抛物线关系，后者近似呈双曲线关系。计算还表明，在其他弯矩作用方向角时它们之间也有类似关系。

基于上述分析，将350根等肢异形柱的η_α电算值用最小二乘法拟合，可得等肢异形柱的偏心距增大系数计算公式为：

$$\eta_\alpha = 1 + \frac{1}{(e_i/r_\alpha)}(l_0/r_\alpha)^2 C \tag{5.5-13}$$

$$C = \frac{1}{6000}[0.232 + 0.604(e_i/r_\alpha) - 0.106(e_i/r_\alpha)^2] \tag{5.5-14}$$

$$r_\alpha = \sqrt{I_\alpha/A} \tag{5.5-15}$$

式中：e_i为初始偏心距，$e_i = e_0 + e_a$，e_a为异形柱附加偏心距，详见本章第六节；l_0为柱的计算长度，按现行国家标准《混凝土结构设计规范》(GB 50010—2002) 第7.3.11条采用；r_α为柱截面对垂直于弯矩作用方向形心轴$x_\alpha - x_\alpha$的回转半径；I_α为柱截面对垂直于弯矩作用方向形心轴$x_\alpha - x_\alpha$的惯性矩；A为柱的全截面面积；

式 (5.5-13) ～式 (5.5-15) 的相关系数γ=0.905。按式 (5.5-13) ～式 (5.5-15) 计算的偏心距增大系数η_α与350个试件电算η'_α之比，其平均值为1.013，均方差为0.045。

应当指出的是，按式 (5.5-13) ～式 (5.5-15) 计算时，柱的长细比应符合$17.5 < l_0/r_\alpha \leqslant 70$。实际上，分析时共变化了5种长细比，其范围是17.5～90.07。但在分析计算结果时发现，长细比等于90.07时，在某些弯矩作用方向角时会出现失稳现象，即位移突然增大许多。考虑到地震作用方向的不确定性，本规程规定异形柱的长细比不要超过70。

当$l_0/r_\alpha \leqslant 17.5$时，柱截面中由二阶效应引起的附加弯矩平均不会超过截面一阶弯矩的5%，满足现行国家标准《混凝土结构设计规范》(GB 50010—2002) 的要求，故可不考虑侧向挠度对偏心距的影响，即$l_0/r_\alpha \leqslant 17.5$时，取$\eta_\alpha = 1$。

四、不等肢异形柱的偏心距增大系数

采用式 (5.5-13) ～式 (5.5-15) 对38个一般不等肢异形柱（指短肢不小于500mm，

长肢不大于800mm，肢厚小于300mm的异形柱）计算出的η_a值与按本节的非线性分析方法电算得到的η'_a之比，其平均值为1.014，均方差为0.025。因此，式（5.5-13）～式（5.5-15）也适用于一般不等肢异形截面柱偏心距增大系数的计算。

第六节　异形柱的附加偏心距及其他

一、异形柱的附加偏心距

由于荷载作用位置的不定性、混凝土质量的不均匀性以及施工的偏差，可能产生附加偏心距e_a。现行国家标准《混凝土结构设计规范》（GB 50010—2002）第7.3.3条中规定了矩形柱附加偏心距e_a的绝对值和相对值的要求，并取其较大值用于计算。本规程考虑异形柱截面形状的不规则性，确定了异形柱的附加偏心距。

表5.6-1中列出了实际工程中矩形柱和异形柱的常用截面尺寸对应的附加偏心距，容易看出，本规程异形柱e_a的取值基本与现行国家标准《混凝土结构设计规范》（GB 50010—2002）第7.3.3条中e_a的取值相协调。

附加偏心距　　**表5.6-1**

截面形式	截面尺寸变化范围	相应规范中e_a的取值	e_a范围
矩　形	600mm×600mm～800mm×800mm	$e_a=\left\{20mm, \frac{1}{30}h\right\}max$	$e_a=20\sim26.7mm$
L　形	200mm×500mm～200mm×800mm	$e_a=\{20mm, 0.15r_{min}\}max$	$e_a=20\sim24.56mm$
T形、十字形	250mm×600mm～250mm×800mm 300mm×600mm～300mm×800mm		$e_a=20\sim28.34mm$

注：r_{min}——异形柱截面的最小回转半径。

二、其他

（1）框架柱节点上、下端弯矩设计值的增大系数，参照了现行国家标准《混凝土结构设计规范》（GB 50010—2002）第11.4.2条的有关规定，但二级抗震等级时，异形截面框架柱柱端弯矩增大系数则由1.2调整为1.3，以提高框架强柱弱梁机制的程度。

（2）为了推迟异形柱框架结构底层柱下端截面塑性铰的出现，设计中对此部位柱的弯矩设计值应乘以增大系数，以增大其正截面承载力。考虑到异形柱较薄弱，其增大系数大于现行国家标准《混凝土结构设计规范》（GB 50010—2002）第11.4.3条的规定值。

（3）考虑到异形柱框架结构的角柱为薄弱部位，扭转效应对其内力影响较大，且受力复杂，因此规定对角柱的弯矩设计值按本《规程》第5.1.5条和第5.1.6条调整后的弯矩设计值再乘以不小于1.1的增大系数，以增大其正截面承载力，推迟塑性铰的出现。

（4）承载力抗震调整系数按现行国家标准《混凝土结构设计规范》（GB 50010—2002）第11.1.6条规定采用。

参考文献

[1] Cheng-Tzu Thomas Hsu. Biaxially Loaded L-Shaped Reinforced Concrete Columns [J]. Journal of Structure Engineering. 1985,111(12).

[2] Cheng-Tzu Thomas Hsu. T-Shaped Reinforced Concrete Members under Biaxial Bending and Axial Compression[J]. ACI Structural Journal,1989,86(4):460-468.

[3] Ramamurthy L N. Hafeez Khan T A. L-Shaped Column Design For Biaxial Eccentricity[J]. Journal of Structure Engineering. 1983,109(8):1903-1917.

[4] Zak M L. Computer Analysis of Reinforced Concrete Sections under Biaxial Bending and Longitudinal Load[J]. ACI Structural Journal,1993,90(3):269-278.

[5] Mallikarjural, Mahadevappa P. Computers aided analysis of reinforced concrete columns subjected to axial compression and bending-1 L-shaped reinforced concrete column[J]. Computers and Structures. 1992,44(5).

[6] Joaquin Marin. Design Aids for L-Shaped Reinforced Concrete Columns [J]. ACI Journal,Nov,1979.

[7] Yan C Y, Chan S L, Wso A K. Biaxial Bending Design of Arbitrarily Shaped Reinforced Concrete Columns [J]. ACI Structural Journal. May-Jun,1993.

[8] Tsao W H. A nonlinear computer analysis of biaxially loaded L-shaped slender reinforced concrete columns[J]. Computers and Structures,1993,49(4).

[9] Dundar C. Arbitrarily-Shaped Reinforced Concrete Members Subjected to Biaxial Bending and Axial Load[J]. Computers and Structures,1993,49(4).

[10] Sinha S N. Design of cross(＋) section of column[J]. The Indian Concrete Journal, 1996,70(3):153-158.

[11] 高云海．钢筋混凝土T形截面双向压弯柱正截面强度、延性及滞回特性的试验研究[D]. 天津:天津大学,1993.

[12] 刘超．钢筋混凝土L形截面双向压弯柱正截面强度、延性的试验及理论研究[D]. 天津:天津大学,1994.

[13] 何培玲．钢筋混凝土十字形截面双向压弯柱正截面承载力、延性的试验及理论研究[D]. 天津：天津大学，1996.

[14]　王振武．钢筋混凝土十字形截面双向压弯柱正截面承载力和延性的试验研究及纵向弯曲变形的理论研究[D]．天津：天津大学，1997.

[15]　张玉秋．钢筋混凝土异形截面双向偏心受压柱正截面承载力及纵向弯曲变形的理论研究[D]．天津：天津大学，1996.

[16]　申冬建．钢筋混凝土异形柱截面双向偏心受压柱受力及变形性能的理论研究[D]．天津：天津大学，1995.

[17]　翁维素．高强约束混凝土 T 形截面双向压弯柱的研究[D]．天津：天津大学，1997.

[18]　陈云霞，刘超，赵艳静等．T 形、L 形截面钢筋混凝土双向压弯柱正截面承载力计算[J]．建筑结构，1999(1)：16-21.

[19]　张玉秋，陈云霞．钢筋混凝土异形截面柱正截面承载力简化计算[J]．建筑结构，1999(1)：22-26.

[20]　王依群，赵艳静，陈云霞等．异形截面钢筋混凝土柱正截面承载力简化计算[J]．建筑结构，2001(1)：46-50.

[21]　申冬建，陈云霞，赵艳静．Z 形截面钢筋混凝土偏心受压柱的简化设计方法[J]．建筑结构，2001(31).

[22]　卫园．周期反复荷载下 L 形截面柱的试验研究[J]．广州：华南理工大学学报，1995(3)，44-51.

[23]　冯建平等．L 形和 T 形截面柱正截面承载力的研究[J]．广州：华南理工大学学报，1995(1)：54-61.

[24]　陈谦等．双向偏心受压 L 形截面柱的计算[J]．广州：华南理工大学学报，1995(1)：62-67.

[25]　高政维．钢筋混凝土异形柱的试验研究[D]．大连：大连理工大学，1993.

[26]　崔博．钢筋混凝土异形柱极限承载力分析[D]．大连：大连理工大学，1996.

[27]　王丹，黄承逵等．异形柱双偏压构件正截面承载力试验及设计方法研究[J]．建筑结构学报，2001.

[28]　张丹．钢筋混凝土框架异形柱设计理论研究[D]．大连：大连理工大学，2002.

[29]　曹万林等．不同方向周期反复荷载作用下钢筋混凝土 T 形柱的性能[J]．地震工程与工程振动，1995.

[30]　曹万林等．不同方向周期反复荷载作用下钢筋混凝土 L 形柱的性能[J]．地震工程与工程振动，1995.

[31]　曹万林等．周期反复荷载作用下钢筋混凝土十字形柱的性能[J]．地震工程与工程振动，1994. 14(3).

[32] 王炜．T形及L形截面双向偏压柱的强度计算[J]. 结构工程师，1986.

[33] 王玉朋．钢筋混凝土双向偏压L形柱正截面承载力实用计算方法[J]. 建筑结构，1992.

[34] 赵鸣．异形截面柱双向偏压计算机辅助设计[J]. 结构工程师，1995.

[35] 伍甘棠等．任意形状截面钢筋混凝土柱的配筋计算方法[J]. 建筑科学，1999.

[36] 高群等．钢筋混凝土异形柱正截面配筋计算方法[J]. 江苏建筑，2001.

[37] 王森．钢筋混凝土L形截面双向偏压柱正截面配筋设计方法的研究[J]. 建筑科学，2000.

[38] 魏琏等．对钢筋混凝土异形柱设计规程配筋计算方法的讨论[J]. 建筑结构，2001.

[39] 龙卫国等．异形柱受力性能及结构设计有关问题探讨[J]. 四川建筑，2000.

[40] 姚俊淦等．异形柱双向偏心受压正截面承载力分析及程序设计[J]. 力学与实践，2001.

[41] 李九宏．异形截面钢筋混凝土偏心受压柱正截面受压承载能力计算[J]. 建筑结构，1994.

[42] 混凝土结构设计规范[S](GB 50010—2002). 北京：中国建筑工业出版社，2002.

[43] 钢筋混凝土异形柱框架结构技术规程[S](DBJ/T 15—15—95). 广东省建设委员会.1995.

[44] 大开间住宅钢筋混凝土异形柱框轻结构技术规程[S](DB 29—16—98). 天津市建设管理委员会，1998.

[45] 安徽省异形柱框架轻质墙结构(抗震)设计规程[S](DB 34/222—2001). 安徽省质量技术监督局，安徽省建设厅．2001.

[46] 辽宁省地方标准．异形柱框架轻质墙结构(抗震)设计规程[S].

[47] 钢筋混凝土异形柱结构技术规程[S](DB 36/T 386—2002). 江西省建设厅.2002.

[48] 钢筋混凝土异形柱框架结构技术规程[S](DB 32/512—2002). 江苏省质量技术监督局，江苏省建设厅，2002.

[49] 《天津市异形柱结构规程》软件开发组．钢筋混凝土异形柱结构计算及配筋软件CRSC用户手册及编制原理[Z]. 2001.

[50] 胡晓静，王人鹏．建筑结构CAD・进展・问题・方法[J]. 结构工程师．2000.

第六章　异形柱斜截面受剪承载力计算

第一节　概　述

为编制广东省地方标准《钢筋混凝土异形柱设计规程》(DBJ/T 15—15—95)，华南理工大学首次开展了L形截面柱受剪承载力的试验研究[1]。共计15根试件，其中配有箍筋的试件5根，另10根试件是不配箍筋的。试验研究了单调荷载作用下试件的破坏特点及剪跨比、轴压比等对受剪承载力的影响，并提出了受剪承载力设计计算公式。研究还认为：L形柱截面虽然不对称，但在结构中受到的扭矩作用是很小的。

为满足天津市异形柱框架轻型住宅发展的需要，天津大学随后对T形、L形截面柱在单调和低周反复荷载作用下的受剪性能较深入系统地进行了试验研究。试件总数为27根，研究分析了T形和L形截面柱的翼缘、低周反复荷载、斜向水平荷载（即双向受剪情况）和弯矩比对受剪性能的影响[2]。研究得出：与矩形截面柱比较，由于翼缘的作用，T形截面柱单调荷载作用下的受剪承载力可以提高约17%，而L形截面柱由于截面不对称产生的附加扭矩的影响，则提高约12%。试验还得出，与单调荷载作用比较，由于荷载的反复作用，T形、L形截面柱的受剪承载力约降低6%～12%。在试验研究的基础上，天津市标准《大开间住宅钢筋混凝土异形柱框轻结构技术规程》(DB 29—16—98)给出了T形和L形截面框架柱考虑翼缘作用的如下的受剪承载力设计计算公式：

无地震作用组合

$$V \leqslant \frac{0.25}{\lambda+1.5} f_c b_c h_{c0} + 1.25 f_{yv} \frac{A_{sv}}{s} h_{c0} + 0.07N \tag{6.1-1}$$

有地震作用组合

$$V \leqslant \frac{1}{\gamma_{RE}} \left[\frac{0.2}{\lambda+1.5} f_c b_c h_{c0} + f_{yv} \frac{A_{sv}}{s} h_{c0} + 0.056N \right] \tag{6.1-2}$$

式中　λ——框架柱的计算剪跨比，取$\lambda=H_n/2h_{c0}$；当$\lambda<1.0$时，取$\lambda=1.0$；当$\lambda>3$时，取$\lambda=3$；此处，H_n为柱净高；

N——对于公式(6.1-1)，为与剪力设计值V相应的轴向压力设计值；对于公式(6.1-2)，为有地震作用组合的框架柱的轴向压力设计值；当$N>0.3f_cA$时，

取 $N=0.3f_cA$。

公式（6.1-1）、公式（6.1-2）即为原国家标准《混凝土结构设计规范》（GBJ 10—89）公式（4.2-11）、公式（8.4-6），但公式（6.1-1）、公式（6.1-2）中以 f_c 为计算指标的混凝土作用项系数，由于考虑翼缘的作用，较公式（4.2-11）、公式（8.4-6）相应项增大了25%。

考虑翼缘作用的受剪承载力计算公式（6.1-1）、公式（6.1-2），亦为江苏省地方标准《钢筋混凝土异形柱框架结构技术规程》（DB 32/512—2002）所采用。

为工程设计需要，1997年天津大学还开展了高强混凝土L形截面柱受剪承载力的试验研究[3]。共计10根试件，其中单调加载试件9根，低周反复荷载作用试件1根。混凝土立方体抗压强度 f_{cu} 为50～60.3N/mm^2。试验研究分析了混凝土强度、轴压比、剪跨比和配箍率等对受剪承载力的影响，并提出了高强混凝土L形截面柱考虑翼缘作用的受剪承载力设计计算公式。

值得注意的是，为编制辽宁省地方标准《钢筋混凝土异形柱结构技术规程》（DB 21/1233—2003），1993～2002年间辽宁省建筑设计研究院、大连理工大学进行了L形、T形及十字形截面柱在单调和低周反复荷载作用下共52个试件受剪性能的试验[4,5]，深入分析了剪跨比、轴压比、配箍率和低周反复荷载作用对受剪承载力的影响。研究证明这些因素对异形柱受剪承载力的影响与矩形截面柱相同或相近。参考文献［5］的低周反复荷载作用的9根试件的试验结果表明，异形截面柱的受剪承载力均高于无外伸翼缘的矩形截面柱。参考文献［5］的低周反复荷载作用下L形、T形等肢截面试件双向受剪试验还表明，与单向受剪（沿框架主轴方向）试验结果比较，两者延性基本相同，而不同荷载作用方向的双向受剪承载力均高于单向受剪情况。此结论与前述天津大学的试验结果以及为编制江苏省异形柱框架结构地方标准东南大学进行的试验结果也是一致的。

近年来，同济大学还进一步开展了L形和Z形截面宽肢异形柱在低周反复荷载作用下的试验研究[6]。总计12根试件，研究了肢的高厚比、配箍率对破坏形态及极限承载力的影响。根据发生受剪破坏的8根试件的试验结果，给出了受剪承载力计算公式。虽然L形截面柱在两主轴方向均不对称，截面的剪切中心与形心不重合，在水平荷载作用下伴随有附加扭矩，但试验表明，无论L形或Z形截面柱的侧向扭转变形都很小。参考文献［6］认为，考虑实际工程中现浇楼板的约束作用，工程设计中可不另配置受扭钢筋。

关于L形截面柱的扭转，是工程界对异形柱结构关注的问题。近年来，天津大学、东南大学还从异形柱结构的整体分析出发，根据异形柱结构模型振动台试验及理论分析[7,8]得出：结构的整体扭转主要在柱中产生附加剪力。一般情况下，附加剪力对结构刚度中心构成的扭矩远大于作用于柱（包括L形截面角柱）的扭矩，且作用于柱本身的扭矩甚小。与此有关的可能更有助于人们对此问题认识的是，同济大学、东南大学2001年

9层（带转换层）异形柱框架结构模型振动台试验[9]，由于结构模型质量中心与刚度中心的偏离，试验中虽然结构模型的扭转变形十分显著（测得最大层间扭角为0.71°，九层相对台面最大扭转角为2.131°）但未见到柱（包括L形截面角柱）有螺旋形扭转裂缝。

第二节　翼 缘 的 作 用

表6.2-1为天津大学进行的单调荷载作用下T形与矩形截面的四组对比试件试验结果[2]，可以看出，T形截面柱的极限受剪承载力为矩形截面柱的1.349～1.589倍（平均为1.457倍）。差别这样大的原因除翼缘作用外，尚有T形截面的弯矩比n较小且有的试件轴压比稍大的缘故。扣除弯矩比和轴压比差别的影响因素，则T形截面柱的受剪承载力为矩形截面柱的1.079～1.271倍（平均为1.17倍）。

T形与矩形截面柱极限受剪承载力比较　　　**表6.2-1**

组别	试件*	$H_n/2h_{c0}$ (1)	$n\left(\left\|\frac{M_{min}}{M_{max}}\right\|\right)$ (2)	ρ_{sv}(%) (3)	N/f_cA_c (4)	$V_u^{exp}/f_cb_ch_{c0}$ (5)	$\frac{(5)^{TD**}}{(5)^{JD}}$
1	JD1-1	2.25	1.0	0.332	0.23	0.189	1.349
	TD1-1-1	2.25	0.628	0.332	0.23	0.255	
2	JD1-2	2.25	1.0	0.332	0.40	0.175	1.589
	TD1-1-2	2.25	0.628	0.332	0.46	0.278	
3	JD2-1	2.25	1.0	0.553	0.21	0.196	1.495
	TD1-2-1	2.25	0.628	0.553	0.21	0.293	
4	JD2-2	2.25	1.0	0.553	0.41	0.231	1.394
	TD1-2-2	2.25	0.628	0.553	0.45	0.322	

* JD、TD分别表示矩形、T形截面试件。

** TD与JD截面试件$V_u^{exp}/f_cb_ch_{c0}$的比值。

试验表明，T形与矩形截面柱受剪破坏有明显的差异。矩形截面试件的斜裂缝是沿截面高度发展，最终在加载点附近，剪压区混凝土被压碎而丧失承载力的（图6.2-1*a*）。对于T形截面柱，由于翼缘对斜裂缝的抑制作用，无论翼缘位于弯曲受压区或弯曲受拉区，一般腹板斜裂缝发展到与翼缘交接处后，则沿水平向发展形成撕裂裂缝，很少有延伸到翼缘中去的。因此，若T形截面柱的破坏发生在翼缘的弯曲受压端，如图6.2-1（*b*）所示，通常是在接近受剪破坏时，水平撕裂裂缝迅速发展，最后位于加载点附近的腹板与翼缘交接处混凝土压碎而破坏，如矩形截面试件那样的荷载作用点附近混凝土压碎现象，由于翼缘强大对受剪承载力的增强作用并未出现。若破坏发生在翼缘的弯曲受拉端，则受拉纵筋的粘结性能因翼缘的存在明显得到改善，从而降低了粘结破坏的危险性，使受剪承载力得

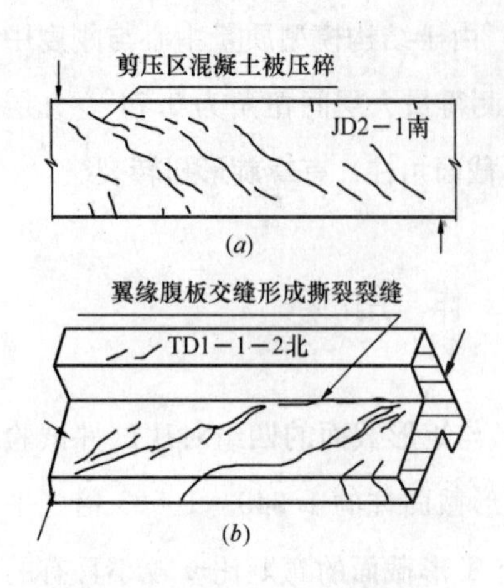

图 6.2-1 剪压及剪压-撕裂破坏

(a) 矩形截面，剪压破坏；

(b) T形截面，剪压-撕裂破坏

到提高。

根据试验研究结果提出的考虑受压翼缘有利影响的极限受剪承载力计算公式如下：

$$V_{u}=\theta\left[\frac{0.04\,(2+P)}{\lambda-0.3}f_{c}b_{c}h_{c0}\right]+(0.25+0.4\lambda)\frac{f_{yv}A_{sv}}{s}h_{c0}+0.11N \tag{6.2-1}$$

式中 λ 为剪跨比 M/Vh_{c0}，当 $\lambda<1.3$ 时，取 $\lambda=1.3$，当 $\lambda>3$ 时，取 $\lambda=3$ 计算。$P=100\rho_{l}$，ρ_{l} 为纵向受拉钢筋配筋率，当 $P>3$ 时，取 $P=3$ 计算。N 为轴向压力，当轴压比 $n>0.4$ 时，取 $n=0.40$ 计算 N 值。θ 为考虑受压翼缘对受剪有利作用的影响系数，且 $\theta=0.7+0.6\,(F_{f}/b_{c}h_{c0})$，$F_{f}=(b'_{f}-b)h'_{f}$ 为受压翼缘外伸面积，$\theta<1$ 时，取 $\theta=1$，当 $\theta>1.2$ 时，取 $\theta=1.2$ 计算。

试验结果说明，虽然按式（6.2-1）计算仍然低估了T形截面柱受压翼缘的作用，但对于L形截面柱按式（6.2-1）的计算值通常均较试验值大，这是由于L形截面的不对称性，试件在横向水平荷载作用下，剪切中心与截面形心不重合而产生附加扭矩，从而L形截面试件处于压、弯、剪、扭复合受力状态。附加扭矩作用进一步加速了斜裂缝特别是腹板与翼缘交接处水平撕裂裂缝的发展和粘结破坏的提前发生。因此，试验中观察到的L形截面柱的受剪破坏，有比T形截面试件更明显的粘结破坏特征。试验表明：L形截面柱受剪破坏若发生在翼缘的弯曲受压端，则由于腹板与翼缘交接处水平撕裂过早出现和迅速发展以及腹板内受拉纵筋比较集中，粘结性能恶化，粘结破坏提前而阻碍了翼缘作用的充分发挥，相反，若受剪破坏发生在翼缘的弯曲受拉端，则由于翼缘改善了受拉纵筋的粘结性能，粘结破坏推迟，使受剪承载力得以提高。天津大学的试验表明：L形截面柱由于翼缘不对称，其受剪承载力略低于T形，但仍高于矩形，约为矩形截面柱的1.12倍。

大连理工大学进行的低周反复荷载作用的四组对比试件的试验结果比较如图6.2-2所示[5]，试验表明：异形柱的受剪承载力均较矩形截面柱高，十字形、T形和L形截面柱的受剪承载力分别约为矩形截面柱的1.32、1.21和1.17倍。十字形截面柱主要由于翼缘位于腹板中部，能有效抑制斜裂缝的开展，增强了骨料的咬合作用，与无外伸翼缘的矩形柱比较，其受剪承载力有更大的提高。

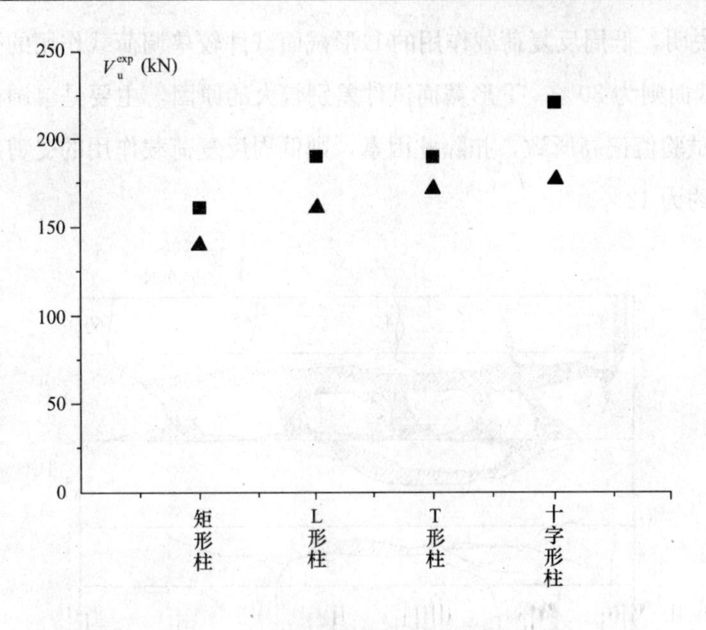

图 6.2-2　四种截面柱受剪承载力比较

注：■反向加载（L、T形截面翼缘受压），▲为正向加载（L、T形截面翼缘受拉）

第三节　低周反复水平荷载作用

对于矩形截面框架柱，国内的试验统计资料表明，低周反复荷载作用的受剪承载力为单调荷载作用的 70%～90%。我国原《混凝土结构设计规范》（GBJ 10—89）则是取降低 20%建立抗震设计时框架柱受剪承载力设计计算公式的。

对于异形截面柱，天津大学进行的三组单调荷载与低周反复荷载作用对比试件的试验结果如表 6.3-1 所示[2]。

极限受剪承载力比较　　表 6.3-1

组别	截面	试　件	$H_n/2h_{c0}$ (1)	n (2)	ρ_{sv} (%) (3)	N/f_cA_c (4)	$V_u^{exp}/f_cb_ch_{c0}$ (5)	(5)* / (5) (6)**
1	T	TD1-1-1	2.25	0.628	0.332	0.23	0.255	0.69
		TF1-1-0*	2.25	1.0	0.332	0.18	0.177	
2		TD1-1-2	2.25	0.628	0.332	0.46	0.278	0.71
		TF1-2-0*	2.25	1.0	0.332	0.40	0.197	
3	L	C1-1-I	2.20	1.0	0.254	0.43	0.246	0.94
		CF6-2-I*	2.20	1.0	0.254	0.40	0.231	

*低周反复荷载作用试件。

**低周反复与单调荷载作用试件 $V_u^{exp}/f_cb_ch_{c0}$ 的比值。

表 6.3-1 说明，低周反复荷载作用的 L 形截面试件较单调荷载作用的受剪承载力降低 6%，而 T 形截面则为 30%。T 形截面试件差别较大的原因，主要是单调荷载作用试件的弯矩比 n 较小试验值偏高所致，扣除此因素，则低周反复荷载作用的受剪承载力较单调荷载作用降低值约为 12%。

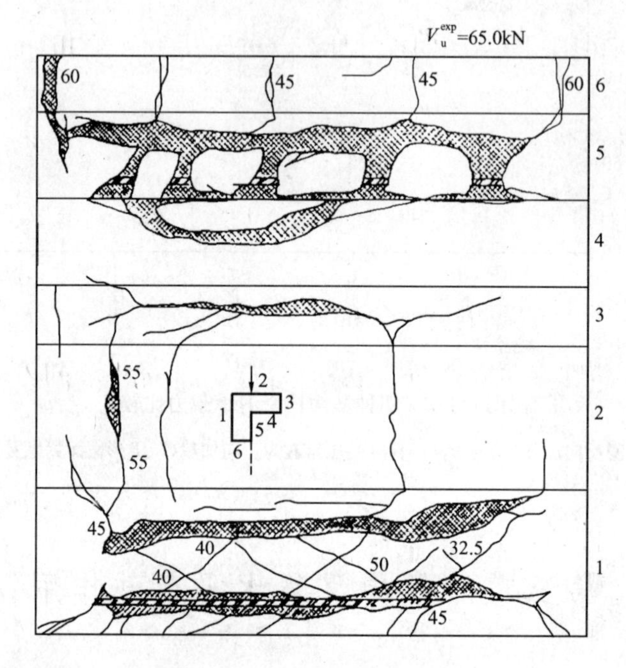

图 6.3-1　CF6-2-Ⅰ试件的破坏

低周反复荷载作用的 3 根试件，均属粘结破坏。而单调荷载作用的对比试件，则属剪压—粘结或粘结—剪压破坏，尚具有剪压破坏特征。

试验表明，低周反复荷载作用下，L 形试件的粘结破坏较 T 形严重。L 形截面试件 CF6-2-I 的破坏过程为：在加载初期与单调荷载相同。荷载较大时，出现弯剪裂缝。随后，在翼缘受压柱端距水平荷载约一倍柱高处的腹板内出现第一条粘结裂缝，反向加载，又出现另一方向上的粘结裂缝。随着反复荷载的施加，粘结裂缝沿柱高进一步发展，混凝土保护层剥落，部分纵筋、箍筋裸露，并能观察到纵筋与混凝土之间的相对滑动，翼缘与腹板纵筋之间混凝土酥裂，试验区段成为可动机构，试件丧失承载力，如图 6.3-1 所示。

图 6.3-2 为 CF6-2-I 的滞回曲线，可以看出，滞回曲线呈反 S 形，有明显的捏缩现象，表现出粘结破坏的滑移型滞回特性。

试件 CF6-2-I 正向荷载作用下的最大水平位移 Δ_{max}（指荷载下降至最高荷载的 85%时的柱端相对位移值）为 19.83mm，位移延性系数 μ_Δ 为 4.06，极限转角 $\frac{\Delta_{max}}{H_0}$ 为 $\frac{1.02}{60}$。反向荷载作用下的相应值分别为 15mm、3.84 和 $\frac{0.78}{60}$。

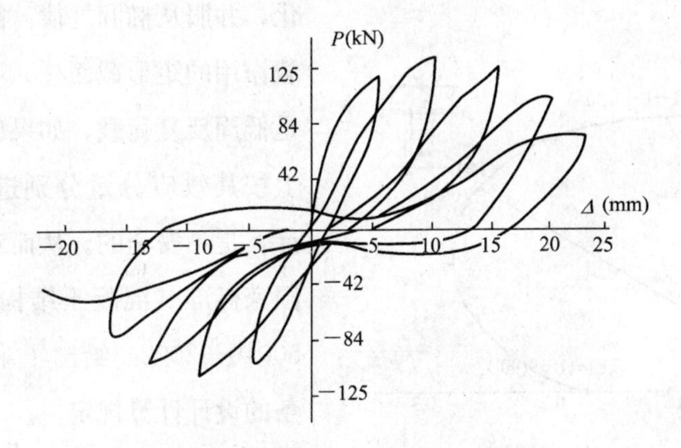

图 6.3-2　CF6-2-I 试件的 $P—\Delta$ 曲线

T 形截面试件 TF1-2-0 的 $P—\Delta$ 曲线见图 6.3-3。正向和反向荷载作用下该试件的 $\Delta_{\max}$ 、μ_{Δ} 和 $\frac{\Delta_{\max}}{H_0}$ 值分别为 10.27mm、3.72、$\frac{0.49}{60}$ 和 9.82mm、5.39、$\frac{0.47}{60}$。

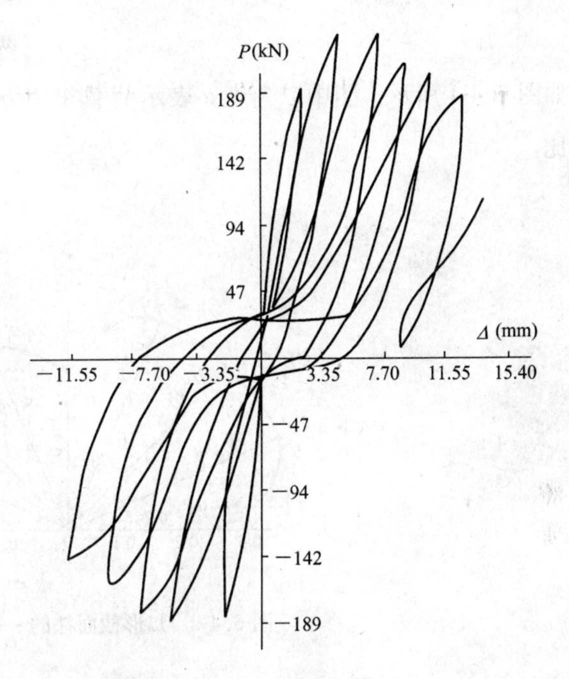

图 6.3-3　TF1-2-0 试件的 $P—\Delta$ 曲线

鉴于在低周反复荷载作用下，异形柱受剪粘结破坏的严重性以及单调荷载作用下常伴有粘结破坏现象，设计中，应特别注意遵守《规程》第 6.1.4、6.2.3、6.1.6 和 6.2.6 条关于异形柱肢厚不应小于 200mm，纵向受力钢筋直径不应大于 25mm，纵向受力钢筋的最小保护层厚度以及全部纵向受力钢筋的配筋率非抗震设计时不应大于 4%，抗震设计时不应大于 3%的相关规定。以保证纵向受力钢筋的粘结强度，减小发生粘结破坏的危险性。

第四节　斜向水平荷载作用

试验表明，矩形截面框架柱在斜向水平荷载作用下的受剪性能与正向水平荷载作用有明显的不同。国内外的试验研究表明，矩形截面柱的受剪承载力随水平荷载作用方向而变

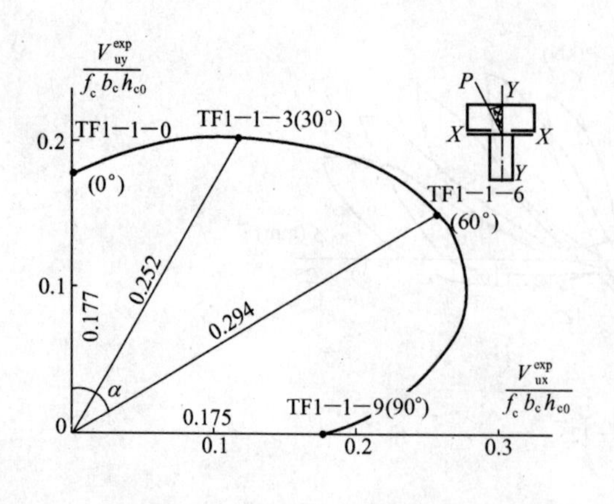

图 6.4-1　T 形截面柱的 $\frac{V_u^{exp}}{f_c b_c h_{c0}}$—$\alpha$ 曲线

化，并服从椭圆规律。因此，斜向水平荷载作用的矩形截面柱，不论是单调荷载还是低周反复荷载，如果仅在两个主轴方向上按其效应分量分别进行受剪承载力设计，是不安全的。从而对于单调荷载现行国家标准《混凝土结构设计规范》（GB 50010—2002）给出了第 7.5.16～7.5.18 条的设计计算规定。

在斜向（即不同加载角度）低周反复水平荷载作用下，天津大学的 T 形截面（两肢肢高及肢厚大致相等）柱的试验结果如图 6.4-1 所示。图中以角度 α 表示荷载作用方向，极半径长度表示受剪破坏时的剪压比。

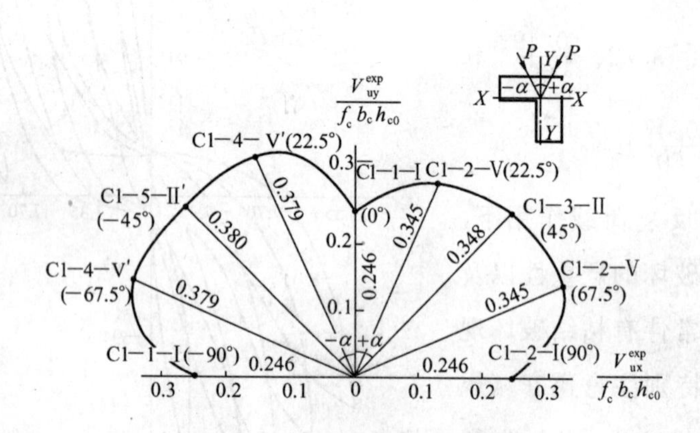

图 6.4-2　L 形截面柱的 $\frac{V_u^{exp}}{f_c b_c h_{c0}}$—$\alpha$ 曲线

天津大学的 5 根 L 形截面（两肢肢高及肢厚相等）柱在单调水平荷载作用下的试验结果如图 6.4-2 所示。

由图 6.4-1、图 6.4-2 可以看出，对于 T、L 形截面柱，无论是单调荷载还是低周反复荷载，其受剪承载力与水平荷载作用方向有关。主要由于翼缘的有利作用，$V_u^{exp}/f_c b_c h_{c0}$—α 相关曲线呈梅花瓣形。它与矩形截面柱的椭圆规律的差异是十分显著的。

3 根 T 形截面柱的荷载—位移滞回曲线见图 6.4-3。变形测量结果分析说明，斜向加载受剪破坏的 T 形截面柱的延性与正向加载基本相同。

大连理工大学和东南大学对异形柱的双向受剪承载力也进行过试验和理论的研究。国内的试验研究表明，斜向加载试件的延性与沿主轴方向加载试件基本相同。由于沿框架主

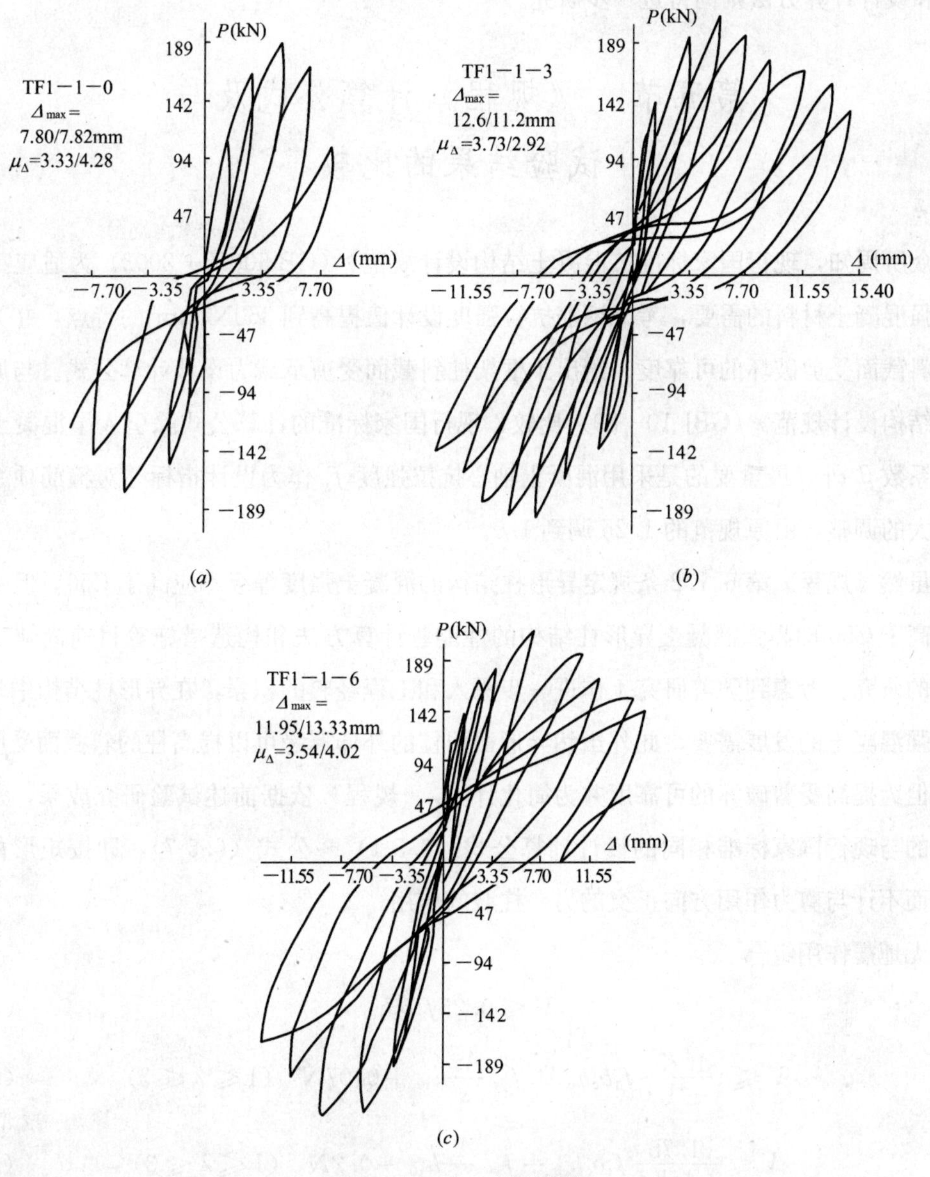

图 6.4-3　P—Δ 滞回曲线

轴方向加载时，主要是与加载方向平行的柱肢参与抗剪工作发生较严重的破坏（垂直柱肢破坏不显著），而斜向加载试件各肢均发生较严重的破坏，各肢均能较好的参与抗剪工作。因此，与矩形截面柱比较，等肢和两肢肢高和肢厚相差不大的不等肢 L 形、T 形和十字形柱，具有较好的抵御斜向受剪破坏的能力。从而，对异形截面柱，设计中在截面两个主轴方向分别按组合的剪力设计值 V_x、V_y 进行受剪承载力计算满足要求后，其斜向受剪承载力一般是满足要求的。

对于两肢肢高和肢厚差异较大的不等肢异形柱，其斜向受剪承载力的 $\frac{V_u^{exp}}{f_c b_c h_{c0}}$—$\alpha$ 相关曲线和设计计算方法则尚待进一步研究。

第五节 《规程》计算公式及与试验结果的比较

众所周知，现行国家标准《混凝土结构设计规范》(GB 50010—2002) 为适应工程应用高强混凝土材料的需要，考虑钢筋抗拉强度设计值提高到 360N/mm^{2}的特点，并为适当提高斜截面受剪破坏的可靠度，给出了框架柱斜截面受剪承载力设计计算公式。与原《混凝土结构设计规范》(GBJ 10—89) 比较，现行国家标准的计算公式除引入了混凝土强度影响系数 β_c 外，最重要的是采用混凝土轴心抗拉强度 f_t 作为设计指标并对箍筋项系数作了较大的调整，由原规范的 1.25 调到 1.0。

虽然《规程》第 6.1.2 条规定异形柱结构的混凝土强度等级不应高于 C50，但主要原因是高于 C50 即高强混凝土异形柱结构的性能、计算方法和构造措施等目前尚缺乏全面深入的研究。考虑到随着研究工作进一步深入和工程经验的积累，在异形柱结构中日后采用高强混凝土的发展需要，此外虽然异形截面柱的外伸翼缘可以提高柱的斜截面受剪承载力，但为提高受剪破坏的可靠度并为简化计算，《规程》依据前述试验研究成果，采用了如下的与现行国家标准相同的设计计算公式 (6.5-1) ～公式 (6.5-7)，即按矩形截面柱计算而不计与剪力作用方向正交的另一柱肢的作用。

无地震作用组合

$$V \leqslant 0.25 f_c b_c h_{c0} \tag{6.5-1}$$

$$V \leqslant \frac{1.75}{\lambda+1.0} f_t b_c h_{c0} + f_{yv} \frac{A_{sv}}{s} h_{c0} + 0.07N \quad (1 \leqslant \lambda \leqslant 3) \tag{6.5-2}$$

$$V \leqslant \frac{1.75}{\lambda+1.0} f_t b_c h_{c0} + f_{yv} \frac{A_{sv}}{s} h_{c0} - 0.2N \quad (1 \leqslant \lambda \leqslant 3) \tag{6.5-3}$$

有地震作用组合

$\lambda>2$ 时

$$V \leqslant \frac{1}{\gamma_{RE}} 0.2 f_c b_c h_{c0} \tag{6.5-4}$$

$\lambda\leqslant 2$ 时

$$V \leqslant \frac{1}{\gamma_{RE}} 0.15 f_c b_c h_{c0} \tag{6.5-5}$$

$$V \leqslant \frac{1}{\gamma_{RE}} \left(\frac{1.05}{\lambda+1.0} f_t b_c h_{c0} + f_{yv} \frac{A_{sv}}{s} h_{c0} + 0.056N \right) \quad (1 \leqslant \lambda \leqslant 3) \tag{6.5-6}$$

$$V \leqslant \frac{1}{\gamma_{RE}} \left(\frac{1.05}{\lambda+1.0} f_t b_c h_{c0} + f_{yv} \frac{A_{sv}}{s} h_{c0} - 0.2N \right) \quad (1 \leqslant \lambda \leqslant 3) \tag{6.5-7}$$

需要说明的是，我国近年编制的钢筋混凝土异形柱结构技术规程的地方标准，如安徽省地方标准（DB 34/222—2001）、江西省地方标准（DB 36/T 386—2002）和天津市工程建设标准（DB 29－16—2003）均采用了上述相同的设计计算公式。

《规程》公式的计算值 V_u^{cal} 与试验值 V_u^{exp} 的比较　　表 6.5-1

荷载类型		单调荷载				低周反复荷载				单调及低周反复荷载
截面形状		L	T	十	L，T和十字形	L	T	十	L，T和十字形	L，T和十字形
试件数		28	18	6	52	5	5	1	11	63
$\frac{V_u^{cal}}{V_u^{exp}}$	$\overline{x}$	0.725	0.668	0.643	0.696	0.602	0.628	0.550	0.609	0.681
	σ	0.126	0.043	0.080	0.103				0.152	0.116
	C_v	0.173	0.064	0.124	0.148				0.249	0.170

《规程》计算公式（6.5-1）、公式（6.5-2）和公式（6.5-4）～公式（6.5-6）与 63 根包括高强混凝土和单调及低周反复荷载作用的 T 形、L 形和十字形截面框架柱试件的试

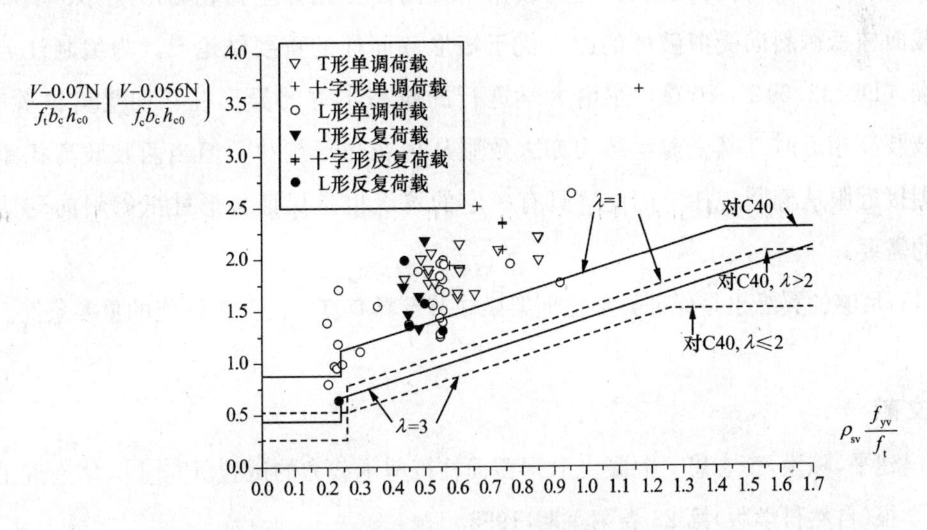

图 6.5-1　《规程》计算公式及与试验结果比较

注：实线为公式（6.5-1）、公式（6.5-2），虚线为公式（6.5-4）、公式（6.5-5）和公式（6.5-6）

验结果比较如图 6.5-1 及表 6.5-1 所示。按《规程》公式计算与单调加载的 L 形、T 形的十字形截面试件试验结果比较，计算值与试验值之比的平均值 $\overline{x}$ 分别为 0.725、0.668 和 0.643，变异系数 C_v 分别为 0.173、0.064 和 0.124，基本吻合并有较大安全储备，且十字形截面柱的安全储备高于 T 形和 L 形，而 T 形截面柱的安全储备又高于 L 形。按《规程》公式计算与低周反复荷载作用的 L 形、T 形和十字形截面 11 个试件的试验结果比较，计算值与试验值之比的平均值 $\overline{x}$ 为 0.681，亦是足够安全的。

第六节 几 点 说 明

(1) 异形柱的斜截面受剪破坏呈脆性，与矩形截面柱比较，粘结破坏特征常更为明显，抗震设计时，仍应遵守强剪弱弯的设计原则，避免出现极短柱（$\lambda \leqslant 1.5$），从构造上注意减少发生粘结破坏的危险性；

(2) 尽管异形柱斜截面受剪承载力按单肢矩形截面柱计算，但异形柱结构不应采用“一”形截面柱，而应采用具有正交翼缘（或肢）的T形、L形和十字形截面柱，且两肢肢高宜相等，当不等时，较小肢肢高不宜小于二倍肢厚且不应小于500mm。因为翼缘的存在，异形柱的斜截面受剪承载力可以得到更有效的保证；

(3) 试验表明，异形柱的斜向受剪承载力较单向受剪高。天津大学较早进行的两肢肢高和肢厚相等或大致相等的T形、L形截面柱在单调荷载和低周反复荷载作用的试验表明，异形柱的受剪承载力随荷载作用方向而变化并呈梅花瓣形规律，从而得出异形截面柱抵御斜向受剪破坏的能力优于矩形截面柱的重要结论[2]。为编制江苏省地方标准（DB 32/512—2002）东南大学进行的肢高不等的异形柱双向受剪试验表明：当两肢肢高相近时，其受剪承载力亦大致服从梅花瓣形规律，但当两肢肢高相差甚大时，则接近服从椭圆规律。因此，具有一定的翼缘也是保证异形柱抵御斜向受剪破坏能力的需要；

(4) 足够的翼缘也是保证异形柱框架梁柱节点具有良好的受剪性能的重要条件。

参考文献

[1] 冯建平，陈谦，李志忠．混凝土L形截面柱抗剪承载力的试验研究[J]．华南理工大学学报（自然科学版）第23卷第1期，1995.

[2] 康谷贻，巩长江．单调及低周反复荷载作用下异形截面框架柱的受剪性能[J]．建筑结构学报第18卷第5期．1997.

[3] 周芝兰．高强混凝土L形截面柱抗剪承载力的试验研究[D]．天津大学研究生论文，1997.

[4] 辽宁省建筑设计院，大连理工大学．钢筋混凝土异形柱抗剪性能试验研究[J]，1993.

[5] 王丹．钢筋混凝土框架异形柱设计理论研究，大连理工大学博士学位论文[D]，2002.

[6] 李杰，吴建营，周德源，聂礼鹏．L形和Z形宽肢异形柱低周反复荷载试验研究[J]，建筑结构学报，第23卷第1期．2002.

[7] 王依群，薛敬，康谷贻．异形截面框架柱扭转分析[J]，东南大学学报（自然科学版）第

32 卷增刊 . 2002.

[8] 张晋 . 异形柱框轻结构体系抗震能力研究[D],东南大学博士学位论文,2002.

[9] 同济大学结构工程与防灾研究所,东南大学土木工程学院:9 层(带转换层)异形柱框架结构模型振动台试验研究报告[R],同济大学土木工程防灾国家重点实验室,2001.

第七章　异形柱框架节点核心区受剪承载力计算

第一节　概　　述

节点是指梁与柱的交汇区，它属于梁高范围的柱段。按节点所在位置区分，有中间层中间节点和端节点以及顶层中间节点和端节点四类。

节点的主要作用是将所属的本层和上层荷载和作用（例如地震）有效地传递到下层柱中去。因而节点核心区的作用力为与节点相连接的梁端和柱端的弯矩、轴力、剪力甚至扭矩等等，受力甚为复杂。

按满足被连接构件的受力特性要求，节点又可分为如下两类：类型 1——结构承受重力荷载和一般风荷载，所连接的构件（梁、柱）主要按承载能力极限状态设计，要求节点满足所连接构件的承载力要求；类型 2——结构承受地震作用，要求节点满足所连接的构件在反复变形下进入非弹性而又必须维持一定承载力的要求。对于矩形截面柱框架，按现行国家标准《混凝土结构设计规范》（GB 50010—2002）规定，一般情况下，1 类节点不要求对节点核心区进行受剪承载力验算，只须满足构造要求和配置一定数量的水平箍筋；2 类节点，对一、二级抗震等级，必须对节点核心区进行受剪承载力验算并应满足抗震构造措施要求，对三、四级抗震等级则只须满足抗震构造措施要求。

为编制各地方的混凝土异形柱结构技术规程和本行业标准，近二十年来，我国各有关单位较深入地开展了异形柱框架梁柱节点抗震性能的试验研究，并取得了一批有实用价值的可用于指导设计的研究成果。

第二节　试　验　研　究

1984 年和 1988 年国家建材局苏州水泥制品研究院和天津轻工业设计院[1]先后进行了 5 个 T 形柱框架边节点的抗震性能试验。1995 年华南理工大学[2]也进行了 5 个 T 形柱框架边节点的抗震性能试验。上述试验均得出异形柱框架节点受剪承载力比矩形柱框架节点受剪承载力略低的结论。

1993～1997 年间天津大学进行了 12 个异形（7 个 T 形、2 个 L 形、3 个十字形）柱框架节点试验[3]，分析了框架中间层边节点、中节点在低周反复荷载作用下受力性能和破坏特征，并就初裂、0.2mm 裂缝宽和破坏荷载与全截面面积相同的方形截面柱框架节点进行了对比。试验表明在相同条件下，节点水平截面面积相等的 L 形、T 形、十字形截面柱的梁柱节点受剪承载力比矩形截面柱节点受剪承载力分别低 33%、18%和 8%左右；且异形柱框架节点核心区发生斜压破坏的上柱底部轴压比较矩形柱框架节点小。根据上述试验研究和理论分析成果，提出了天津市标准《大开间住宅钢筋混凝土异形柱框轻结构技术规程》（DB 29—16—98）如下的抗震设计时梁柱节点受剪承载力设计计算公式（7.2-1）、公式（7.2-2）。需要说明的是，这些公式仅适用于柱肢截面高度和厚度相同的等肢异形柱节点情况。

节点核心区受剪的水平截面应符合下列条件：

$$V_j \leqslant \frac{m\zeta_N}{\gamma_{RE}}\left(0.15+0.3\rho_v\frac{f_{yv}}{f_c}\right)\zeta_f\zeta_h f_c b_j h_j \tag{7.2-1}$$

节点核心区的受剪承载力应符合下列规定：

$$V_j \leqslant \frac{m}{\gamma_{RE}}\left[0.1\zeta_N\left(1+\frac{0.5N}{f_c A}\right)\zeta_f\zeta_h f_c b_j h_j+\frac{f_{yv}A_{svj}}{s}(h_{b0}-a'_s)\right] \tag{7.2-2}$$

式中：m—异形柱节点工作条件系数，取 $m=0.9$；V_j—节点核心区组合的剪力设计值；γ_{RE}—承载力抗震调整系数，取 $\gamma_{RE}=0.85$；ρ_v—框架节点核心区 $b_j h_j$ 范围内的箍筋体积配箍率，当 $\rho_v>1\%$时，取 $\rho_v=1\%$；b_j、h_j—节点核心区的截面有效验算厚度和截面高度，当梁截面宽度与柱肢截面厚度相同，或梁截面宽度每侧凸出柱边小于 50mm 时，可取 $b_j=b_c$，$h_j=h_c$，此处，b_c、h_c分别为验算方向的柱肢截面厚度和高度（图 7.2-1）；ζ_N—轴压比影响系数，系考虑轴压比较大时对节点核心区受剪承载力不利影响，按表 7.2-1 采用；ζ_h—截面高度影响系数，系考虑随 h_j大于 600mm 后增大 h_j时，节点核心区受剪承载力不呈线性增长而引入，按表 7.2-2 采用；ζ_f—翼缘影响系数，按表 7.2-3 采用；N—考虑地震作用组合的节点上柱底部轴向压力设计值，当 $N>0.3f_cA$ 时，取 $N=0.3f_cA$；此处 A 为异形柱总截面面积。

对于异形柱框架，由于与节点验算方向正交梁的截面宽度小，从而对节点核心区混凝土的约束作用有限，因此计算公式（7.2-1）、公式（7.2-2）中均未引入正交梁对节点的约束影响系数 η_j。

轴压比影响系数 ζ_N　　**表 7.2-1**

轴压比	≤0.3	0.4	0.5	0.6	0.7	0.8	0.9
ζ_N	1.00	0.95	0.90	0.85	0.75	0.65	0.50

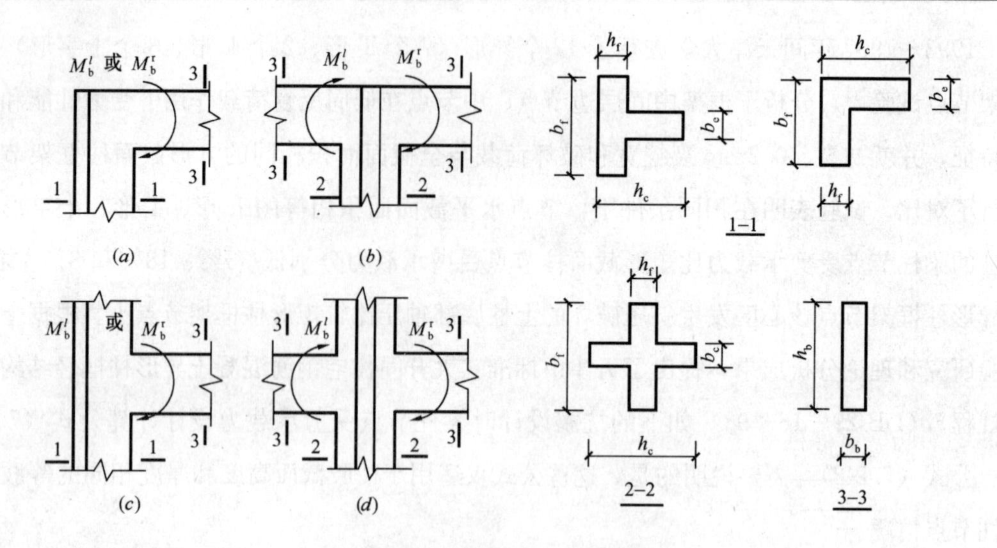

图 7.2-1 框架节点和梁柱截面

(a) 顶层端点；(b) 顶层中间节点；

(c) 中间层端节点；(d) 中间层中间节点

截面高度影响系数 ζ_h **表 7.2-2**

h_j (mm)	≤600	700	800	900	1000
ζ_h	1	0.9	0.85	0.80	0.75

翼缘影响系数 ζ_f **表 7.2-3**

$b_f - b_c$ (mm)		0	300	400	500	600	700
ζ_f	L形	1	1.05	1.10	1.10	1.10	1.10
	T形	1	1.25	1.30	1.35	1.40	1.40
	十字形	1	1.40	1.45	1.50	1.55	1.55

注：1. 表中 b_f 为垂直于验算方向的柱肢截面高度（图 7.2-1）；

2. 表中的十字形和 T 形截面是指翼缘为对称的截面。若不对称时，则翼缘的不对称部分不计算在 b_f 数值内。

以后，相继出台的各地混凝土异形柱结构技术规程[5-10]，其中多数地方规程，例如河北省、江苏省、江西省、上海市地方规程均采用的是上列公式。少数地方规程则采用的是国家标准《混凝土结构设计规范》(GB 50010—2002) 的矩形柱框架节点的计算公式，即

框架节点受剪的水平截面应符合下列条件：

$$V_j \leqslant \frac{1}{\gamma_{RE}} (0.3\eta_j f_c b_j h_j) \tag{7.2-3}$$

框架节点受剪承载力，应按下列公式计算：

$$V_j \leqslant \frac{1}{\gamma_{RE}} \left[1.1\eta_j f_t b_j h_j + 0.05\eta_j N \frac{b_j}{b_c} + \frac{f_{yv} A_{sv}}{s} (h_{b0} - a'_s) \right] \tag{7.2-4}$$

与试验结果比较说明，按式 (7.2-3)、式 (7.2-4) 计算异形柱框架节点受剪承载力

是不安全的。

近年来，沈阳建筑工程学院[11]、辽宁省建筑设计研究院和大连理工大学[12]又进行了13个T形柱和1个L形柱框架中间层边节点低周反复荷载试验研究。

《规程》编制期间，由于没有顶层端节点和顶层中间节点的试验数据，为考察异形柱翼缘宽度的不同、即两肢肢高不等时对节点受剪性能的影响，天津大学[13,14,15]和南昌大学[16]补充进行了T形、L形、十字形和无外伸翼缘扁柱共计16个试件在低周反复荷载作用下节点抗震性能试验，重点研究了翼缘宽度对节点抗震性能（受剪承载力和组合体延性）的影响。试件柱截面尺寸和加载方式见图7.2-2、图7.2-3和图7.2-4。

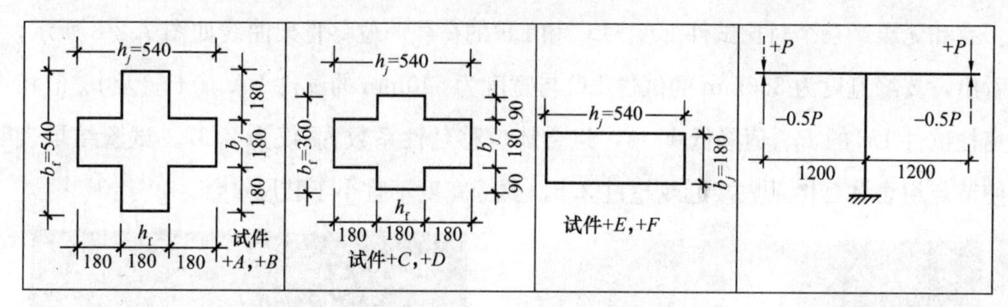

图7.2-2　十字形柱顶层中间节点试件柱截面尺寸及加载方式

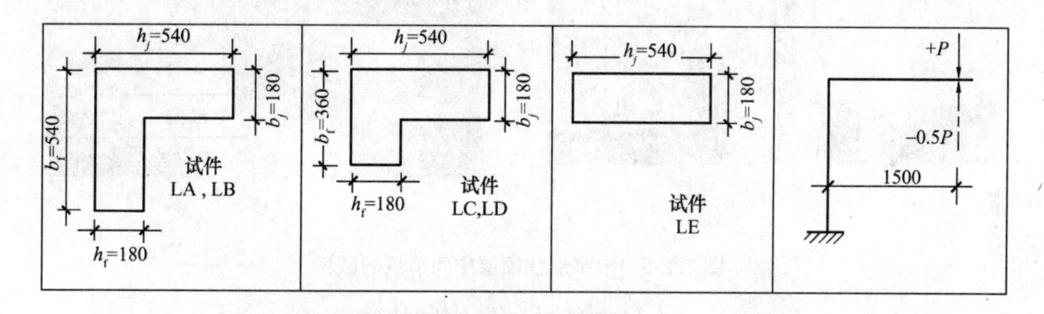

图7.2-3　L形柱顶层边节点试件柱截面尺寸及加载方式

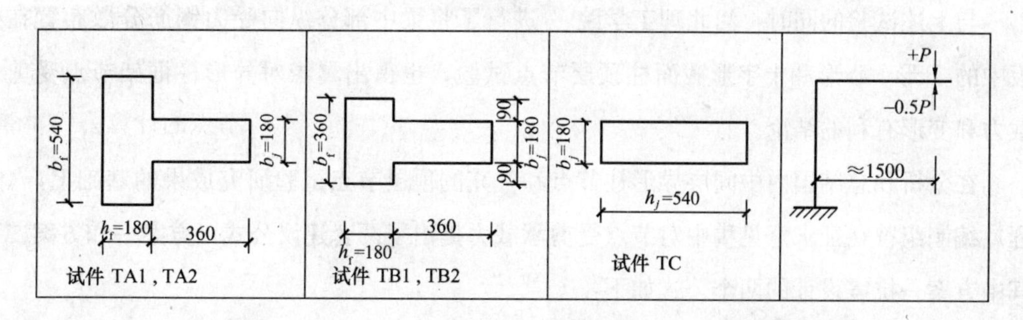

图7.2-4　T形柱顶层边节点试件柱截面尺寸及加载方式

试验表明，有翼缘的试件首先在梁端出现裂缝，随后梁端形成塑性铰，在荷载的增长下，接着节点核心区（腹板）也出现裂缝，随着加载的不断进行，整个核心区（腹板）出现大面积的开裂，且随着腹板裂缝的扩大，翼缘也出现斜裂缝（先是在与腹板相邻处的翼缘上出现裂缝，尔后裂缝向翼缘最外端发展），最后节点核心区靠近翼缘处表面出现混凝土压溃现象，说明翼缘参与抗剪工作；极限荷载时节点核心区混凝土出现剥落，最终形成沿对角方向的主斜裂缝，如图 7.2-5、图 7.2-6、图 7.2-7 所示。而没有翼缘的扁柱节点则呈现出不同的特点，此类节点，一般首先从节点箍筋所在的位置出现水平裂缝，随着加载的进行，此裂缝不断加宽，最终破坏以两箍筋之间的混凝土剥落露出核心区箍筋结束。此类节点破坏时，梁端未出现塑性铰或梁纵筋屈服时节点核心区已严重开裂或损坏，延性很差。从裂缝开展和最终破坏来看，翼缘可以增强和改善节点核心区的受剪承载力和变形能力。有和无翼缘三个对比试件 LA、LC 和 LE 的荷载—位移骨架曲线如图 7.2-8 所示，可以看出，翼缘宽度为 360mm 的试件 LC 与宽度为 540mm 的试件 LA 其 P_{max} 及 μ_{Δ} 值相近，而扁柱试件 LE 的 P_{max} 值降低 13%，组合体位移延性系数 μ_{Δ} 仅为 2.67。试验结果表明，为使节点组合体延性系数接近或超过 3.5，翼缘宽度不宜小于肢厚 2 倍。

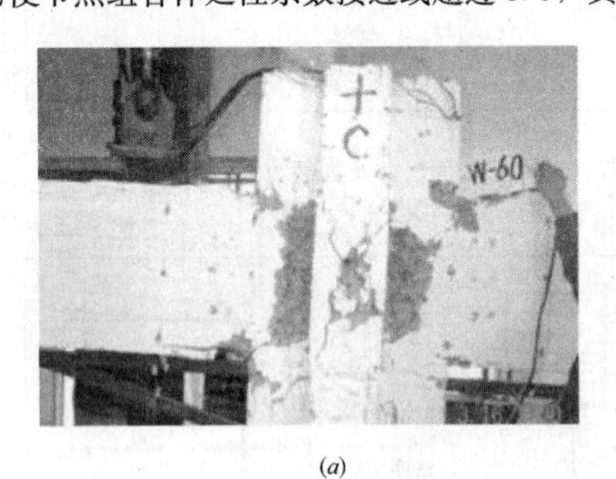

(*a*)

(*b*)

图 7.2-5　十字形柱顶层中间节点的破坏

(*a*) 试件+C；(*b*) 试件+D

与上述试验的同时，河北理工学院[17]进行了将梁中部分纵向受力钢筋分散布置在楼板中的 T 形、L 形和十字形截面柱顶层节点试验，也得出翼缘对异形柱框架节点受剪承载力和变形有利的结论。

在分析和总结国内中间层异形柱节点和补充的顶层节点试验研究成果的基础上，《规程》编制组曾在征求意见稿中对节点受剪承载力提出了两套建议公式（方案一和方案二）。其中方案一抗震设计的两个公式如下：

$$V_j \leqslant \frac{\zeta_N}{\gamma_{RE}}\left(0.15+0.3\rho_v\frac{f_{yv}}{f_c}\right)\zeta_f\zeta_h f_c b_j h_j \tag{7.2-5}$$

$$V_j \leqslant \frac{1}{\gamma_{RE}}\left[1.1\zeta_N\left(1+\frac{0.5N}{f_cA}\right)\zeta_f\zeta_h f_t b_j h_j+\frac{f_{yv}A_{svj}}{s}(h_{b0}-a'_s)\right] \tag{7.2-6}$$

(*a*)

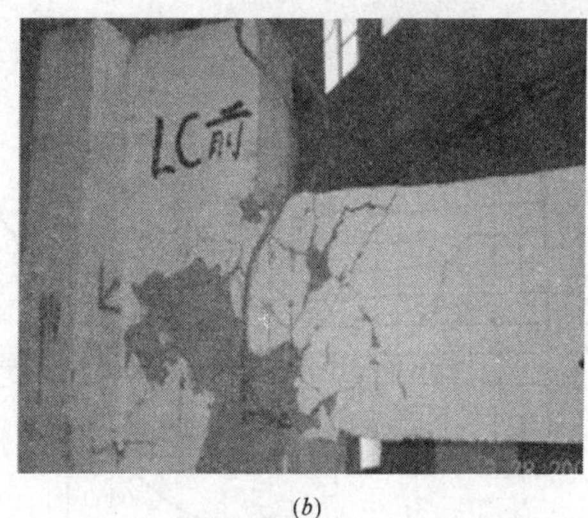

(*b*)

图 7.2-6　L 形柱顶层边节点的破坏

(*a*) 试件 LB；(*b*) 试件 LC

(*a*)

(*b*)

图 7.2-7　T 形柱顶层边节点的破坏

(*a*) 试件 TB1；(*b*) 试件 TB2

这两个公式及式中系数 ζ_N、ζ_h 和 ζ_f 的取值与式（7.2-1）、式（7.2-2）同，但不再使用工作条件系数 m 且式（7.2-6）中混凝土强度指标改用 f_t。方案二则基本取用现行国家标准《混凝土结构设计规范》（GB 50010—2002）中矩形截面柱节点计算公式，但将剪压比上限降低了 17%，且不考虑节点翼缘的有利作用，也未考虑正交梁对节点约束的有利作用。

值得注意的是 2005 年重庆大学[18]进行的 4 个足尺的 T 形柱框架中间层边节点试验。其中 3 个试件是按《规程》（征求意见稿）方案一式（7.2-6）的走势为依据设计的，且处在剪压比偏高的区域，试验结果表明，试验剪压比为 0.212 的试件 J-3 组合体位移延性系数能达到 $\mu_\Delta=4.1$；而另两个剪压比分别为 0.242、0.249 的试件 J-2 和 J-4，μ_Δ 分别为 3.4 和 3.3。根据非线性动力反应分析对一系列按国家规范设计的典型矩形截面框架结构的计

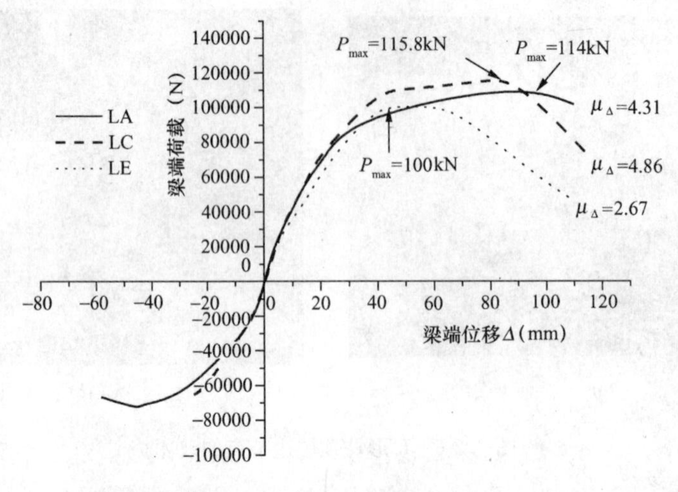

图 7.2-8 荷载—位移骨架曲线

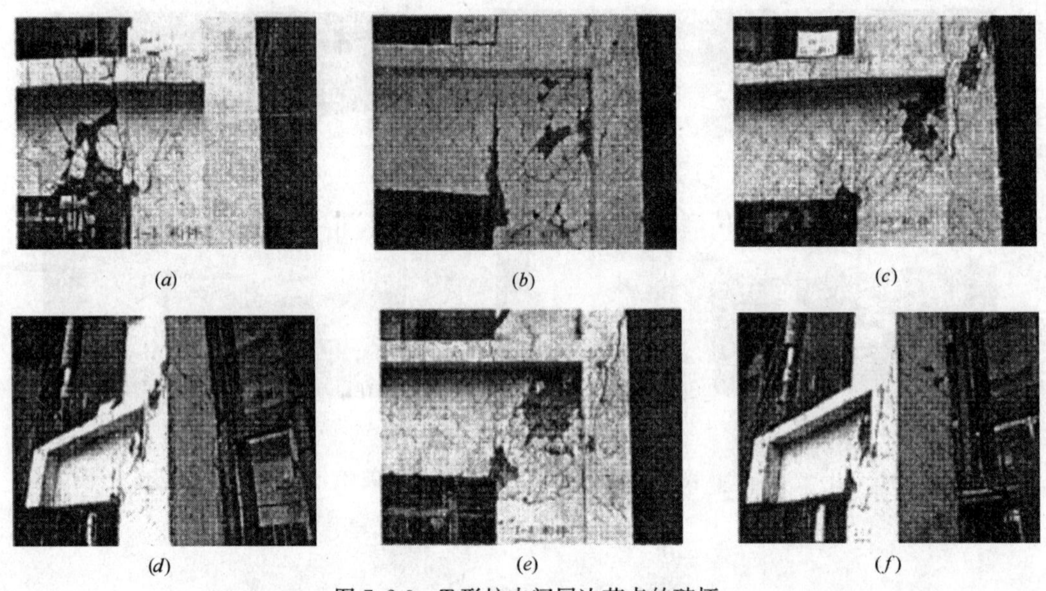

图 7.2-9 T 形柱中间层边节点的破坏

(*a*) J-1；(*b*) J-2；(*c*) J-3；(*d*) J-3（后侧面）；(*e*) J-4；(*f*) J-4（后侧面）

算结果，文［18］作者认为，在《规程》规定的异形柱框架结构的最大结构高度下，异形柱框架结构节点组合体需要具备的延性能力（即在大震下仍不致发生节点剪切失效所需要达到的组合体延性）μ_{Δ}至少应为 3.5 左右。将这一延性需求与符合式（7.2-6）的异形柱节点试件所具有的延性能力相比较后，文［18］作者认为，式（7.2-6）是可行的；并认为最大剪压比 $V_{jh}/f_{c}b_{j}h_{j}$ 控制在 0.23 左右较适宜。另外，该批试验结果也表明，异形柱节点腹板剪切变形较大后翼缘也能参加工作。根据上述试验结果分析文［18］作者还认为：计算公式中的翼缘影响系数 ζ_{f} 的取值是可行的。图 7.2-9 为该 4 个试件的破坏情况，图 7.2-10 为诸试件的荷载—位移滞回曲线。

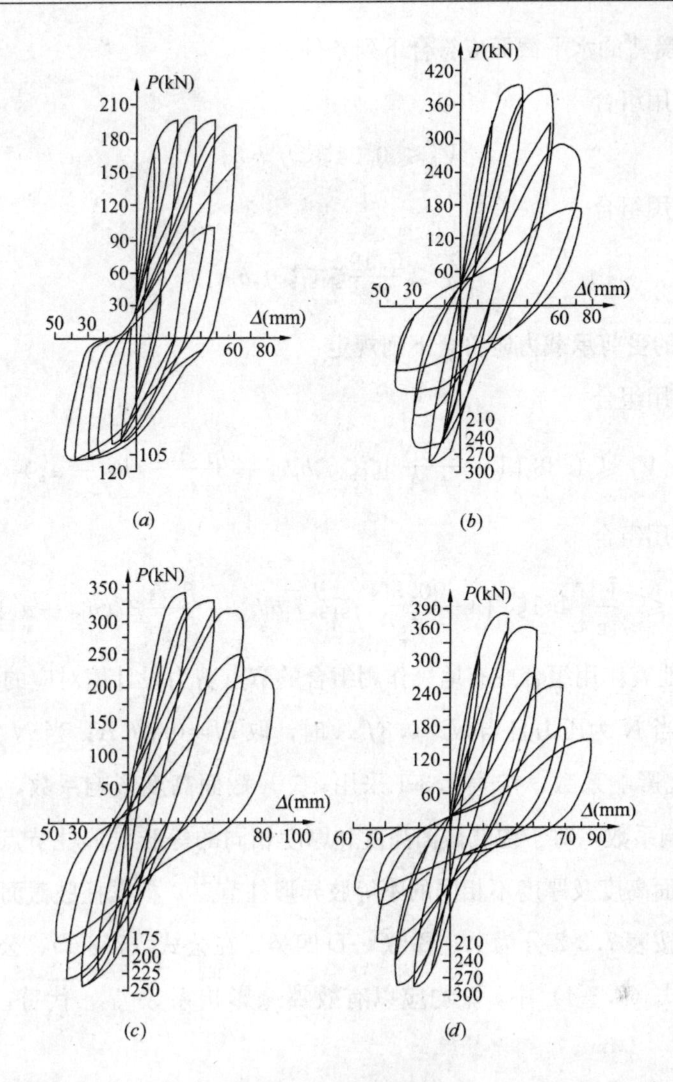

图 7.2-10　T形柱中间层边节点试件的荷载—位移滞回曲线

(a) J-1；(b) J-2；(c) J-3；(d) J-4

第三节　《规程》的节点设计条款及与试验结果的比较

一、节点核心区受剪承载力计算公式

鉴于第一方案反映了异形柱特点，即考虑了异形柱节点截面受力方向肢及与其垂直肢截面的作用和影响，并鉴于工程中常见的不等肢异形柱的应用情况，《规程》编制组以第一方案为基础进行了修改、补充和完善，给出的《规程》节点设计条款如下：

节点核心区受剪的水平截面应符合下列条件：

1. 无地震作用组合

$$V_j \leqslant 0.24\zeta_f\zeta_h f_c b_j h_j \tag{7.3-1}$$

2. 有地震作用组合

$$V_j \leqslant \frac{0.19}{\gamma_{RE}}\zeta_N\zeta_f\zeta_h f_c b_j h_j \tag{7.3-2}$$

节点核心区的受剪承载力应符合下列规定：

1. 无地震作用组合

$$V_j \leqslant 1.38\left(1+\frac{0.3N}{f_c A}\right)\zeta_f\zeta_h f_t b_j h_j + \frac{f_{yv}A_{svj}}{s}(h_{b0}-a'_s) \tag{7.3-3}$$

2. 有地震作用组合

$$V_j \leqslant \frac{1}{\gamma_{RE}}\left[1.1\zeta_N\left(1+\frac{0.3N}{f_c A}\right)\zeta_f\zeta_h f_t b_j h_j + \frac{f_{yv}A_{svj}}{s}(h_{b0}-a'_s)\right] \tag{7.3-4}$$

式中：N—与无地震作用组合或有地震作用组合的节点剪力设计值对应的该节点上柱底部轴向力设计值，当N为压力且当$N>0.3f_cA$时，取$N=0.3f_cA$；当N为拉力时，取$N=0$；ζ_N—轴压比影响系数，按表7.3-1采用；ζ_h—截面高度影响系数，仍按表7.2-2采用；ζ_f—翼缘影响系数，对于柱肢截面高度和厚度相同的等肢异形柱节点仍按表7.2-3采用；对于柱肢截面高度及厚度不相同的不等肢异形柱节点，根据柱肢截面高度及厚度不相同的不同情况，按表7.3-2分为A、B、C、D四类；在公式（7.3-1）、公式（7.3-2）、公式（7.3-3）、公式（7.3-4）中，ζ_f均应以有效翼缘影响系数$\zeta_{f,ef}$代替，$\zeta_{f,ef}$按表7.3-2取用。

轴压比影响系数 ζ_N　　表 7.3-1

轴压比	≤0.3	0.4	0.5	0.6	0.7	0.8	0.9
ζ_N	1.00	0.98	0.95	0.90	0.88	0.86	0.84

有效翼缘影响系数 $\zeta_{f,ef}$　　表 7.3-2

截面类型	L形、T形和十字形截面			
	A 类	B 类	C 类	D 类
截面特征	$b_f \geqslant h_c$ 和 $h_f \geqslant b_c$	$b_f \geqslant h_c$ 和 $h_f < b_c$	$b_f < h_c$ 和 $h_f \geqslant b_c$	$b_f < h_c$ 和 $h_f < b_c$
$\zeta_{f,ef}$	ζ_f	$1+\frac{(\zeta_f-1)h_f}{b_c}$	$1+\frac{(\zeta_f-1)b_f}{h_c}$	$1+\frac{(\zeta_f-1)b_f h_f}{b_c h_c}$

注：1. 对于A类柱肢截面节点，取$\zeta_{f,ef}=\zeta_f$，ζ_f值按表7.2-3取用，但表中(b_f-b_c)值应以(h_c-b_c)值代替；

2. 对于B类、C类和D类柱肢截面节点，确定$\zeta_{f,ef}$值时，ζ_f值按表7.2-3取用，但对于B类和D类节点表中(b_f-b_c)值应分别以(h_c-h_f)和(b_f-h_f)值代替。

二、对《规程》设计计算规定的说明

1. 梁柱节点是异形柱框架的薄弱部位

节点试验研究及其受力性能分析、大比例尺构件试验和结构模型振动台模拟地震响应试验以及对工程设计的分析表明：异形柱框架梁柱节点是异形柱结构的薄弱部位。研究表明：抗震设防烈度为 7 度（0.15g）和 8 度（0.20g），房屋高度和层数常受节点受剪承载力制约或控制，在一定条件下中、低烈度地震设防及非抗震设防的异形柱框架梁柱节点核心区也应通过计算确定其箍筋配置量。例如，文献［19］对 6 度抗震设防区、Ⅱ类场地、设计地震分组为三组，基本风压 0.70kN/m^2，地面粗糙程度 C 类的 10 层异形柱框架结构进行了计算分析，结果发现该框架结构的梁柱节点核心区箍筋用量有些是由地震作用组合控制，也有些是由非地震作用组合控制。文献［20，21］对非抗震设防的异形柱框架结构和异形柱框架剪力墙结构在恒、活和风荷载作用下梁柱节点受剪承载力分别进行了计算分析，基本风压分别为 0.40 kN/m^2 和 0.60kN/m^2，分析表明，这两座高度接近《规程》房屋最大适用高度的结构的某些梁柱节点的配箍量是由受剪承载力计算确定的。为确保安全，《规程》第 5.3.1 条规定异形柱框架均应进行梁柱节点核心区受剪承载力计算。即二、三、四级抗震等级以及非抗震设计的梁柱节点均应进行受剪承载力计算，且为强制性条文，必须严格执行。

试验表明，空间受力的双向梁 L 形柱框架节点受剪承载力不低于同条件平面受力的单向梁 L 形柱框架节点的受剪承载力，与矩形柱框架节点受剪承载力计算规定相同，对于纵横向框架共同交汇的节点，可以按各自方向分别进行节点受剪承载力计算。

为改善梁柱节点的受力性能，设计中尚可采取各类有效措施，包括梁端增设支托或水平加腋构造措施等。

2. 非抗震设计的异形柱框架梁柱节点的受剪承载力计算

由于试验资料不足，《规程》的设计计算公式（7.3-1）和公式（7.3-3）是参考美国 ACI-ASCE352 委员会《现浇钢筋混凝土结构梁柱节点设计建议》[25] 和试验研究成果，经分析取地震作用组合情况的计算公式，考虑非抗震单调荷载作用下受剪承载力是抗震反复荷载作用下的 1.25 倍（但箍筋作用项不增强），且不引入轴压比影响系数 ζ_N 和承载力抗震调整系数 γ_{RE} 得出的。

3. 设计计算公式中的系数 ζ_f 、ζ_N 和 ζ_h

ζ_f 为翼缘影响系数。研究表明，对于肢高及肢厚相同的等肢异形框架柱框架梁柱节点核心区的水平截面积 A 可表述为 $\overline{\zeta}_f b_j h_j = b_c h_c + h_f(b_f - b_c)$，当梁的截面高度与柱肢截面厚度相同时，取 $b_j=b_c$，$h_j=h_c$（图 7.2-1），从而有 $\bar{\zeta}_f=1+\dfrac{b_f(b_f-b_c)}{b_jh_j}$，$\bar{\zeta}_f$ 为翼缘全部充分利用时的翼缘影响系数。当 $b_f-b_c=300$mm，$b_c=200\sim250$mm 时，计算得出 $\bar{\zeta}_f=1.6\sim1.545$。由于外伸翼缘在节点破坏时未充分发挥作用，如前所述，节点核心区水平截面积相等时，L 形、T 形、十字形截面柱框架梁柱节点受剪承载力分别比矩形柱框架梁柱节点降低约 33%、18%和 8%。所以三种截面的翼缘影响系数 ζ_f 可由 $\bar{\zeta}_f$ 值分别乘以 0.67、0.82 和 0.92 得出，从而为 1.072～1.035、1.333～1.276 和 1.472～1.421，《规程》取 1.05、1.25 和 1.40。对于 $b_f-b_c=600$mm 情况，根据分析，较 $b_f-b_c=300$mm 情况的受剪承载力提高约 12%，由此得出三种截面的翼缘影响系数 ζ_f 分别为 1.176（1.05×1.12）、1.400（1.25×1.12）和 1.568（1.40×1.12），《规程》取 1.10、1.40 和 1.55，如表 7.2-3 所示。

ζ_N 为轴压比影响系数。反映轴压比对节点核心区受剪承载力的影响。试验表明，十字形截面柱框架中间层中节点在轴压比为 0.3 时，其受剪承载力较轴压比为 0.1 时提高约 10%，但轴压比为 0.6 时，其受剪承载力不仅不提高反而降低。矩形截面柱框架梁柱节点试验亦说明，节点核心区混凝土斜压杆面积随柱轴压力的增大而稍有增加，使得在节点剪力不大（剪压比较低）时，轴压力的增大对节点受剪性能有利；但当节点剪力较大（剪压比较高）时，因节点核心区混凝土斜向压应力已经很高，轴压力的增大反而对节点受剪产生不利影响。根据试验研究和近年来有关轴压力对节点抗震性能影响的研究成果，《规程》编制组对轴压比影响系数 ζ_N 的取值作了较大的调整，如表 7.3-1 所示。

由表 7.3-1 可以看出，对于抗震设计，节点的截面限制条件公式（7.3-2），由于引入轴压比影响系数 ζ_N，当轴压比大于 0.3 时，节点核心区混凝土斜压破坏的受剪承载力将随轴压力 N 的增大而降低，降低到轴压比为 0.9 时的 0.84，即降低 16%。由混凝土作用项和箍筋作用项的节点受剪承载力计算公式（7.3-4），由于混凝土作用项中 $\zeta_N\left(1+\dfrac{0.3N}{f_cA}\right)$ 因子，由轴压比为 0 时的 1 线性增大至轴压比为 0.3 时的 1.09，即混凝土作用项的受剪承载力增大 9%，而后随轴压比增大逐渐降低，直到轴压比为 0.9 时的 0.916，即混凝土作用项的受剪承载力降低 8.4%。从而抗震设计时《规程》的节点受剪承载力设计计算公式（7.3-2）和公式（7.3-4）反映了前述轴压比较小时，增大轴压力对节点受剪性能的有利影响和轴压比较大时，增大轴压力的不利影响的基本规律。

ζ_h 为截面高度影响系数，节点试件 h_j 为 480mm 和 550mm 的试验结果比较，以及 $h_j=480\sim1200$mm 有限元计算分析结果表明，节点核心区受剪承载力并不随 h_j 的增加呈线性增大的变化规律。因此对于 h_j 大于 600mm 的情况，《规程》引用截面高度影响系数 ζ_h

予以调整。

三、计算公式与试验结果的比较

计算公式（7.3-2）、公式（7.3-4）与大连理工大学、沈阳建工学院、天津大学、南昌大学、重庆大学的31个异形柱梁柱节点试验结果（其中8个等肢截面和23个不等肢截面异形柱梁柱节点）进行了比较，按以上公式计算与试验值的比较见图7.3-1和表7.3-3。全部试件数据的统计平均值为0.589，标准差σ为0.190，变异系数$C\text{v}$为0.323，效果尚好，另外这些试件中有24个记录了组合体试件的位移延性，位移延性系数平均值为3.5；可见该公式有足够的安全保障。

《规程》公式的计算值与试验值的比较 **表7.3-3**

截面形状		L	T	十	L，T和十字形
试件数		7	18	6	31
$\frac{V_u^{cal}}{V_u^{exp}}$	$\bar{x}$	0.496	0.696	0.378	0.589
	σ	0.121	0.162	0.046	0.190
	C_v	0.244	0.233	0.122	0.323

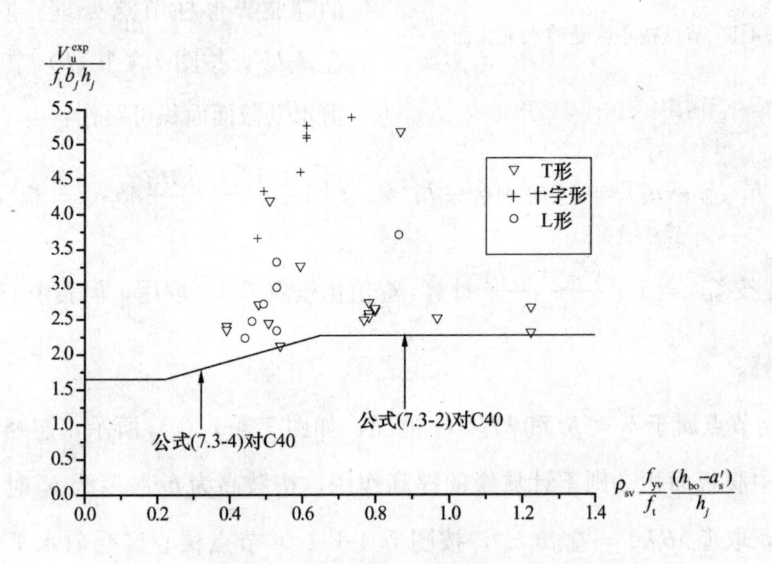

图7.3-1 节点试件试验值与《规程》公式的比较

第四节 不等肢异形柱节点受剪承载力计算的有效翼缘影响系数$\zeta_{f,ef}$

如前所述，《规程》对不等肢异形柱框架梁柱节点，根据相互正交的两肢肢高和肢厚不相同的情况，分为 A、B、C、D 四类（表 7.3-2），其受剪承载力按公式（7.3-1）、公式（7.3-2）和公式（7.3-3）、公式（7.3-4）计算，但式中 ζ_f 均应以有效翼缘影响系数 $\zeta_{f,ef}$ 代替。对 $\zeta_{f,ef}$，以 L 形柱为例说明如下：

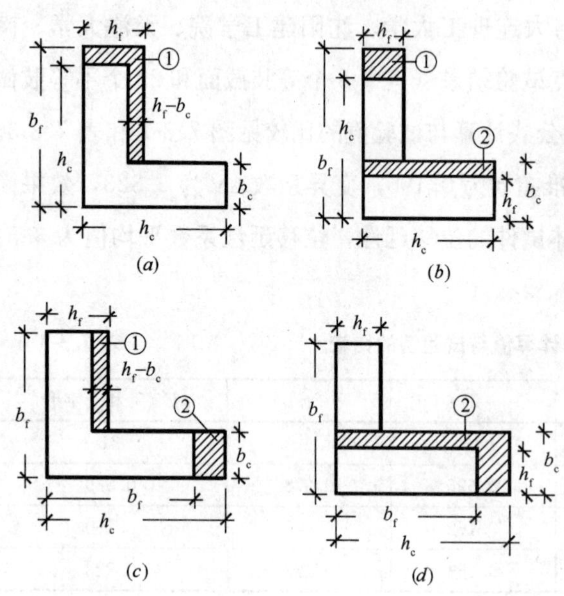

图 7.4-1　节点核心区受剪水平截面

（1）A 类节点属于 $b_f \geqslant h_c$ 和 $h_f \geqslant b_c$ 情况，如图 7.4-1（*a*）所示，忽略多出的翼缘面积，则不计图中的阴影区面积①，按肢高为 h_c 肢厚为 b_c 时的等肢异形柱节点处理，取 $\zeta_f b_j h_j = \zeta_f b_c h_c$，从而不能用（$b_f - b_c$）而应取（$h_c - b_c$）值查表 7.2-3 得出 ζ_f 值，该值则为 $\zeta_{f,ef}$。

（2）B 类节点属于 $b_f \geqslant h_c$ 和 $h_f < b_c$ 情况，如图 7.4-1（*b*）所示，忽略多出的翼缘面积①，对腹板面积②则不计翼缘的提高作用，按肢高为 h_c 肢厚为 h_f 时的等肢异形柱节点处理，取 $\zeta_{f,ef} b_j h_j = \zeta_{f,ef} b_c h_c$，按图 7.4-1（*b*）节点核心区受剪水平截面面积可写作：

$$\zeta_f h_c h_f + h_c\,(b_c - h_f) = (\zeta_f h_f + b_c - h_f) h_c = \left[1 + \frac{(\zeta_f - 1)h_f}{b_c}\right] b_c h_c = \zeta_{f,ef} b_c h_c$$

从而 $\zeta_{f,ef}$ 按 $\zeta_{f,ef} = 1 + \dfrac{(\zeta_f - 1)h_f}{b_c}$ 计算，ζ_f 值仍按表 7.2-3 取用，但表中（$b_f - b_c$）值取（$h_c - h_f$）代替。

（3）C 类节点属于 $b_f < h_c$ 和 $h_f \geqslant b_c$ 情况，如图 7.4-1（*c*）所示，忽略多出的翼缘面积①，图中腹板面积②则不计翼缘的提高作用，按肢高为 b_f 肢厚为 b_c 时的等肢异形柱节点处理，取 $\zeta_{f,ef} b_j h_j = \zeta_{f,ef} b_c h_c$，按图 7.4-1（*c*）节点核心区受剪水平截面面积可写作：

$$\zeta_f b_f b_c + (h_c - b_f) b_c = [h_c + (\zeta_f - 1) b_f] b_c = \left[1 + \frac{(\zeta_f - 1) b_f}{h_c}\right] b_c h_c = \zeta_{f,ef} b_c h_c$$

从而应取（$b_f - b_c$）值查表 7.2-3 得出 ζ_f 值，而 $\zeta_{f,ef}$ 按 $\zeta_{f,ef} = 1 + \dfrac{(\zeta_f - 1) b_f}{h_c}$ 计算。

（4）D 类节点属于 $b_f < h_c$ 和 $h_f < b_c$ 情况，如图 7.4-1（*d*）所示，多出的腹板面积②不计翼缘的提高作用，同样按肢高为 b_f 肢厚为 h_f 时的等肢异形柱节点处理，同理可推导

得出 $\zeta_{f,ef}=1+\frac{(\zeta_f-1)b_f h_f}{b_c h_c}$，而 ζ_f 应取 (b_f-h_f) 值查表 7.2-3 得出。

由此可知，不等肢异形柱节点受剪承载力计算公式中的有效翼缘影响系数 $\zeta_{f,ef}$ 是基于对等肢异形柱节点翼缘作用的分析并偏于安全给出的，并已为前述不等肢异形柱节点试验结果所验证。

第五节　几　点　说　明

(1) 梁柱节点是异形柱结构的薄弱部位，非抗震设计和抗震设计的异形柱结构都应进行节点受剪承载力计算，并满足《规程》规定的构造要求，才能保证节点乃至整个异形柱结构的安全；

(2) 不应采用"一"形扁柱，注意保证异形柱要有足够的翼缘，包括宽度与厚度，这不但是节点受剪承载力的需要，也是抗震设计时保证节点组合体延性的需要；

(3) 节点受剪承载力设计计算公式（7.3-3)、公式（7.3-4）中第一项（即混凝土作用项）占总受剪承载力的 50%以上甚至达到 60%～70%，又因异形柱框架节点核心区水平截面面积窄小，所以施工中保证节点区混凝土强度至关重要，施工时应注意遵守《规程》第 7.0.7 条规定，不应图省事将节点核心区的混凝土强度等级换成梁板的较低的混凝土强度等级；

(4)《规程》第 5.3.6 条规定了框架梁截面宽度每侧凸出柱边不小于 50mm 但不大于 75mm 时，节点核心区受剪承载力的两种计算方法。第一种方法，忽略凸出柱边部分作用取 $b_j=b_c$，称作简化计算法；第二种方法是对柱截面厚度以内和以外范围分别验算其受剪承载力，可称作较准确的计算法。条文中的相关规定是参考现行国家标准《建筑抗震设计规范》(GB 50011—2001）扁梁框架梁柱节点的规定并根据类似的异形柱框架梁柱节点试验结果给出的。具体的设计计算公式，可根据异形柱框架梁柱节点受剪承载力的计算特点并参考扁梁框架梁柱节点受剪承载力计算方法得出；

(5) 为提高节点的受剪承载力和改善节点的抗震性能，可采取梁（水平）加腋增加节点有效截面面积、局部采用钢纤维混凝土提高节点区材料强度、或梁塑性铰外移等办法，这些办法对于改善异形柱节点受剪性能的有效程度有的尚待进一步研究。

参考文献

[1]　王军．异形柱框架结构抗震性能试验研究[D]. 后勤工程学院硕士学位论文，1990.

[2]　冯建平，吴修文．T 形截面柱框架边节点的抗震性能[J]. 华南理工大学学报，1995.

[3]　曹祖同,陈云霞,吴戈,李中立,吴智强．钢筋混凝土异形柱框架节点强度的研究[J],建筑结构,1999.

[4]　天津市标准:大开间住宅钢筋混凝土异形柱框轻结构技术规程(DB 29—16—98)[S].

[5]　安徽省地方标准:安徽省异形柱框架轻质墙结构(抗震)设计规程(DB 34/222—2001)[S].

[6]　河北省地方标准:钢筋混凝土异形柱框轻结构住宅设计规程(DB 13(J)36—2002)[S].

[7]　江苏省地方标准:钢筋混凝土异形柱框架结构技术规程(DB 32/512—2002)[S].

[8]　江西省地方标准:钢筋混凝土异形柱结构技术规程(DB 36/T 386—2002)[S].

[9]　上海市工程建设规范:钢筋混凝土异型柱结构技术规程(DG/TJ 08—009—2002,J 10208—2002)[S].

[10]　辽宁省地方标准:钢筋混凝土异形柱结构技术规程(DB 21/1233—2003)[S].

[11]　王丹．钢筋混凝土T形柱框架节点的试验研究[D].沈阳建筑工程学院硕士研究生论文,2000.

[12]　大连理工大学、辽宁省建筑设计研究院等．钢筋混凝土异形柱框架节点性能试验研究[D].1993.

[13]　薛敬．钢筋混凝土异形柱框架顶层节点强度的研究[D].天津大学硕士学位论文.2003.

[14]　王文进,薛敬,王依群,康谷贻,韩建强.异形柱框架顶层角节点试验研究[J].工程力学．增刊,2003.

[15]　周树勋,薛敬,王依群.康谷贻,韩建强.异形柱框架顶层中节点试验研究[J].工程力学．增刊,2003.

[16]　桂国庆,熊黎黎,熊进刚．异形柱框架结构顶层边节点受剪承载力分析[J].南昌大学学报.2002.

[17]　李淑春,苏幼坡,王绍杰．分散式配筋梁异形柱框架节点在低周反复荷载作用下试验研究的抗震性能[J],河北理工学院学报.2004.

[18]　傅剑平,张笛川,韦峰,白绍良．异形柱框架中间层端节点抗震性能试验研究[J].建筑结构.2005.

[19]　王依群,邓孝祥,王福智.CRSC软件在六度抗震的异形柱框架结构设计中的应用,计算机技术在工程建设中的应用[M].北京:知识产权出版社,2004.

[20]　王依群,康谷贻,邓孝祥．非抗震设计的异形柱框架梁柱节点受剪承载力,第八届全国混凝土结构基本理论及工程应用学术会议论文集[C].重庆:重庆大学出版

社，2004.

[21] 王依群，邓孝祥，康谷贻，贺民宪．非抗震设计的异形柱框架剪力墙结构节点承载力计算[J]. 建筑结构. 2005.

[22] 黄锐，抗震设防高烈度区异形柱结构设计应注意的两个问题[J]. 建筑结构 . 2005.

[23] 潘文，刘建等．八度区六层异形柱框架结构的振动台试验研究[J].

[24] 刘建，潘文等．八度区十层异形柱框架—剪力墙结构的振动台试验研究[J].

[25] Recommendations for Design of Beam-Column Joints in Monolithic Reinforced Concrete Structures[J]. Report by ACI-ASCE Committee 352，ACI Structures. J. Vol. 82，No. 3，1985.

第八章　结构构造与施工

第一节　一般规定

异形柱结构的混凝土材料应符合《规程》第 6.1.2 条要求。条文中混凝土强度等级不应超过 C50 的规定，主要是因为大于 C50 级的高强混凝土力学性能与一般混凝土有较大的差异。而编制本《规程》的试验依据及工程经验主要是基于一般混凝土强度等级情况。对于高强混凝土异形柱结构构件的性能、计算方法和构造措施，目前尚缺乏系统深入的研究，故暂未列入《规程》的采用范围。

在钢筋材料方面，《规程》遵循现行国家标准《混凝土结构设计规范》(GB 50010—2002) 的原则精神，提倡用 HRB400 级钢筋作为纵向受力钢筋的主导钢筋。这种钢筋不仅强度高，而且延性和粘结性能好，在混凝土异形柱结构中应用，可以有效地减少钢筋用量，缓解钢筋过于密集（特别在节点区）造成的构造和施工困难，且方便混凝土的浇筑。箍筋除采用 HRB335 和 HRB400 级钢筋外，尚保留了 HPB235 级钢筋，主要考虑我国地域辽阔，各地区发展水平差异很大，为适应各地区当前市场钢材供应情况和施工条件给出了此规定。需要说明的是，箍筋采用 HRB400 级钢筋，对于减少箍筋用量、缓解钢筋密集造成的构造和施工困难同样是有效的。但对于抗震设计，当异形柱的箍筋由构造要求确定时，由于试验资料不足，《规程》第 6.2.9 条规定箍筋抗拉强度设计值应取不大于 $300N/mm^2$，其强度未能充分发挥，从而影响其经济性，这是需要注意和进一步研究的。

异形柱、梁的纵向钢筋的连接接头按《规程》第 6.1.5 条可采用焊接、机械连接或绑扎搭接。由于异形柱截面尺寸窄小，在焊接连接的质量确有保证的条件下宜优先采用焊接，以方便钢筋的设置和施工，有利于混凝土的浇筑并有较好的经济效益。

异形柱的截面尺寸是必须注意的重要问题。《规程》第 6.1.4 条规定异形柱最小肢厚为 200mm，根据工程实践经验，当肢厚小于 200mm 时会造成钢筋设置（特别在梁柱节点区）困难和钢筋与混凝土的粘结锚固强度难以保证。条文还规定了柱肢肢高的最小值为 500mm，主要是考虑在工程中采用不等肢异形柱时，其短肢有必要的外伸量，对 T 形和 L 形柱则为有一定的外伸翼缘。当肢厚为 200～250mm，肢高为最小值 500mm 时，则 T

形和L形柱翼缘的宽厚比b_f/h_f为2.5～2。由于《规程》第6.2.1条异形柱的剪跨比抗震设计时不应小于1.5的规定，当肢厚为200mm或250mm时，肢高最大值约为800mm左右，从而不等肢异形柱的两肢的肢高比约为1.6。上述有关异形柱柱肢有必要的外伸量和不等肢异形柱的两肢肢高比相差不过大的有关规定，是基于保证异形柱正截面、斜截面和节点的承载力和保证混凝土异形柱结构良好的整体受力性能特别是抗震性能的需要。

需要特别注意的还有《规程》第6.1.6条关于混凝土保护层厚度的强制性条文。众所周知，混凝土保护层最小厚度的规定是为了满足结构构件的耐久性和对受力钢筋有效锚固的要求。现行国家标准《混凝土结构设计规范》(GB 50010—2002) 考虑耐久性要求，对处于环境类别为一、二、三类的混凝土结构规定了保护层最小厚度，按规定处于一类环境的异形柱纵向受力钢筋，其保护层最小厚度应为30mm。事实上，混凝土保护层的保护作用的效果不仅与保护层厚度还与混凝土的密实度有关，较高的混凝土强度具有较好的密实性，从而具有较好的保护效果。例如梁的纵向受力钢筋的最小保护层厚度，当混凝土强度等级为C25级及以上时，可减小5mm。欧洲规范2 (Eurocode 2) 规定，当混凝土强度等级为C40/C50时，一般保护层最小厚度亦允许按规定值减小5mm。考虑到《规程》第7.0.9条对异形柱截面尺寸不允许出现负偏差的严格要求，以及考虑到保护层厚度对异形柱构件抗力影响（保护层厚度越大，构件截面有效高度就越小，构件抗力受到削弱也越大）的敏感性较大，《规程》给出了处于一类环境且混凝土强度等级不低于C40时，异形柱纵向受力钢筋的混凝土保护层最小厚度应允许减小5mm的规定。

第二节 钢筋混凝土异形柱的轴压比限值与配箍构造

随着异形柱框架结构体系在地震区的推广应用，其抗震性能成了目前学术界和工程界关注的问题。异形柱框架结构的抗震性能不仅取决于梁柱构件的性能，而且取决于各构件之间的组合关系。其中，异形柱的抗震性能，特别是其延性滞回性能的好坏则更为重要。试验研究及理论分析表明：为了保证异形柱框架结构位移延性的要求，异形柱必须要有足够的截面曲率延性。但由于其截面形状的不规则性，其截面延性的影响因素及变化规律亦更为复杂，为此，《规程》编制组首先进行了T形、L形和十字形截面柱在反复周期荷载下滞回性能的试验[1-4]，结果表明：轴压比是直接影响截面延性和滞回曲线丰满程度的重要指标，轴压比小，延性好，滞回曲线丰满，反之，延性差，滞回曲线狭窄，循环次数减少；T形、L形截面柱在不同弯矩作用方向角方向的延性差异很大，十字形截面柱比较均匀。这些试验结果也为其他学者[5-10]的试验研究所证实。

在试验研究的基础上，规程编制组又根据异形柱的受力变形机理编制了全过程非线性程序模拟试验，系统地分析了轴压比、配箍特征、弯矩作用方向角和纵筋直径与箍筋间距比等因素对异形柱截面曲率延性的影响规律，从而得到了异形柱曲率延性比 $\mu_{\phi c}$ 与轴压比 n、配箍特征值 λ_v、弯矩作用方向角 α 有关的计算公式 $\mu_{\phi c}=f(n,\lambda_v,\alpha)$[11-12]；然后通过分析框架位移延性与梁、柱构件截面曲率延性之间的相互关系得到：当取截面曲率延性比 $\mu_{\phi c}=9\sim10$、$7\sim8$、$5\sim6$ 作为二、三、四级抗震等级时异形柱应具有的延性水平，可使相应的异形柱框架结构位移延性系数 μ 达到 3～5。以上述 $\mu_{\phi c}$ 取值为标准，通过 12960 根等肢异形柱和 46624 根不等肢异形柱的电算分析，得到了在不同抗震等级下各种轴压比时异形柱在不利弯矩作用方向角域所需的配箍特征值。在综合考虑混凝土、箍筋强度及实际施工可能配置的最大体积配箍率的前提下，分析得到了能保证异形柱结构足够延性的轴压比限值。并通过分析纵筋压曲和混凝土约束作用的影响提出了异形柱箍筋配置的构造规定[12-13]。

一、异形柱截面曲率延性的计算原理

1. 基本假定

（1）将柱截面划分为有限个混凝土单元和钢筋单元，近似取单元内的应变和应力为均匀分布，合力点在单元形心处；

（2）在整个受力过程中，各单元的应变按截面应变保持平面的假定确定；

（3）拉区混凝土的强度忽略不计；压区混凝土的应力—应变关系采用改进的 Kent-Park 模型[14]，考虑箍筋约束对下降段的影响（图 8.2-1（a））；

AB 段（$\varepsilon_c\leqslant k\varepsilon_0$）：$\sigma_c=kf_c\left[\dfrac{2\varepsilon_c}{k\varepsilon_0}-\left(\dfrac{\varepsilon_c}{k\varepsilon_0}\right)^2\right]$　　(8.2-1)

BC 段（$\varepsilon_c>k\varepsilon_0$）：$\sigma_c=kf_c\left[1-Z_m(\varepsilon_c-k\varepsilon_0)\right]\quad\sigma_c\geqslant0.2kf_c$　　(8.2-2)

其中：

$$Z_m=\frac{0.5}{\dfrac{3+0.29f'_c}{145f'_c-1000}+0.75\rho_{sv}\sqrt{\dfrac{h_c}{s_h}}-0.002k}\tag{8.2-3}$$

$$k=1+\rho_{sv}f_{yv}/f'_c\tag{8.2-4}$$

式中：k 表示由于约束箍筋的存在，使混凝土强度增大的系数；ε_0 表示未约束混凝土达到最大应力时对应的应变值，取为 0.002；f'_c 是混凝土圆柱体抗压强度，近似取为 $f'_c=0.80f_{cu}$，f_{cu} 是我国混凝土立方体抗压强度；ρ_{sv} 是柱的体积配箍率；h_c 是约束箍筋外缘所包围的混凝土宽度；s_h 是箍筋的间距；f_{yv} 是箍筋屈服强度。

（4）纵向钢筋的应力—应变关系考虑了纵向钢筋的强化作用，取三折线模型（图 8.2-1（b））；

（5）假定受压钢筋失稳或 M 下降到 $0.85M_{max}$ 时的截面曲率作为极限曲率，受压钢筋

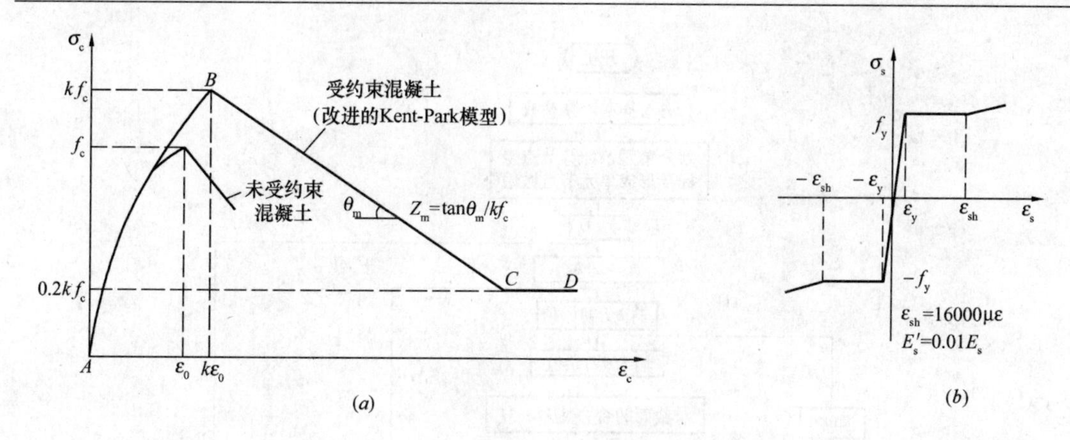

图 8.2-1　受压混凝土和纵向钢筋的应力—应变关系

（a）受压混凝土；（b）纵向钢筋

失稳时的压应变按 $\varepsilon_b = 42200\,(s/d)^{-0.412}$[15] 计算；

（6）假定压区边缘应变达 0.004 时，保护层混凝土开始剥落，应变达 0.01 时，保护层混凝土剥落完毕；

（7）压区混凝土的收缩、徐变影响不予考虑；

（8）忽略整个受力过程中，截面抗扭刚度对变形的影响；

（9）箍筋配箍率按体积配箍率计算，考虑其对混凝土约束的附加有利影响，且拉筋计入体积配箍率 ρ_v。

2. 异形柱截面曲率延性的计算原理

采用逐级加曲率的方法求得异形柱截面在各弯矩作用方向角 α 时，不同轴力 N 作用下的 M—ϕ 曲线，进而求得截面相应的曲率延性比。具体做法见图 8.2-2。

3. 程序计算结果与试验结果的比较

运用本程序对本书第五章中的试件进行计算，结果表明截面曲率延性的理论计算值与试验结果吻合较好（表 8.2-1），说明该程序正确可行。

截面曲率延性比理论计算值与试验结果的比较　　**表 8.2-1**

截面形式	试件编号	试验值 $\mu_{\phi c}$	电算值 $\mu_{\phi c}$	误差（%）	弯矩作用方向角（°）
L形[2]	Z_L-4	3.59	3.86	−7.52	135
矩形[1]	$Z_□$-6	6.42	6.07	5.45	15
十字形[4]	Z_+-7	5.90	5.95	−0.85	0
	Z_+-8	6.41	6.66	−3.90	15
T形[1]	Z_T-4	4.81	5.15	−7.07	22.5
	Z_T-9	7.49	8.55	−14.15	67.5
	Z_T-10	5.28	5.57	−5.49	90

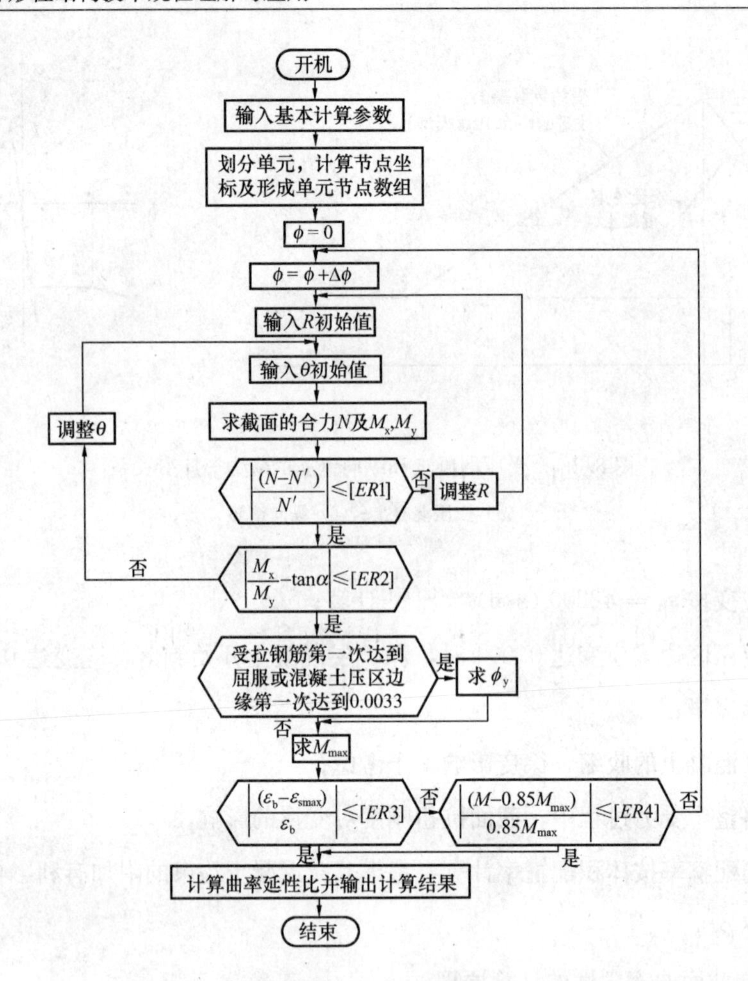

图 8.2-2　钢筋混凝土异形截面双向压弯构件截面曲率延性比的计算框图

注：(1)［$ER1$］、［$ER2$］、［$ER3$］和［$ER4$］为允许误差；(2) ϕ 为曲率，R 为坐标原点到中和轴的距离，θ 为中和轴法线与 x 轴正向的夹角；(3) N、M_x、M_y是截面内力；(4) ε_b 为受压纵筋的压曲失稳应变，ε_{smax} 纵向压筋中的最大应变。

二、异形柱的截面延性规律

研究表明[1,2,4,9,11,12]，轴压比 n_k、弯矩作用方向角 α、箍筋间距与纵筋直径之比 s/d 和箍筋直径 d_v 是影响异形柱延性的重要因素。

1. 计算参数

对 12960 根异形柱在单调加载下的 $M—N—\phi$ 曲线进行了电算[12]，计算参数如下：等肢 L、T、十字形柱截面尺寸（mm）：200×500，200×600，200×700，200×800，250×800（2 个数字依次表示肢厚和肢长）；弯矩作用方向角 α：L 形柱 α＝45°～225°，T 形柱 α＝90°～270°，十字形柱 α＝0°～45°；标准轴压比：$n_k=N_k/(A\cdot f_{ck})$＝0.1～0.6；混

凝土强度等级：C30～C50；箍筋（HPB235）直径 d_v（mm）：6，8，10；箍筋间距 s（mm）：70～150；纵筋（HRB335）直径 d（mm）：16～25；异形柱纵筋、箍筋和拉筋均按本规程的构造要求布置。

2. 各计算参数对等肢异形柱截面曲率延性的影响规律

（1）弯矩作用方向角

图 8.2-3 为异形柱的截面曲率延性比 $\mu_{\phi c}$ 随弯矩作用方向角 α 的变化情况。不难看出，单向加载时，在轴压比、纵向钢筋直径、箍筋及混凝土强度等级不变的情况下，随着弯矩作用方向角 α 不同，异形柱的截面曲率延性比也不同；截面形状不同，其影响差异很大。对 L、T 形柱，弯矩作用方向角 α 对截面曲率延性的影响程度随轴压比的增大而减小，当标准轴压比 n_k 为 0.5、0.6 时，α 对截面延性的影响很小，接近一条水平线；而对十字形柱来说，小轴压比（n_k=0.1，0.2）时，弯矩作用方向角对截面曲率延性的影响较大，当标准轴压比大于 0.3 时，截面曲率延性比随弯矩作用方向角的不同变化不大，可以忽略弯矩作用方向角对截面曲率延性比的影响。总的说来，弯矩作用方向角 α 对 L 形柱的延性影响最大，T 形柱次之，对十字形柱影响较小。

造成截面延性差异的根本原因是，弯矩作用方向角 α 不同，中和轴的位置也不同，混凝土受压区面积、受压区高度、拉筋的数量以及拉筋和压筋到中和轴的距离随之变化，导致屈服曲率 ϕ_y 和极限曲率 ϕ_u 相差很大，从而 α 不同时，异形柱的截面曲率延性比存在较大差异。由图 8.2-3（d）可以看出，在其他条件均相同的情况下，当沿 157.5°方向加载时，受压区宽度大，受拉纵筋少，受压区高度相对较小，从而压筋距离中和轴较近，拉筋距离中和轴较远，这样，在相同的拉筋屈服应变情况下，屈服曲率 ϕ_y 就会偏小；而在相同的压筋压曲应变 ε_b 情况下，极限曲率 ϕ_u 就会偏大，则截面曲率延性比 $\mu_{\phi c}=\phi_u/\phi_y$ 较大，即截面延性很好。而沿 112.5°方向加载时，中和轴正好处于近似与 x 轴平行的位置，此时受拉纵筋较多且单纯腹板受压，受压区宽度是所有弯矩作用方向角度中最小的，导致受压区高度偏大，极限曲率 ϕ_u 偏小，屈服曲率 ϕ_y 较大，所以截面曲率延性比 $\mu_{\phi c}$ 最小。

（2）箍筋、纵筋直径

在其他条件不变的情况下，单纯增大纵筋直径 d、或单纯增大箍筋直径 d_v、减小箍筋间距 s 都能提高异形柱的截面曲率延性。但是箍筋间距对异形柱截面延性的影响要远大于箍筋直径，加密箍筋可以显著提高截面延性。这是由于减小箍筋间距，不仅减小了纵筋的无支撑长度，延缓了纵筋的压曲，而且提高了配箍率，使混凝土压区应力—应变曲线下降平缓，这二者都会导致极限曲率 ϕ_u 增大许多，从而曲率延性比显著提高。

分析还表明，纵筋直径与箍筋间距对截面延性的影响不是孤立的，而是相互影响的。

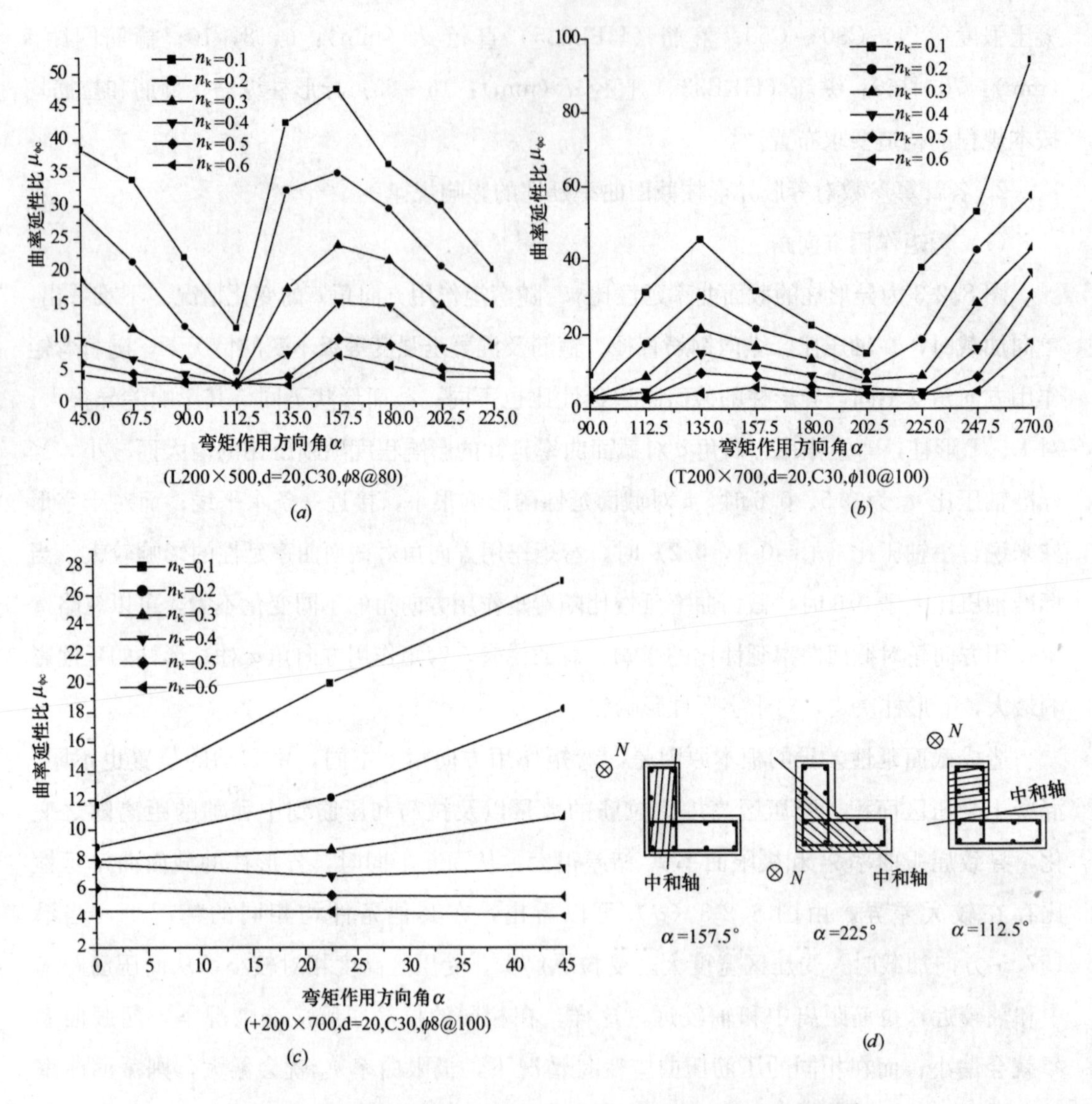

图 8.2-3 单向加载时 $\mu_{\phi c}-\alpha$ 相关曲线及 α 不同时的受压区情况

(a) L形；(b) T形；(c) 十字形；(d) α 不同时的受压区情况

图 8.2-4 为 L 形柱在 45°弯矩作用方向角（其他弯矩作用方向角时有类似的变化规律）、变换 6 种轴压比 n_k时，其截面曲率延性比 $\mu_{\phi c}$与 s/d 的关系，容易看出，截面曲率延性比 $\mu_{\phi c}$随 s/d 的减小而增大。

(3) 轴压比（n_k）

电算结果分析发现，轴压比 n_k是决定异形柱破坏特征的重要指标，与试验结果一致。以 L 形柱为例（图 8.2-5），随着轴压比的增大，异形柱的截面曲率延性比下降；沿延性好的弯矩作用方向角（45°、135°）加载时，随着轴压比的增大，截面延性下降幅度大，而沿延性差的弯矩作用方向角（225°）加载时，$\mu_{\phi c}$ 下降得却比较平稳。这是由于弯矩作用方向角不同，大小偏压的界限点也不同造成的。沿延性好的弯矩作用方向角加载时，随着轴压比的增大，截面由受拉破坏（延性好）发展为界限破坏、受压破坏（延性差），故下降幅度大；相反，由于截面在低轴压比时已属界限破坏（225°），曲率延性不大，随轴压比的增大，截面很快进入受压破坏，故曲率延性比低且下降平缓。

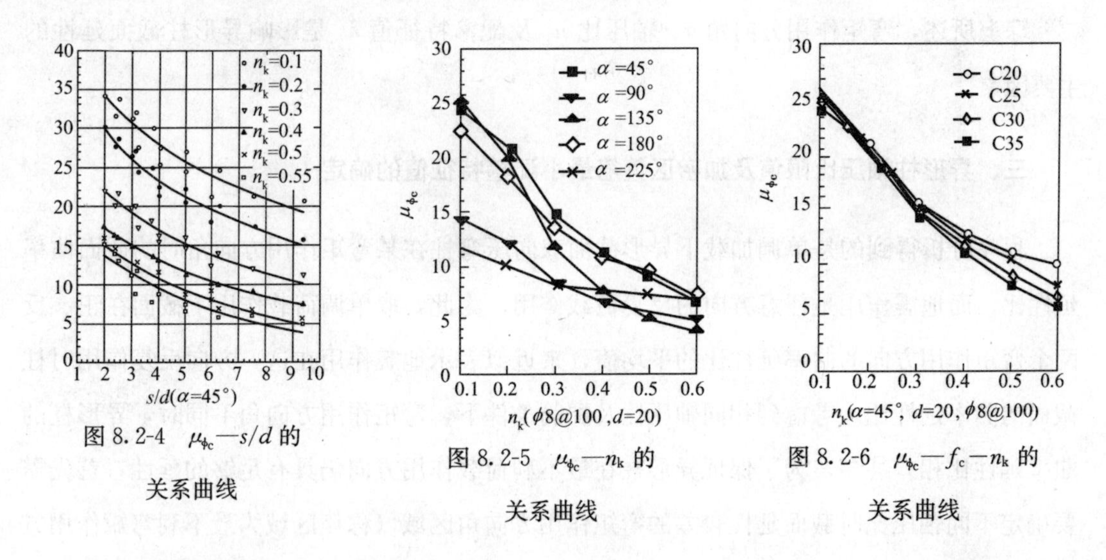

图 8.2-4　$\mu_{\phi c}$—s/d 的关系曲线

图 8.2-5　$\mu_{\phi c}$—n_k 的关系曲线

图 8.2-6　$\mu_{\phi c}$—f_c—n_k 的关系曲线

（4）混凝土强度等级（f_{cuk}）

图 8.2-6 是弯矩作用方向角为 45°时在保持纵筋、箍筋配置不变的情况下，变换 4 种混凝土强度等级（C20、C25、C30、C35）得到的 L 形柱（T 形及十字形柱具有相似的变化规律）的截面曲率延性比 $\mu_{\phi c}$与轴压比 n_k的关系曲线。由图中不难看出：混凝土强度等级对截面延性的影响不大，只有当轴压比 n_k较大时，混凝土强度对截面延性的影响略有增大；而且随弯矩作用方向角不同，混凝土强度等级对异形柱截面延性的影响程度也不同。实际上混凝土强度等级的影响主要反映在轴压比的变化之中，当外轴力一定时，提高混凝土强度，则降低了柱截面的轴压比，无疑可以提高异形柱的截面延性；当轴压比相同时，混凝土强度对截面延性的影响很小。

（5）纵筋配筋率

纵筋对异形柱曲率延性影响较小。随着纵筋配筋率的增大，一般情况下其截面延性略有上升；但在某些弯矩作用方向角下，其截面延性反而有所下降[9]；而且纵筋对异形柱截面延性的影响还与箍筋的配置有关。

3. 异形柱截面延性的主要影响因素

分析表明[11,12]：s、$\frac{s}{d}$、d_v 和 f_c等对异形柱截面延性的影响是相互影响和相互制约的，因此采用配箍特征值 λ_v 来反映这些因素的综合影响。配箍特征值 λ_v 的表达式如下：

$$\lambda_v = \frac{f_{yv}}{f_c}\rho_v \qquad (8.2\text{-}5)$$

式中：f_{yv}为箍筋或拉筋的强度设计值；f_c为混凝土轴心抗压强度设计值；ρ_v为柱箍筋加密区的体积配箍率。

综上所述，弯矩作用方向角α、轴压比n_k及配箍特征值λ_v是影响异形柱截面延性的主要因素。

三、异形柱轴压比限值及加密区箍筋最小配箍特征值的确定

程序分析得到的是单调加载下异形截面双向压弯柱在某弯矩作用方向角时的截面曲率延性比，而地震作用是任意方向的反复荷载作用，为此，取单调荷载作用下截面在正、反两个弯矩作用方向的曲率延性比的平均值，来近似表示地震作用在这一方向反复作用时柱截面的曲率延性比。考虑到相同轴压比及配筋条件下，弯矩作用方向角不同时，异形柱的曲率延性比相差甚多，为了保证异形柱在最不利荷载作用方向仍具有足够的延性，首先需要确定不同轴压比时截面延性较差的弯矩作用方向角区域（称该区域为最不利弯矩作用方向角区域），并计算其曲率延性比$\mu_{\phi c}$；然后用最小二乘法分别拟合得到L形、T形及十字形截面柱各自的$\mu_{\phi c}$与n、λ_v的关系式$\mu_{\phi c}=f(n,\lambda_v)$。显然，各抗震等级时异形柱应当具有的曲率延性水平$\mu_{\phi c}$一旦确定，则可得配箍特征值$\lambda_v$与设计轴压比$n$的关系，进而确定异形柱的轴压比限值及加密区箍筋的最小配箍特征值。

1. 各抗震等级时异形截面框架柱应当具有的曲率延性水平$\mu_{\phi c}$[13,16]

(1) 结构位移延性系数μ与框架柱曲率延性比$\mu_{\phi c}$的关系

下面以典型的梁铰破坏机制（强柱弱梁型）框架结构进行分析。

图8.2-7给出了框架达到屈服时一根典型柱子的曲率分布。可以看出，由于这时柱子各截面的弯矩依然处于弯矩—曲率关系曲线的线性阶段，因此，其曲率分布是遵循弯矩图的形状。

柱子在任一标高处的侧向挠度可以通过那个标高以下的曲率图形对该标高取矩的方法计算。若假定底层柱的反弯点出现在距底面0.6倍柱高处，其他各层柱的反弯点出现在层高中点。则结构开始屈服时，第r层的顶面相对于结构底面的侧向位移为：

$$\Delta_y = \frac{l_c^2}{6}\left[\phi_{c1}\left(r+\frac{1}{3}+\phi_{c2}+\phi_{c3}+\cdots+\phi_{cr}\right)\right] \qquad (8.2\text{-}6)$$

式中：Δ_y为结构屈服位移；l_c为楼层柱高；r为框架层数；ϕ_{c1}、ϕ_{c2}、…、ϕ_{cr}为框架开始屈服时，第1、2、…、r层底部的柱子曲率。

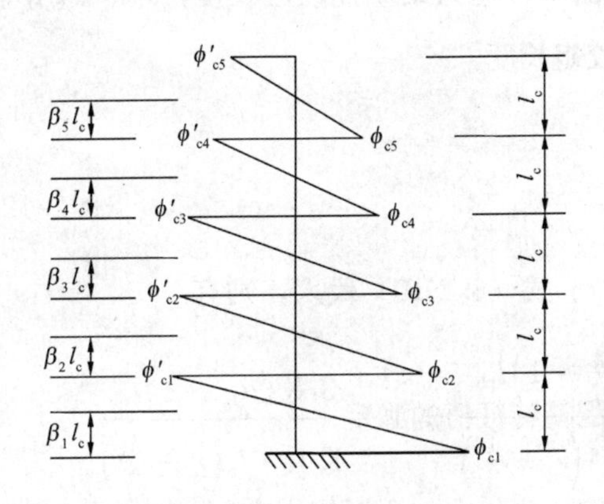

图 8.2-7　框架发生屈服时

典型柱中曲率分布

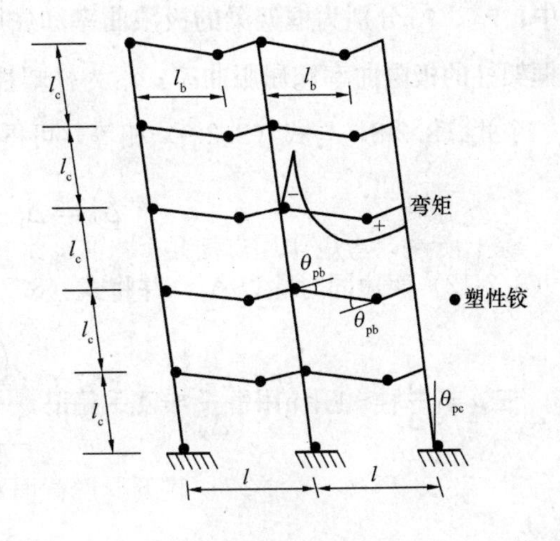

图 8.2-8　梁铰侧移机构

为保证框架结构具有较好的抗震性能，要求设计成强柱弱梁型（即梁铰破坏机制），假定如图 8.2-8 所示。此类框架结构在地震作用下，梁支座及跨中首先产生塑性铰，而后塑性变形发展，最终在柱根部也产生塑性铰而破坏，图 8.2-8 只画出了塑性变形。若假定所有梁同时在最大弯矩处屈服，且各屈服截面曲率相同，均为 ϕ_{yb}，同时取 $\phi_{c1}=\phi_{c2}=\cdots\cdots=\phi_{cr}=1.1\phi_{yb}$，则代入式（8.2-6）整理可得：

$$\Delta_y=\frac{1.1l_c^2}{3}(r-\frac{1}{3})\phi_{yb} \tag{8.2-7}$$

对图 8.2-8 所示变形状态进行的研究表明，在每根柱子底部的塑性转角为：

$$\theta_{pc}=\frac{\Delta_u-\Delta_y}{r\cdot l_c} \tag{8.2-8}$$

式中 Δ_u 为结构极限位移。

图 8.2-9 表示梁铰机制中梁和柱塑性变形的几何关系。由于变形都很小，梁中的塑性转角 θ_{pb} 与每根柱脚的塑性转角 θ_{pc} 之间的关系可表示为：

$$\delta=l\cdot\theta_{pc}=l_b\theta_{pb}\quad 即\quad \theta_{pc}=\frac{l_b}{l}\theta_{pb} \tag{8.2-9}$$

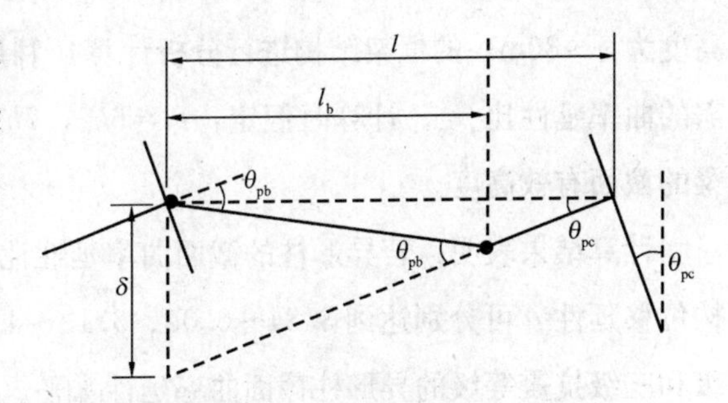

图 8.2-9　梁、柱塑性变形的几何关系

式中：l、l_b 分别为梁跨长及梁跨中塑性铰距支座距离；θ_{pb}、θ_{pc} 分别为框架梁和框架柱的极限塑性转角。

$$\theta_{pb}=(\phi_{ub}-\phi_{yb})l_{pb} \tag{8.2-10}$$

$$\theta_{pc}=(\phi_{uc}-\phi_{yc})l_{pc} \tag{8.2-11}$$

式中：ϕ_{ub}、ϕ_{yb}分别为框架梁的极限曲率和屈服曲率；l_{pb}为梁塑性铰区长度；ϕ_{uc}、ϕ_{yc}分别为框架柱的极限曲率和屈服曲率；l_{pc}为柱塑性铰蛆长度。

令式（8.2-8）与式（8.2-9）相等，可得

$$\Delta_u = \Delta_y + \frac{rl_c l_b}{l}\theta_{pb} \tag{8.2-12}$$

式（8.2-12）两边同时除以Δ_y，并将式（8.2-7）、式（8.2-10）代入，则有

$$\mu = \frac{\Delta_u}{\Delta_y} = 1 + \frac{rl_c l_b}{l}\frac{\theta_{pb}}{\Delta_y} = 1 + \frac{rl_c l_b}{l}\frac{\left(\frac{\phi_{ub}}{\phi_{yb}} - 1\right)l_{pb}}{\frac{1.1l_c^2}{3}\left(r - \frac{1}{3}\right)} = 1 + \frac{3rl_b(\mu_{\phi b} - 1)l_{pb}}{1.1l \cdot l_c\left(r - \frac{1}{3}\right)} \tag{8.2-13}$$

式中：μ是结构位移延性系数；$\mu_{\phi b}$是框架梁的曲率延性比，$\mu_{\phi b} = \phi_{ub}/\phi_{yb}$。

式（8.2-13）即为框架结构位移延性与框架梁曲率延性的关系式。

由式（8.2-7）、式（8.2-8）和式（8.2-11），可得到框架结构位移延性系数与框架柱曲率延性比的关系式如下：

$$\mu = 1 + \frac{3r(\mu_{\phi c} - 1)l_{pc}\phi_{yc}}{1.1\phi_{yb}l_c(r - \frac{1}{3})} = 1 + \frac{3r(\mu_{\phi c} - 1)l_{pc}}{l_c(r - \frac{1}{3})} \tag{8.2-14}$$

从式（8.2-13）和式（8.2-14）可知，当确定了结构的位移延性系数μ、框架结构的层数r及梁柱的参数l、l_{pc}、l_c、l_{pb}、l_b后，则可求出相应梁、柱所需要的曲率延性比。

（2）各级抗震等级时异形柱曲率延性水平的确定

目前，国内外一般取结构的位移延性系数μ为3～5，即中等延性水平。为了研究此时柱的截面延性应满足的要求，分别取$\mu=5$、$\mu=4$和$\mu=3$时，对不同层数（3～10层，高度为9～30m）的框架结构进行分析计算，利用式（8.2-14）可得相应情况下框架柱所需的曲率延性比$\mu_{\phi c}$。计算时假定：$l_c=6h_0$，$7h_0$；$l_{pc}=0.8h_0$，$0.9h_0$，$1.0h_0$，其中h_0为梁的截面有效高度。

计算结果表明：若异形柱的截面曲率延性比$\mu_{\phi c}$分别达到9～10、7～8和5～6，则结构位移延性μ可分别达到3.84～6.06、3.13～4.94和2.40～3.81的延性水平。因此，二级和三级抗震等级的异形柱截面曲率延性水平$\mu_{\phi c}$可取为9～10、7～8。

在现行国家标准《混凝土结构设计规范》（GB 50010—2002）和《建筑抗震设计规范》（GB 50011—2001）中，对四级抗震等级时矩形截面框架柱的轴压比限值均未作规定，但都规定了相应的构造措施来保证其具有一定的延性性能，能够正常工作，避免非正常破坏。对抗震等级为四级的异形柱，是否需要考虑轴压比限值，如果考虑，四级抗震等级的异形柱截面延性水平$\mu_{\phi c}$取多少合适？为此，根据四级抗震等级时矩形柱的构造要求，

用数值分析方法分析计算其相应的延性水平。结果表明：四级抗震等级的矩形柱，当纵筋和箍筋均按最小配筋率配置且轴压比为 1.05 时，其截面曲率延性比 $\mu_{\phi c}$ 在 2.75～6.21 范围内变化，平均值是 4.72。结合上述框架结构位移延性与柱曲率延性关系的理论分析可知，取 5～6 作为四级抗震等级时异形截面框架柱应具有的曲率延性水平，不仅可以保证其具有与矩形截面框架柱相当的延性性能，而且满足抗震结构位移延性的要求。即四级抗震等级的异形柱截面曲率延性水平 $\mu_{\phi c}$ 取为 5～6 是合理的。

2. 各抗震等级下异形柱轴压比（n）与配箍特征值（λ_v）的关系

计算 L 形、T 形、十字形截面柱在各轴压比下的最不利弯矩作用方向角区域内，各异形柱的截面曲率延性比 $\mu_{\phi c}$；然后回归分析得到 $\mu_{\phi c}$—λ_v—n_k 的关系式；若对二、三、四级抗震等级异形柱的截面曲率延性比 $\mu_{\phi c}$ 分别取 9～10、7～8、5～6，且设计轴压比 $n=1.68n_k$，则由 $\mu_{\phi c}$—λ_v—n_k 的关系式可反算得到各抗震等级下异形柱 λ_v 与 n 的关系曲线，如图 8.2-10 所示。

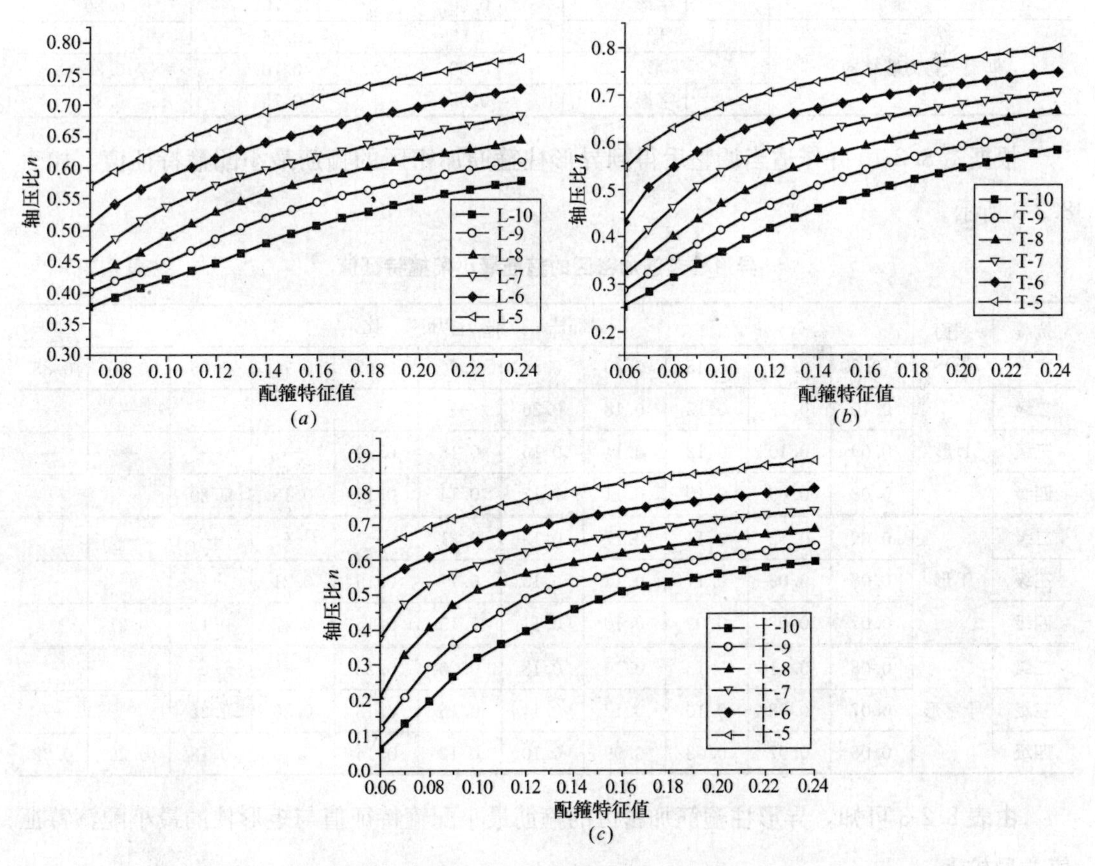

图 8.2-10　异形柱轴压比与配箍特征值的关系曲线

(*a*) L 形柱；(*b*) T 形柱；(*c*) 十字形柱

注：图中方框内的 L-10、L-9、L-8、L-7、L-6、L-5 是指 L 形柱的截面曲率延性比分别取为 10、9、8、7、6、5；T 形、十字形柱类同。

3. 各抗震等级下等肢异形柱轴压比限值及加密区箍筋最小配箍特征值的确定

显然，要确定异形柱的轴压比限值，首先需确定异形柱可能配置的配箍特征值的上限值 λ_{vmax}。配箍特征值 λ_v 的计算式 $\lambda_v=\frac{f_{yv}}{f_c}\rho_v$ 表明：在综合考虑混凝土、箍筋及拉筋影响的情况下，λ_{vmax} 取决于施工中可能配置的最大体积配箍率 ρ_{vmax}。分析可知，框架结构与框架—剪力墙结构中，L形柱配箍特征值的上限值可分别取为0.18和0.20；T形柱的 λ_{vmax} 可分别取为0.19和0.21，十字形柱依次取为0.20和0.22。这样根据图8.2-10即可得到各抗震等级下异形柱的轴压比限值，如表8.2-2所示。

异形柱的轴压比限值　　表8.2-2

结构体系	截面形式	抗震等级		
		二级	三级	四级
框架结构	L形	0.50	0.60	0.70
	T形	0.55	0.65	0.75
	十字形	0.60	0.70	0.80
框架—剪力墙结构	L形	0.55	0.65	0.75
	T形	0.60	0.70	0.80
	十字形	0.65	0.75	0.85

根据图8.2-10并作适当调整后得到异形柱箍筋加密区的箍筋最小配箍特征值，如表8.2-3所示。

异形柱箍筋加密区的箍筋最小配箍特征值　　表8.2-3

抗震等级	截面形式	柱轴压比										
		≤0.30	0.40	0.45	0.50	0.55	0.60	0.65	0.70	0.75	0.80	0.85
二级	L形	0.10	0.13	0.15	0.18	0.20	—	—	—	—	—	—
三级		0.09	0.10	0.12	0.14	0.16	0.18	0.20	—	—	—	—
四级		0.08	0.09	0.10	0.11	0.12	0.14	0.16	0.18	0.20	—	—
二级	T形	0.09	0.12	0.14	0.17	0.19	0.21	—	—	—	—	—
三级		0.08	0.09	0.11	0.13	0.15	0.17	0.19	0.21	—	—	—
四级		0.07	0.08	0.09	0.10	0.11	0.13	0.15	0.17	0.19	0.21	—
二级	十字形	0.08	0.11	0.13	0.16	0.18	0.20	0.22	—	—	—	—
三级		0.07	0.08	0.10	0.12	0.14	0.16	0.18	0.20	0.22	—	—
四级		0.06	0.07	0.08	0.09	0.10	0.12	0.14	0.16	0.18	0.20	0.22

由表8.2-3可知，异形柱箍筋加密区的箍筋最小配箍特征值与矩形柱的最小配箍特征值差异较大。

4. 各抗震等级下不等肢异形柱轴压比限值及加密区箍筋最小配箍特征值的确定

根据46624根不等肢异形柱的电算分析表明[12]，当不等肢异形柱的肢长在500～800mm范围内时，不等肢异形柱的轴压比限值及加密区箍筋的最小配箍特征值与等肢异形柱的相同，即表 8.2-2、表 8.2-3 的规定也适用于不等肢异形柱。以二级抗震等级的不等肢 L 形柱为例，对截面尺寸为 L200×500×600、L200×500×800、L200×600×700、L250×600×800（3 个数字依次表示为肢厚和两肢长）的异形柱进行电算分析，得到其 λ_v-n 的关系曲线如图 8.2-11 所示。可以看出，与等肢异形柱对比，这些曲线在等肢异形柱曲线上下只有微小波动，具有较好的一致性。

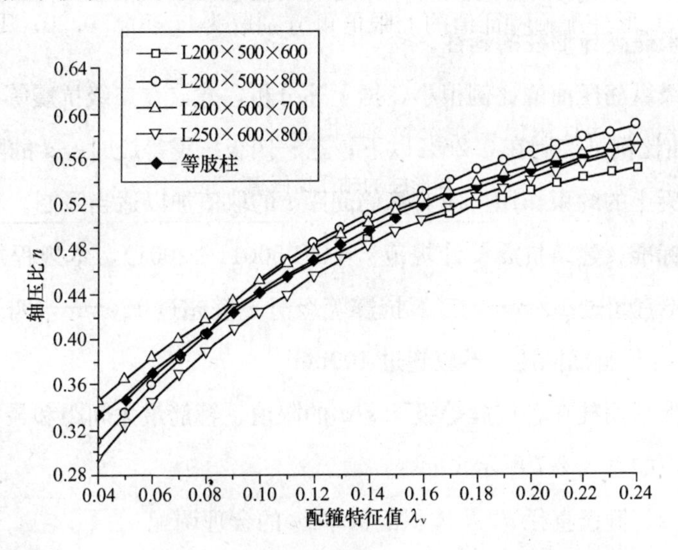

图 8.2-11　不等肢 L 形柱与等肢 L 形柱 λ_v—n 的关系曲线对比

四、异形柱箍筋的合理配置

异形柱柱端箍筋加密区的箍筋除应满足受剪承载力计算要求外，尚应满足根据异形柱本身特性确定的构造要求。

1. 箍筋间距 s 与纵筋直径 d 之比 s/d 对纵筋压曲的影响

(1) 各抗震等级下最大轴压比时纵筋的压曲情况

计算分析表明，L 形柱在最大轴压比 n=0.50，曲率延性比 $\mu_{\phi c}$=9～10（相当于二级抗震等级）时，纵筋压曲情况见表 8.2-4；其他抗震等级下最大轴压比时纵筋均不压曲。

二级抗震等级时 L 形柱纵筋压曲情况统计表　　**表 8.2-4**

s/d	纵筋压曲柱根数	柱总数	纵筋压曲柱占柱总数的百分比
$4 \leqslant s/d \leqslant 5$	3	3837	0.08%
$5 < s/d \leqslant 6$	7		0.18%
$6 < s/d \leqslant 7$	13		0.34%

注：1. 纵筋压曲柱根数是指由纵筋压曲控制极限曲率的柱的根数；

2. 柱总数是指 3837 根柱满足二级抗震等级 $\mu_{\phi c}$= 9～10 要求的柱根数。

T 形、十字形柱在各抗震等级下柱纵筋均不压曲。

（2）结果分析

由表 8.2-4 可知，L 形柱随着各抗震等级对曲率延性比 $\mu_{\phi c}$ 要求的降低，纵筋压曲柱占柱总数的百分比下降，二级抗震等级时占 0.08%～0.34%，三、四级为 0；随 s/d 的增大，纵筋压曲百分比提高。可见，箍筋间距与纵筋直径之比 s/d 是异形柱纵筋压曲的直接影响因素，s/d 大，会加速纵筋的压曲；反之，则延缓纵筋的压曲，提高异形柱的延性。因此应控制 s/d 来提高异形柱的延性。

二级抗震等级纵筋压曲的比例很小，据上述分析，建议在二级抗震等级下 s/d 的限值取 6，则纵筋压曲比例可控制在 0.26%以下；三、四级抗震等级时 s/d 的限值取 7。此外，考虑到箍筋对混凝土的约束作用，应对箍筋间距 s 的取值加以适当限制。根据计算分析同时参考现行国家标准《建筑抗震设计规范》（GB 50011—2001），本规程规定二级抗震等级时箍筋间距 s 不宜超过 100mm，三级抗震等级时不宜超过 120mm，四级抗震等级时不宜超过 150mm，柱根箍筋间距 s 不应超过 100mm。

T 形、十字形截面柱在各抗震等级下 s/d 的限值、箍筋最大间距和最小直径的规定与 L 形截面柱相同，如表 8.2-7 所示。

2. 箍筋间距 s、箍筋直径 d_v 及体积配箍率 ρ_v 的合理调配

（1）体积配箍率 ρ_v 相同而箍筋直径和间距不同时

计算参数及计算结果见表 8.2-5。从表 8.2-5 可看出，在 3 组试件中，每组两种不同箍筋配置的异形柱的 ϕ_y 分别大致相等，只是极限曲率 ϕ_u 不同；采用较小箍筋间距的 ϕ_u 有所提高，从而曲率延性比 $\mu_{\phi c}$ 相应提高；构件1-1a提高 13.63%，1-2a 提高 7.01%，1-3a 提高 14.34%。可见，不管是纵筋压曲还是 $0.85M_{max}$ 控制构件破坏，体积配箍率 ρ_v 相同时，采用较小箍筋间距 s 及箍筋直径 d_v 比采用较大的箍筋间距 s 及箍筋直径 d_v 的柱的延性要好。这是因为采用较小的箍筋间距时，不仅可延缓受压纵筋的压曲，而且使得混凝土应力—应变曲线的下降段平缓，提高了极限变形值，从而提高了 ϕ_u，也提高了截面延性。

体积配箍率 ρ_v 相同时的计算结果汇总表 **表 8.2-5**

构件代号	计算参数						
	截面尺寸（mm）	轴压比	混凝土强度等级	纵筋直径（mm）	箍筋配置	体积配箍率（%）	弯矩作用方向角（°）
1-1a	L200×700	0.50	C30	18	ϕ8@80	1.31	247.5°
1-1b					ϕ10@125		
1-2a		0.60	C35	25	ϕ8@100	1.06	237.5°
1-2b					ϕ10@150		
1-3a	L200×600	0.50	C30	20	ϕ8@80	1.31	247.5°
1-3b					ϕ10@125		

续表

构件代号	计算结果				
	破坏控制条件	屈服曲率 ϕ_y	极限曲率 ϕ_u	曲率延性比 $\mu_{\phi c}$	$\frac{\mu_{a\phi}-\mu_{b\phi}}{\mu_{b\phi}}\times100\%$
1-1a	纵筋压曲	0.00546	0.09827	17.9980	13.63
1-1b		0.00547	0.08664	15.8390	
1-2a	$0.85M_{max}$	0.00660	0.05817	8.8136	7.01
1-2b		0.00660	0.05436	8.2364	
1-3a	纵筋压曲	0.00648	0.11435	17.6466	14.34
1-3b	$0.85M_{max}$	0.00649	0.10016	15.4330	

(2) 体积配箍率 ρ_v 不同时

从表 8.2-6 可知，在 s 相差足够大的二组试件中，1-4b 及 1-5b 采用较大 s 及 d_v 且体积配箍率 ρ_v 分别提高了 29.52%及 3.82%，但由于其 s 及 s/d 较大，对核心混凝土及纵筋的综合约束作用反而减弱，并不能有效地提高极限曲率，其曲率延性比 $\mu_{\phi c}$ 比具有较小体积配箍率 ρ_v、箍筋间距 s、d_v 的 1-4a、1-5a 反而下降了 4.23%及 6.86%。由此可见：采用增大箍筋直径 d_v 以提高体积配箍率而不减小箍筋间距，不一定能提高异形柱的延性。只有同时考虑到箍筋间距 s 对受压纵筋支撑长度达到一定要求时，增大体积配箍率 ρ_v，才能达到提高延性的目的。

体积配箍率 ρ_v 不同时的计算结果汇总表　　表 8.2-6

构件代号	计算参数								
	截面尺寸（mm）	轴压比	混凝土强度等级	纵筋直径（mm）	箍筋配置	$\frac{s}{d}$	体积配箍率（%）		弯矩作用方向角(°)
							数值	提高百分比	
1-4a	L200×500	0.50	C30	25	ϕ8@100	4.0	1.05		247.5°
1-4b					ϕ10@120	4.8	1.36	29.52	
1-5a	L200×800	0.60	C40	20	ϕ8@80	4.0	1.31		57.5°
1-5b					ϕ10@120	6.0	1.36	3.82	

构件代号	计算结果				
	破坏控制条件	屈服曲率 ϕ_y	极限曲率 ϕ_u	曲率延性比 $\mu_{\phi c}$	$\frac{\mu_{a\phi}-\mu_{b\phi}}{\mu_{b\phi}}\times100\%$
1-4a	纵筋压曲	0.00795	0.13024	16.3824	4.23
1-4b		0.00802	0.12605	15.7170	
1-5a	$0.85M_{max}$	0.00544	0.05455	10.0276	6.86
1-5b		0.00545	0.05114	9.3835	

(3) 箍筋直径 d_v

研究表明，随着箍筋直径的增大，箍筋各边的抗外推变形的刚度相应提高，对混凝土的约束作用也增大。因此为了充分发挥箍筋对混凝土的约束作用，除了对箍筋间距 s 加以限制外，还应对箍筋直径提出要求。考虑到异形柱的特点，同时参考现行国家标准《建筑抗震设计规范》(GB 50011—2001)，提出了异形柱的最小箍筋直径要求，如表 8.2-7 所示。

异形柱箍筋加密区箍筋的最大间距和最小直径 **表 8.2-7**

抗震等级	箍筋最大间距（mm）	箍筋最小直径（mm）
二级	$6d$ 和 100 的较小值	8
三级	$7d$ 和 120（柱根 100）的较小值	8
四级	$7d$ 和 150（柱根 100）的较小值	6（柱根 8）

注：1. 底层柱的柱根系指地下室的顶面或无地下室情况的基础顶面；

2. 三、四级抗震等级的异形柱，当剪跨比 λ 不大于 2 时，箍筋间距不应大于 100mm，箍筋直径不应小于 8mm。

3. 异形柱箍筋加密区箍筋的合理配置

综上所述，为了保证异形柱的延性，本规程规定箍筋配置应同时满足表 8.2-3 和表 8.2-7 的要求。

第三节　异形柱的剪跨比及异形柱纵筋的构造要求

一、异形柱的剪跨比

根据剪跨比 λ ($\lambda=M/(Vh_{c0})$) 的大小，可将异形柱分为长柱 ($\lambda>2$)、短柱 ($1.5<\lambda\leqslant2$) 和极短柱 ($\lambda\leqslant1.5$)。一般情况下，长柱常发生正截面破坏，而短柱特别是极短柱则多出现斜截面受剪破坏。

试验表明，在单调荷载特别在低周反复荷载作用下，异形柱斜截面受剪破坏时，粘结破坏较矩形柱显著，特别对 $\lambda\leqslant1.5$ 的极短柱一般多发生剪切斜拉破坏，并有更为明显的粘结破坏特征。为避免出现斜截面受剪破坏，《规程》第 6.2.1 条规定异形柱的剪跨比宜大于 2，同时为避免出现极短柱，减小地震作用下发生脆性粘结破坏的危险性，还规定不应小于 1.5。此规定为设计方便，当反弯点位于层高范围内时，该条文亦可表述为异形柱的净高与柱肢截面高度之比不宜小于 4，抗震设计时不应小于 3。

此处关于异形柱净高的规定以及本章第一节中关于异形柱柱肢肢厚和肢高的有关规定，都是控制异形柱的几何尺寸，以保证异形柱较好的受力性能和安全可靠。

二、异形柱纵筋的构造要求

1. 纵筋的布置

对L形、T形、十字形截面双向偏心受压柱截面上的应变及应力分析表明：在不同弯矩作用方向角α时，截面任一肢端部的钢筋均可能受力最大，为适应弯矩作用方向角的任意性，纵向受力钢筋宜采用相同直径；当轴压比较大受压破坏时（承载力由$\varepsilon_{cu}=0.0033$控制），在诸多弯矩作用方向角情况下，内折角处钢筋的压应变可达到甚至超过屈服应变，受力也很大。同时还考虑此处应力集中的不利影响，所以内折角处也应设置相同直径的纵向受力钢筋。

《规程》第6.2.3条给出的纵向受力钢筋直径不应大于25mm且不应小于14mm的规定，是基于异形柱肢厚尺寸较小，当纵向受力钢筋直径太大时，会造成粘结强度不足及节点核心区钢筋设置的困难。当纵向受力钢筋直径太小时，箍筋间距将过小，不便于施工。对于抗震设计，当箍筋间距s相同而纵筋直径d较小时，由于s/d增大，柱延性将显著降低。

2. 纵筋的配筋率

《规程》第6.2.5条给出了异形柱纵向受力钢筋的最小配筋率，为强制性条文。该规定是根据现行国家标准《混凝土结构设计规范》（GB 50010—2002）第11.4.12条和第9.5.1条并考虑异形柱的特点做了一些调整给出的。

须注意的是，柱肢肢端的配筋百分率应按异形柱全截面面积计算。

《规程》第6.2.6条规定了异形柱全部纵向受力钢筋的最大总配筋率。由于异形柱肢厚尺寸较小，柱中纵向受力钢筋的粘结强度较差，因此将纵向受力钢筋的总配筋率由对矩形柱的不应大于5%降为不应大于4%（非抗震设计）和3%（抗震设计），以减少粘结破坏的危险性和缓解节点处钢筋设置的困难。

第四节 异形柱框架梁柱节点

一、概述

节点是框架的梁柱相交区，是框架的重要部位，它需要承受上层柱柱端及本层梁梁端传来的荷载并有效地传递到下柱中去，从而作用于节点区的边界力——外力是梁端和柱端的弯矩、剪力、轴力有时甚至还有扭矩。因此，节点核心区处于十分复杂的受力状态。而对于异形柱框架梁柱节点，则尚有另一正交外伸柱肢对核心区受剪作用的影响，更为错综复杂。

试验研究和计算分析表明，节点是异形柱框架的薄弱部位，其受剪承载力远低于截面面积相同的矩形柱框架梁柱节点。为确保安全，《规程》第5.3.1条要求，异形柱框架应进行梁柱节点核心区受剪承载力计算，且为强制性条文。

需要着重说明的是，保证节点安全可靠和良好的工作性能特别是抗震性能，除应满足设计计算的条文要求外，还必须满足《规程》第 6.3.1～6.3.6 条规定的与计算条文相配套的构造规定。《规程》第 6.3.6 条对节点核心区的箍筋最大间距和最小直径以及节点核心区配箍特征值和体积配箍率最小值的规定，是从构造上保证在竖向荷载、风荷载和地震作用下，对节点核心区混凝土提供必要的约束并具有基本的抗剪能力。《规程》第 6.3.1～6.3.5 条则主要是从构造上保证毗邻节点区的梁端和柱端的弯矩、剪力、轴力有时甚至扭矩能有效地传递到节点核心区，并通过核心区传递到下柱。

研究表明，梁端和柱端的弯矩、剪力、轴力、扭矩是通过混凝土受压和钢筋受拉及受压传递到节点区的。通过混凝土受压的力的传递，通常是较易实现的。但通过钢筋受拉及受压的力的传递，则必需依赖梁柱的纵向受力钢筋的可靠锚固和粘结才能实现。因此保证梁柱纵向受力钢筋在节点核心区中的可靠锚固和粘结是《规程》第 6.3.1～6.3.5 条的核心内容。

二、中间层端节点

中间层端节点仅在一侧与梁相连，对非抗震设计且风荷载作用较小（即框架在重力荷载作用为主）的情况下，梁端一般承受负弯矩 M_b 并将其传入节点。此负弯矩 M_b 由上、下柱端作用的弯矩 M_{cu} 和 M_{cl} 相平衡，如图 8.4-1（*a*）所示。节点受力状况见图 8.4-1（*b*）。可以看出，此时构造措施的要点在于保证负弯矩 M_b 作用下，梁端纵向受力钢筋特别是上部纵向受拉钢筋在节点核心区的有效锚固。

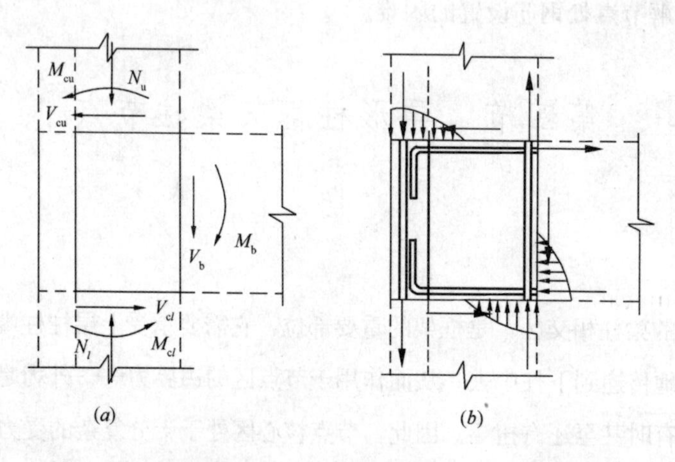

图 8.4-1 承受重力荷载为主的中间层端节点的受力状况

对于非抗震设计但风荷载作用较大，特别对于抗震设计地震作用较大情况，由于风荷载作用方向的改变、特别由于地震的反复作用，在梁端和上、下柱端均可能形成正、负弯矩交替作用（一般梁端上部纵向钢筋数量多于下部，故传入节点的梁端负弯矩将大于正弯矩），从而特别对于抗震设计地震作用较大情况，梁端上、下部纵向受力钢筋可能出现交替进入受拉屈服状况。因为梁端弯矩由上、下柱柱端弯矩相平衡，这时视梁柱的配筋情况，还可能出现上柱或（和）下柱柱端两侧交替受拉的纵向钢筋进入屈服的局面。由此可知，此时节点构造措施的关键在于保证柱端纵向受力钢筋在节点核心区的可靠粘结和梁端纵向受力钢筋在节点核心区的可靠锚固。

《规程》第 6.3.4 条规定，对于中间层端节点（图 8.4-2），框架梁上部和下部纵向钢筋可采用直线方式锚入节点，锚固长度除非抗震设计不应小于 l_a、抗震设计不应小于 l_{aE} 外，尚应伸至柱外侧。当水平直线段的锚固长度不足时，梁上部和下部纵向钢筋应伸至柱外侧并分别向下、向上弯折，弯弧内半径不宜小于 $5d$（d 为纵向受力钢筋直径），弯折前的水平投影长度非抗震设计时不应小于 $0.4l_a$；抗震设计时不应小于 $0.4l_{aE}$。对框架梁纵向钢筋在柱筋外侧伸入节点的情况，则分别不应小于 $0.5l_a$ 和 $0.5l_{aE}$，弯折后的竖直投影长度取 $15d$。

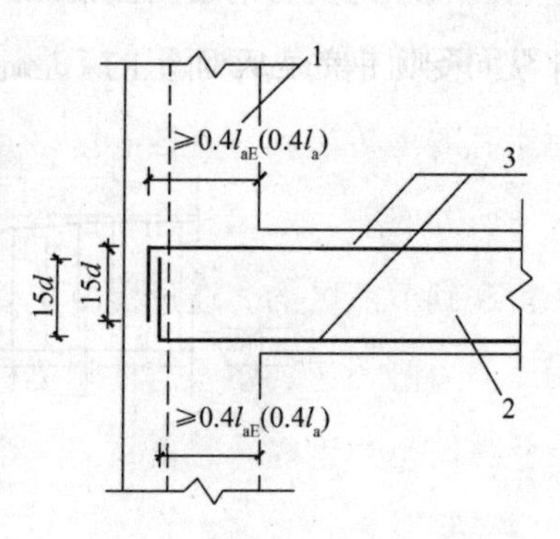

图 8.4-2　框架梁的纵向钢筋在端节点区的锚固

注：括号内数值为相应的非抗震设计规定

1—异形柱；2—框架梁；3—梁的纵向钢筋

《规程》第 6.3.3 条规定，当框架梁的截面宽度与异形柱柱肢截面厚度相等或梁截面宽度每侧凸出柱边小于 50mm 时，在梁四角上的纵向受力钢筋应在离柱边不小于 800mm 且满足坡度不大于 1/25 的条件下，向本柱肢纵向受力钢筋的内侧弯折锚入梁柱节点核心区。在梁筋弯折处应设置不少于 2 根直径 8mm 的附加封闭箍筋（图 8.4-3a）。

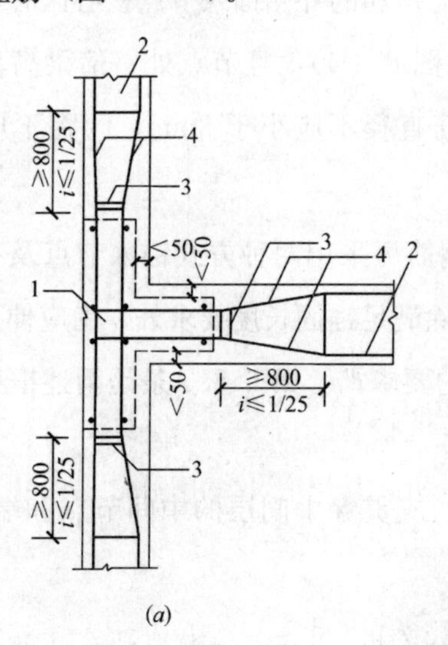

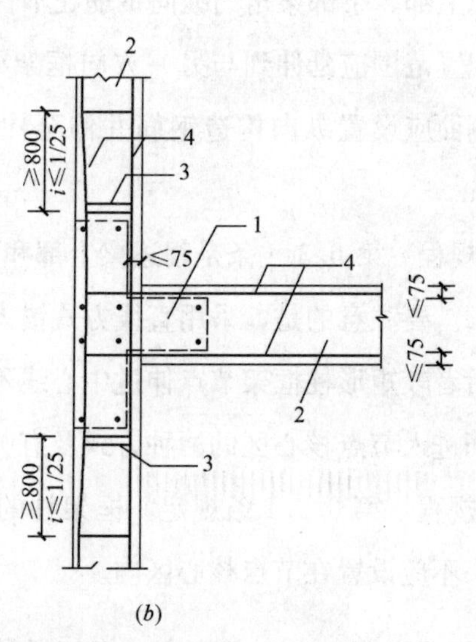

图 8.4-3　框架梁纵向钢筋锚入节点区的构造

（a）弯折锚入；（b）直线锚入

1—异形柱；2—框架梁；3—附加封闭箍筋；4—梁的纵向受力钢筋

对梁的纵筋弯折区段内过厚的混凝土保护层尚应采取有效的防裂构造措施。

当梁的截面宽度的任一侧凸出柱边不小于50mm时，该侧梁角部的纵向受力钢筋可在本柱肢纵向受力钢筋的外侧锚入节点核心区，但凸出柱边尺寸不应大于75mm（图8.4-3*b*）。且从柱肢纵向受力钢筋内侧锚入的梁上部、下部纵向受力钢筋，分别不宜小于梁上部、下部纵向受力钢筋截面面积的70%。

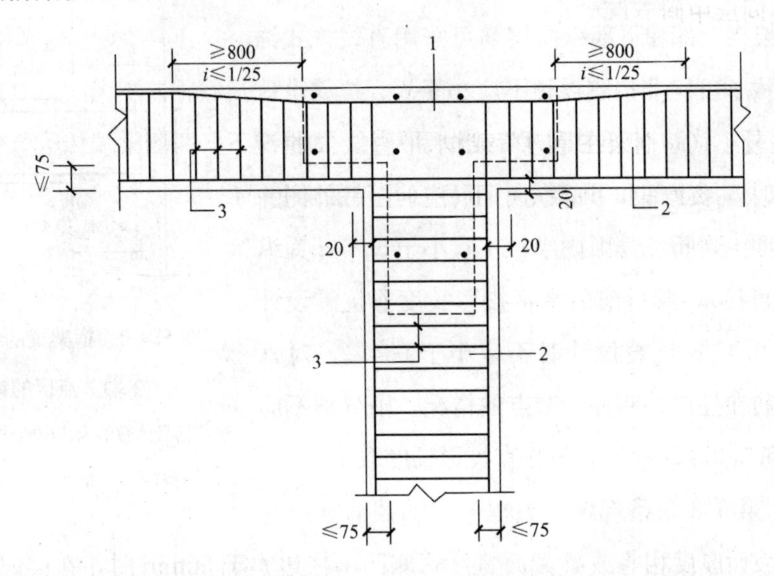

图8.4-4　梁宽大于柱肢厚时的箍筋构造

1—异形柱；2—框架梁；3—梁箍筋

当上部、下部梁角的纵向钢筋在本柱肢纵向受力钢筋的外侧锚入节点核心区时，梁的箍筋配置范围应延伸到与另一方向框架梁相交处（图8.4-4），且节点处一倍梁高范围内梁的侧面应设置纵向构造钢筋并伸至柱外侧，钢筋直径不应小于8mm，间距不应大于100mm。

《规程》第6.3.4条是阐述梁上部和下部纵向钢筋可采用两种方式锚入节点及有关构造要求。要注意的是，采用直线方式锚入节点时，除满足锚固长度要求外，尚应伸至柱外侧。后者较矩形柱框架节点伸过中心线不小于$5d$的要求严。第6.3.3条是阐述框架梁纵向钢筋进入节点核心区的两种方式及有关构造要求。

《规程》第6.3.1条规定，框架柱的纵向钢筋，应贯穿中间层的中间节点和端节点，且接头不应设置在节点核心区内。

《规程》第6.1.3条规定，框架梁截面高度可按$\left(\frac{1}{10}\sim\frac{1}{15}\right)l_b$确定（$l_b$为计算跨度），且非抗震设计时不宜小于350mm；抗震设计时不宜小于400mm。梁的净跨与截面高度的比值不宜小于4。梁的截面宽度不宜小于截面高度的1/4和200mm。

上述第 6.3.1 条规定，保证了柱纵向钢筋受力的顺畅连续而不中断。第 6.1.3 条关于梁截面高度的规定，是由于若梁截面高度太小会使柱纵向受力钢筋在节点核心区内粘结应力过高，特别在地震作用下柱端出铰时容易引起粘结破坏，影响节点的受力性能，损害节点。

三、中间层中间节点

中间层中间节点两侧与梁相连，当两侧梁的跨度和荷载相差不大时，对非抗震设计且风荷载作用较小（即框架在重力荷载作用为主）的情况下，两侧梁端传给节点的一般均为数值相差不大的负弯矩，并与上、下柱端作用的弯矩 M_{cu} 和 M_{cl} 相平衡，如图 8.4-5（*a*）所示，节点的受力状况如图 8.4-5（*b*）。

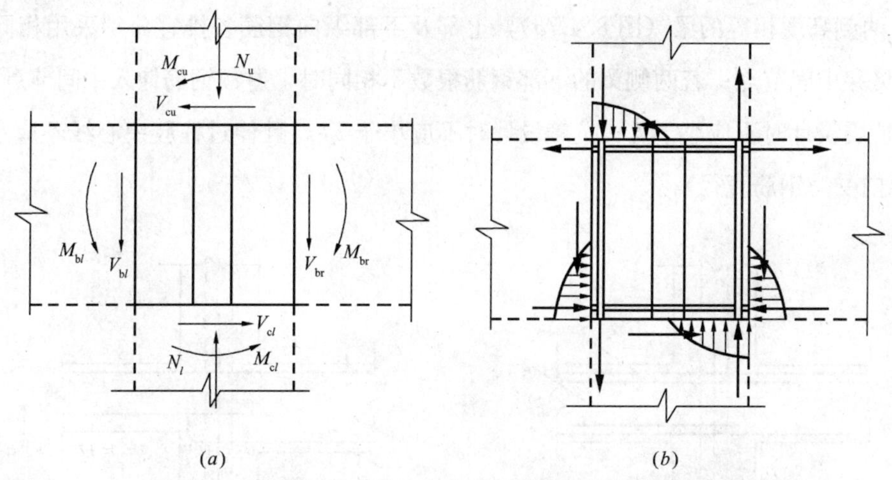

图 8.4-5　承受重力荷载为主的中间层中间节点的受力状况

对于非抗震设计但风荷载作用较大，特别对抗震设计地震作用较大情况，将在节点左右梁端产生符号相反的弯矩 M_{bl}、M_{br}，如图 8.4-6（*a*）所示。在强风特别在强烈地震作用下，有可能出现负弯矩一侧上部梁筋应力接近屈服甚至充分屈服，正弯矩一侧下部梁筋

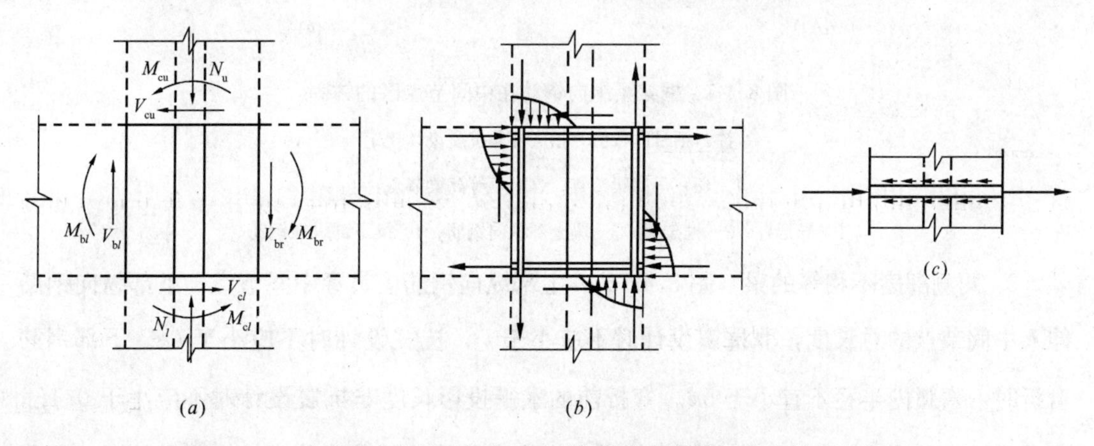

图 8.4-6　承受重力荷载和较大地震作用的中间层中间节点的受力状况

应力也接近屈服甚至进入屈服状态。由于风荷载作用方向的改变、特别由于地震的反复作用产生的弯矩都是交替变化的，上述情况在左右梁端亦将交替出现。

在梁端进入屈服状态后，贯穿节点的梁筋将在节点一侧受拉，另一侧受压，如图8.4-6（*b*）、（*c*）所示。与中间层端节点梁筋仅在节点一侧受力相比，中间层中间节点的梁上、下部纵向钢筋处于更严峻更不利的粘结受力状态。因此，对于中间层中间节点，更应特别注意处理梁端上、下部纵向钢筋在节点核心区的粘结和锚固问题。

《规程》第6.3.5条规定，中间层中间节点框架梁纵向钢筋应满足下列要求：

1. 抗震设计时，对二、三级抗震等级，贯穿中柱的梁纵向钢筋直径不宜大于该方向柱肢截面高度 h_c 的1/30，当混凝土的强度等级为C40及以上时可取1/25，且纵向钢筋的直径不应大于25mm；

2. 两侧高度相等的梁（图8.4-7*a*），上部及下部纵向钢筋各排宜分别采用相同直径，并均应贯穿中间节点；若两侧梁的下部钢筋根数不相同时，差额钢筋伸入中间节点的总长度，非抗震设计时不应小于 l_a；抗震设计时不应小于 l_{aE}，且伸过柱肢中心线不应小于5*d*（*d* 为纵向受力钢筋直径）；

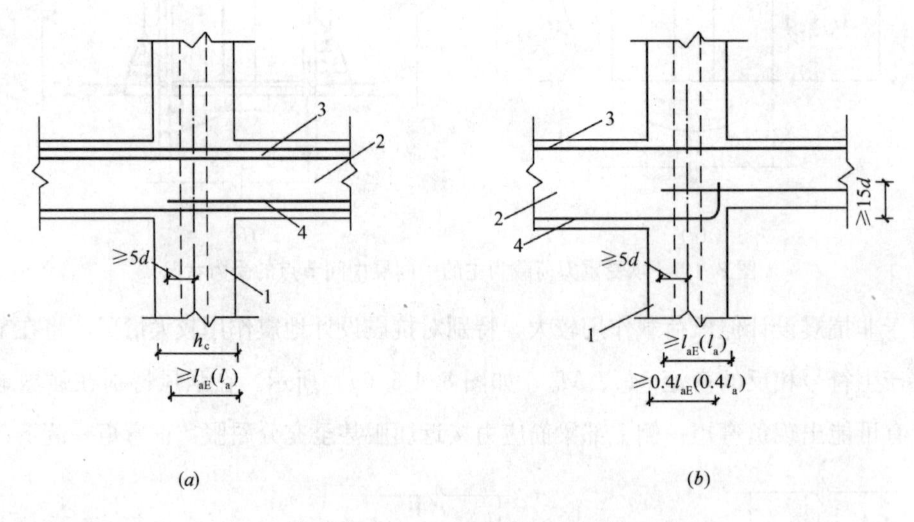

图8.4-7 框架梁纵向钢筋在中间节点区的锚固

注：括号内数值为相应的非抗震设计规定

（*a*）等高梁节点；（*b*）不等高梁节点

1—异形柱；2—框架梁；3—梁上部纵向钢筋；4—梁下部纵向钢筋

3. 两侧高度不相等的梁（图8.4-7*b*），上部纵向钢筋应贯穿中间节点，下部纵向钢筋伸入中间节点的总长度，非抗震设计时不应小于 l_a，抗震设计时不应小于 l_{aE}。下部钢筋弯折时，弯弧内半径不宜小于5*d*。弯折前的水平投影长度非抗震设计时不应小于0.4l_a，抗震设计时不应小于0.4l_{aE}；对框架梁纵向钢筋在柱筋外侧伸入节点核心区的情况，则分

别不应小于 $0.5l_a$ 和 $0.5l_{aE}$。弯折后的竖直投影长度不应小于 $15d$。

可以看出，《规程》要求梁上部纵向钢筋，对于抗震设计与非抗震设计两种情况，均应贯穿中间节点。对于抗震设计还要求限制纵向钢筋直径不应大于 25mm 且不宜大于该方向柱肢截面高度 h_c 的 1/30 或 1/25。这些规定是为改善梁上部纵向钢筋在节点核心区的粘结受力状态以保证其在节点核心区可靠粘结的重要技术措施。《规程》还要求梁下部纵向钢筋对于抗震设计和非抗震设计两种情况也应贯穿中间节点，否则钢筋应按规定锚固在节点内。上述构造措施大多比矩形柱框架节点的有关规定（现行国家标准《混凝土结构设计规范》(GB 50010—2002) 第 10.4.2 条和第 11.6.7 条）严。

四、顶层端节点

对于非抗震设计但风荷载作用不大（即框架在重力荷载作用为主）的情况，梁端一般承受负弯矩 M_b 而不会出现正弯矩。该负弯矩由下柱上端弯矩 M_c 相平衡，如图 8.4-8 (*a*) 所示。节点的受力状况见图 8.4-8 (*b*)。可以看出，顶层端节点区受力犹如一根 90°曲梁的弯折区。在节点区范围内无荷载作用情况下，因梁端弯矩与柱端弯矩相等，节点中任何一个通过内折角的斜截面中的作用弯矩都应相等；沿柱外侧和梁上部的纵向钢筋即为该曲梁的纵向受拉钢筋，位于弯曲受压区的梁下部及柱内侧的纵向钢筋犹如该曲梁的纵向受压钢筋。

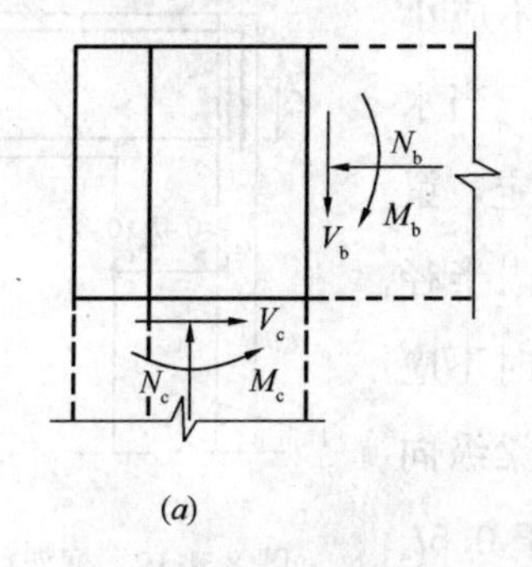

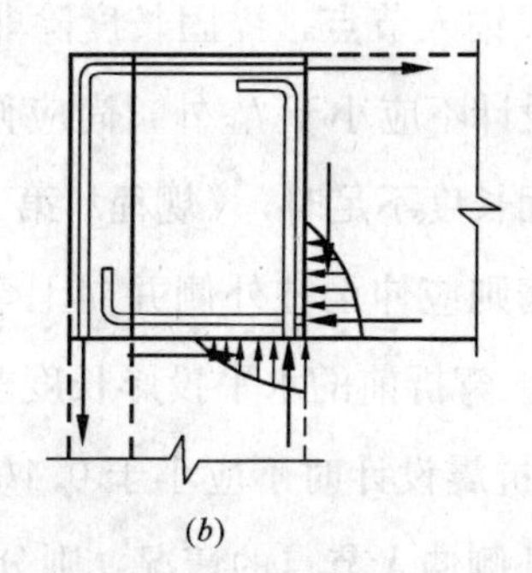

图 8.4-8　承受重力荷载为主的顶层端节点的受力状况

对于非抗震设计但风荷载作用较大，特别对于抗震设计地震作用较大情况，由于风荷载作用方向改变，特别由于地震的反复作用，梁端和柱端将交替受正负弯矩作用，从而梁上、下纵向钢筋和柱左右侧纵向钢筋，视配筋情况，均可能不同程度地接近屈服甚至进入屈服状态。

由以上分析可以看出，保证柱外侧纵向钢筋和梁上部纵向钢筋的可靠搭接和保证柱内侧纵向钢筋和梁下部纵向钢筋的可靠锚固，是此类节点构造措施的核心内容。

《规程》第 6.3.2 条规定，框架顶层柱的纵向受力钢筋应锚固在柱顶、梁、板内，锚固长度应由梁底算起。顶层端节点柱内侧的纵向钢筋应伸至柱顶（图 8.4-9)，当采用直

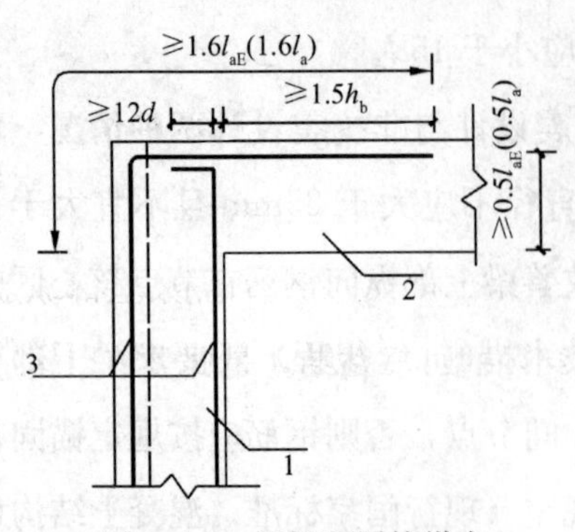

图 8.4-9 框架顶层柱纵向钢筋在端节点的锚固和搭接

注：括号内数值为相应的非抗震设计规定

1—异形柱；2—框架梁；3—柱的纵向钢筋

线锚固方式时，锚固长度对非抗震设计不应小于 l_a，抗震设计不应小 l_{aE}。直线段锚固长度不足时，该纵向钢筋伸到柱顶后应向内弯折，弯弧内半径，对顶层端节点和顶层中间节点分别不宜小于 $5d$ 和 $6d$（d 为纵向受力钢筋直径）。弯折前的竖直投影长度非抗震设计时不应小于 $0.5l_a$，抗震设计时不应小于 $0.5l_{aE}$。弯折后的水平投影长度不应小于 $12d$。

顶层端节点处柱外侧纵向钢筋可与梁上部纵向钢筋搭接（图 8.4-9），搭接长度非抗震设计时不应小于 $1.6l_a$；抗震设计时不应小于 $1.6l_{aE}$，且伸入梁内的柱外侧纵向钢筋截面面积不宜少于柱外侧全部纵向钢筋面积的 50%。在梁宽范围以外的柱外侧纵向钢筋可伸入现浇板内，伸入长度应与伸入梁内的相同。

《规程》第 6.3.4 条规定，框架顶层端节点（图 8.4-10），梁上部纵向钢筋应伸至柱外侧并向下弯折到梁底标高。

梁下部纵向钢筋与中间层端节点锚固措施相同，可采用直线方式锚入节点，锚固长度除非抗震设计不应小于 l_a，抗震设计不应小于 l_{aE} 外，尚应伸至柱外侧。当水平直线段锚固长度不足时，《规程》第 6.3.4 条规定，梁下部纵向钢筋则应伸至柱外侧并向上弯折，弯弧内半径不宜小于 $6d$。弯折前的水平投影长度非抗震设计时不应小于 $0.4l_a$，抗震设计时不应小于 $0.4l_{aE}$，对框架梁纵向钢筋在柱筋外侧伸入节点的情况，则分别不应小于 $0.5l_a$ 和 $0.5l_{aE}$。弯折后的竖直投影长度取 $15d$。

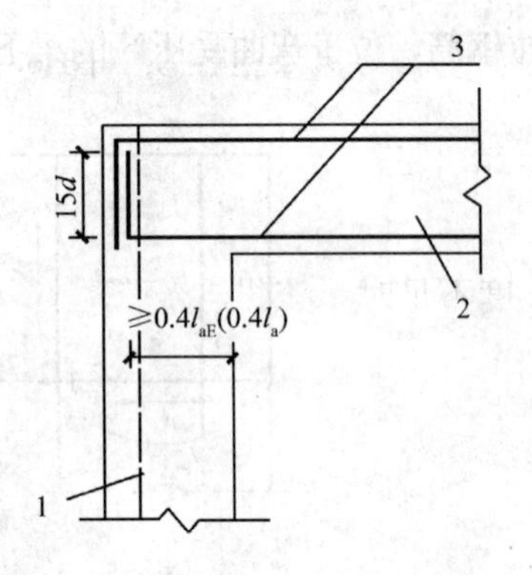

图 8.4-10 框架梁的纵向钢筋在顶层端节点区的锚固

注：括号内数值为相应的非抗震设计规定

1—异形柱；2—框架梁；3—梁的纵向钢筋

五、顶层中间节点

顶层中间节点与中间层中间节点的区别是无上柱。在重力荷载作用为主的情况下，其左右梁端的弯矩作用情况与图 8.4-5（a）所示中间层中间节点类似，但左、右梁端弯矩差仅由下柱上端弯矩平衡。

在风荷作用较大，特别是地震作用较大时，与中间层中间节点类似，将在节点左、右梁端产生符号相反的弯矩 M_{bl}、M_{br}，由于无上柱，下柱上端作用的弯矩 M_c 必然较大（图 8.4-11a）。节点的受力状况如图 8.4-11（b）所示。由于此类节点下柱上端作用弯矩 M_c

较大，在较大地震作用下，此处出现塑性铰的可能性也大。由于风荷载作用方向的改变，特别由于地震的反复作用，因此，保证柱端纵向钢筋在反复拉压条件下在节点中的可靠锚固是此类节点构造措施的要点。此外，贯穿节点核心区的梁上部纵向钢筋粘结应力很高（图 8.4-11*c*），因节点无上柱，无轴力作用，其粘结条件较中间层中间节点梁上部纵筋的贯穿段更为恶化。因此，保证梁上部纵筋在节点区贯穿段的可靠粘结，是此类节点构造措施的又一要点。

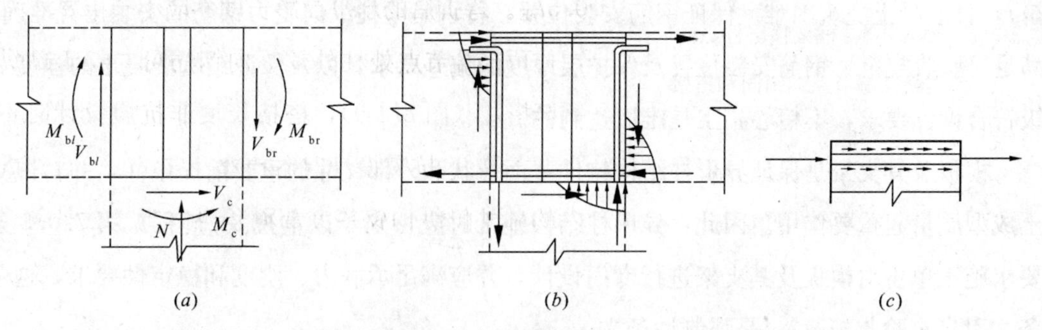

图 8.4-11　承受重力荷载和较大地震作用的顶层中间节点的受力状况

《规程》第 6.3.2 条规定，框架顶层柱的纵向受力钢筋应锚固在柱顶、梁、板内，锚固长度应由梁底算起。顶层中间节点处的柱纵向钢筋均应伸至柱顶（图 8.4-12），当采用直线锚固方式时，锚固长度对非抗震设计不应小于 l_a，抗震设计不应小于 l_{aE}。直线段锚固长度不足时，该纵向钢筋伸至柱顶后应向外弯折，弯弧内半径不宜小于 $6d$（d 为纵向受力钢筋直径）。弯折前的竖直投影长度非抗震设计时不应小于 $0.5l_a$，抗震设计时不应小于 $0.5l_{aE}$。弯折后的水平投影长度不应小于 $12d$。

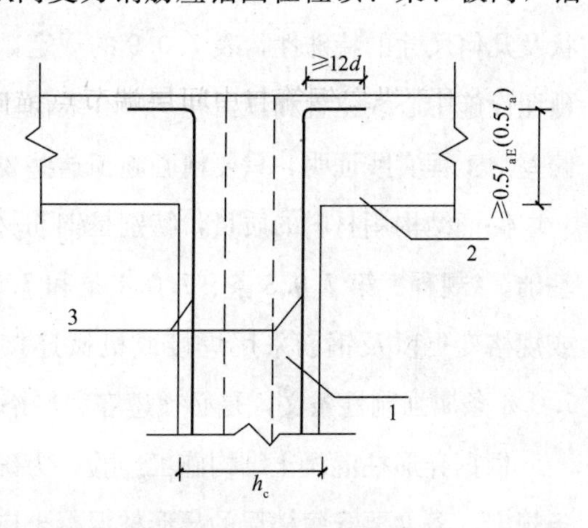

图 8.4-12　框架顶层柱纵向钢筋在中间节点的锚固

注：括号内数值为相应的非抗震设计规定

1—异形柱；2—框架梁；3—柱的纵向钢筋

抗震设计时，贯穿顶层中间节点的梁上部纵向钢筋直径，对二、三级抗震等级不宜大于该方向柱肢截面高度 h_c 的 1/30。

第五节　异形柱结构的施工

异形柱结构的施工，除应符合现行国家标准《混凝土结构工程施工质量验收规范》(GB 50204—2002)（以下简称《验收规范》）的要求外，根据近年来天津市以及其他地区异形柱结构工程经验，针对异形柱结构的特点，为确保工程质量，《规程》还给出了第

7.0.1～7.0.11条共11个条文。

多年异形柱结构工程经验表明，为确保工程质量，除精心设计外还必需做到精心施工。因此《规程》第7.0.1条要求，结构施工单位应与设计单位密切配合，针对异形柱结构特点，制订专门的施工技术方案并严格执行。

异形柱结构的特点是柱身由两个相互正交的柱肢组成，柱肢厚度小（一般为200～250mm），而肢长较大（一般为500～800mm），钢筋较为密集（特别在节点区钢筋尤为拥挤），且混凝土浇筑困难。保证钢筋安装位置、特别是梁柱纵向受力钢筋的安装位置准确，满足《验收规范》钢筋安装位置及保护层厚度的偏差要求，以及保证结构混凝土的强度等级符合设计要求，不精心施工是难以达到的。

模板及其支架是保证异形柱结构构件截面形状和外部尺寸的重要前提条件，并对混凝土成型质量起重要作用。因此，异形柱结构施工时应特别予以重视。《规程》第7.0.2条要求施工单位对模板及其支架进行专门设计，并应满足承载力、刚度和稳定性要求，这个条文引自《验收规范》，是强制性条文。

《规程》第7.0.9条给出了结构和构件几何尺寸施工的允许偏差，由于异形柱截面形状及几何尺寸的特殊性，表7.0.9的规定，例如轴线位置、垂直度（层高）、表面平整度、预埋设施中心线位置和预留孔洞中心线位置较《验收规范》严，且要求截面尺寸不出现负偏差。工程实践证明，只要精心施工这些要求是可以达到的。

保证结构用材料的质量，特别是钢筋材料的质量，是保证异形柱结构安全可靠的物质基础。《规程》第7.0.3条、7.0.4条和7.0.5条给出了关于钢筋强度和钢筋品种、级别或规格变更以及钢筋采用焊接或机械连接时的严格规定或要求，其中第7.0.3条和第7.0.4条属强制性条文，是必须遵守和严格执行的。

根据异形柱混凝土结构施工经验，为确保异形柱的混凝土浇筑质量，给出了第7.0.7条规定，条文要求每楼层的异形柱混凝土应连续浇筑，分层振捣，且不得在柱净高范围内留置施工缝，是为确保柱身混凝土质量提出的。提出的框架节点核心区的混凝土应采用相交构件混凝土强度等级的最高值并应振捣密实的要求，是由于节点是异形柱框架的薄弱部位，且经常遇到梁、板的混凝土强度等级低于柱的情况，为保证节点安全可靠提出的要求。条文提出的上述要求，在异形柱框架梁板柱混凝土强度等级不同时会给施工带来困难和不方便，这是需要认真解决的。

由于异形柱截面形状以及肢厚较小的特点，柱肢损坏对结构的安全影响较大，《规程》给出了第7.0.11条规定，这条规定，在水、电、燃气管道和线缆等的施工安装过程中常被忽略，给结构安全带来隐患。

针对异形柱结构截面形状、几何尺寸和表面系数较大的特点，《规程》给出了第

7.0.8条冬期施工的原则要求。显然，由于表面系数大，夏季施工时，有效的养护措施也是不应忽视的。

参考文献

[1] 高云海．钢筋混凝土T形截面双向压弯构件正截面强度、延性及滞回特性的试验研究［D］．天津大学．1993.

[2] 刘超．钢筋混凝土L形截面双向压弯构件正截面强度、延性的试验及理论研究［D］．天津大学．1994.

[3] 王振武．钢筋混凝土十字形截面双向压弯构件正截面承载力和延性的试验研究及纵向弯曲变形的理论研究［D］．天津大学．1997.

[4] 何培玲．钢筋混凝土十字形截面双向压弯构件正截面承载力、延性的试验及理论研究［D］．天津大学．1996.

[5] 翁维素．高强约束混凝土T形截面双向压弯构件的研究［D］．天津大学．1997.

[6] 曹万林等．不同方向周期反复荷载作用下钢筋混凝土T形柱的性能［J］．地震工程与工程振动，1995.

[7] 曹万林等．不同方向周期反复荷载作用下钢筋混凝土L形柱的性能［J］．地震工程与工程振动，1995.

[8] 曹万林等．周期反复荷载作用下钢筋混凝土十字形柱的性能［J］．地震工程与工程振动．1994.

[9] 张丹．钢筋混凝土框架异形柱设计理论研究［D］．大连理工大学．2002.

[10] 卫园．周期反复荷载下L形截面柱的试验研究［J］．华南理工大学学报．1995.

[11] 赵艳静．钢筋混凝土异形截面双向压弯柱延性性能的理论研究［D］．天津大学．1996.

[12] 许贻懂．钢筋混凝土异形框架柱延性设计的研究［D］．天津大学，2005.

[13] 赵艳静，陈云霞，于顺泉．钢筋混凝土异形截面框架柱轴压比限值的研究［J］．天津大学学报，2004．37（7）：600—604.

[14] Park R，Nigel P M M J．Wayne D G．Ductility of square-confined concrete columns．J Struct Div．ASCE．1982．108（ST4）：929—950.

[15] 曹祖同，陈云霞，王玲勇等．钢筋陶粒混凝土压弯构件强度、延性和滞回特性的研究［J］．建筑结构学报．1988.

[16] Park R，Pauly T．Reinforced Concrete Structures［M］．John Wiley & Sons．Inc．1975.

[17] 混凝土结构工程施工质量验收规范（GB 50204—2002）[S]．北京：中国建筑工业出版社，2002.

[18] 天津市标准：钢筋混凝土异形柱结构技术规程（DB 29—16—2003）[S]，天津，2003.

[19] 中国建筑科学研究院主编．混凝土结构设计 [M]．北京：中国建筑工业出版社，2003.

第九章　底部抽柱带转换层的异形柱结构

第一节　上部小柱网结构向下部大柱网结构的转换

在住宅建筑设计中，为了考虑居民生活方便、节约建筑用地等因素，往往将上部建筑的居住功能与下部建筑的公共服务功能集合于一栋建筑，这就提出了上部小柱网结构向下部大柱网结构沿竖向转换的问题，也即需要设置一种所谓“转换层”的结构形式来实现这种转换。针对建筑物沿竖向功能的变化，有可能出现下列几种不同的转换情况：例如：上、下部结构沿竖向柱网尺寸的转换、结构体系的转换，或柱网尺寸、结构体系都转换。根据现有的工程实践，通常根据建筑物上、下部功能变化的不同要求，及所用结构体系的性能特点，相应采取不同的转换方式：例如，板式转换、梁式转换、桁架式转换及箱式转换等（图 9.1-1）。

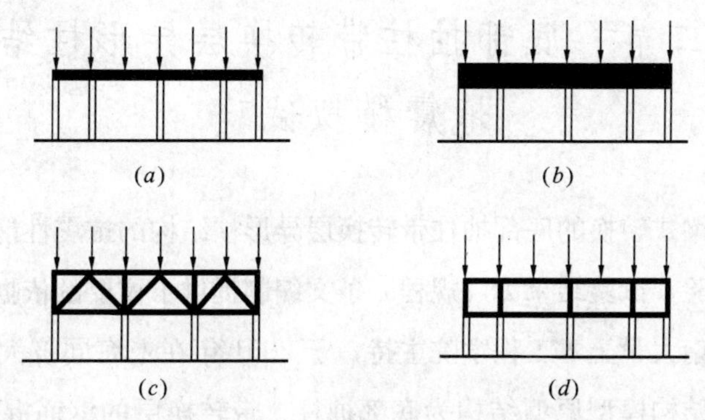

图 9.1-1　各种不同的转换方式

(*a*) 板式转换；(*b*) 梁式转换；(*c*) 桁架式转换；(*d*) 箱式转换

需要说明的是，梁式转换可能有两种形式，一种是梁托墙，即现行行业标准《高层建筑混凝土结构技术规程》(JGJ 3—2002) 中的框支剪力墙结构形式，这种梁式转换解决了上部剪力墙结构向下部框架结构的转换；另一种是梁托柱，即本《规程》第 A.0.1 条中的底部抽柱，以梁托柱的结构形式，这种梁式转换解决的是上部小柱网框架结构向下部大柱网框架结构的转换，而结构体系并不转换，且当框架—剪力墙结构情形时，还要求剪力墙必须竖向贯通落地。故可归纳说，尽管这两种均属梁式转换，但前者是梁上托剪力墙，后者是梁上托框架柱，二者各自受力状态有所不同。本《规程》中涉及的是梁托柱类型的梁式转换。这种梁式转换的受力途径是柱→梁→柱，其优点是传力直接、明确，便于工程计算，且造价较省，是目前高层建筑中实现竖向转换最常用的结构形式。

为了满足采用异形柱结构的建筑对上部楼层小柱网、底部楼层大柱网的建筑功能要求，需解决上部小柱网结构向底部大柱网结构的转换问题（即结构柱网尺寸沿竖向的转换，而结构体系则不转换），本《规程》中，采用梁式转换（即“底部抽柱，以梁托柱”的转换技术），形成所谓的底部抽柱带转换层的异形柱结构（图 9.1-2）。

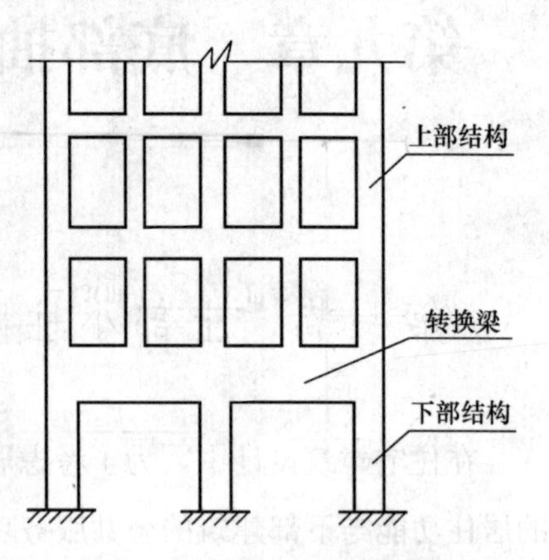

图 9.1-2 底部抽柱带转换层的异形柱结构

国内已有一些采用梁式转换的底部抽柱带转换层的异形柱结构的试验研究成果、理论研究成果和工程实例资料，且积累了一定的设计、施工实践经验，而采用其他形式转换构件，尚缺乏规程编制的依据。故本《规程》规定宜采用梁式转换（即按第 A.0.1 条规定，转换结构构件宜采用梁），并对采用梁式转换的异形柱结构设计作了相应规定。

第二节 底部抽柱带转换层异形柱结构地震模拟试验

为了研究采用梁式转换的底部抽柱带转换层异形柱结构的抗震性能规律，进行了结构模型的地震模拟试验，试验结果为《规程》条文编制提供了重要的依据。

该项试验由东南大学土木工程学院主持，于 2001 年在上海同济大学地震模拟振动台上完成[4]。试验的结构模型原型结构为底部抽柱、带转换层的钢筋混凝土异形柱框架结构，坡形屋顶，9 层，按 7 度（0.10g）抗震设计，模型缩尺比为 1/8，加速度相似系数为 1。

1. 试验模型

根据原型结构，试验用的模型结构为坡形屋顶，共有 9 层，底层层高为 563mm，其余各层层高为 350mm，转换层结构及上部结构的平面布置简图示于图 9.2-1。图中椭圆形实线圈内的 8 根异形柱生根于底层转换梁，为防止抽柱引起上、下层层间刚度的突变，控制抽柱数量，将底层所有异形柱改为方柱，并加大转换梁和外圈梁的截面面积，形成结构转换层。

底层方柱和上层异形柱截面和配筋示于图 9.2-2；模型结构立面图示于图 9.2-3。

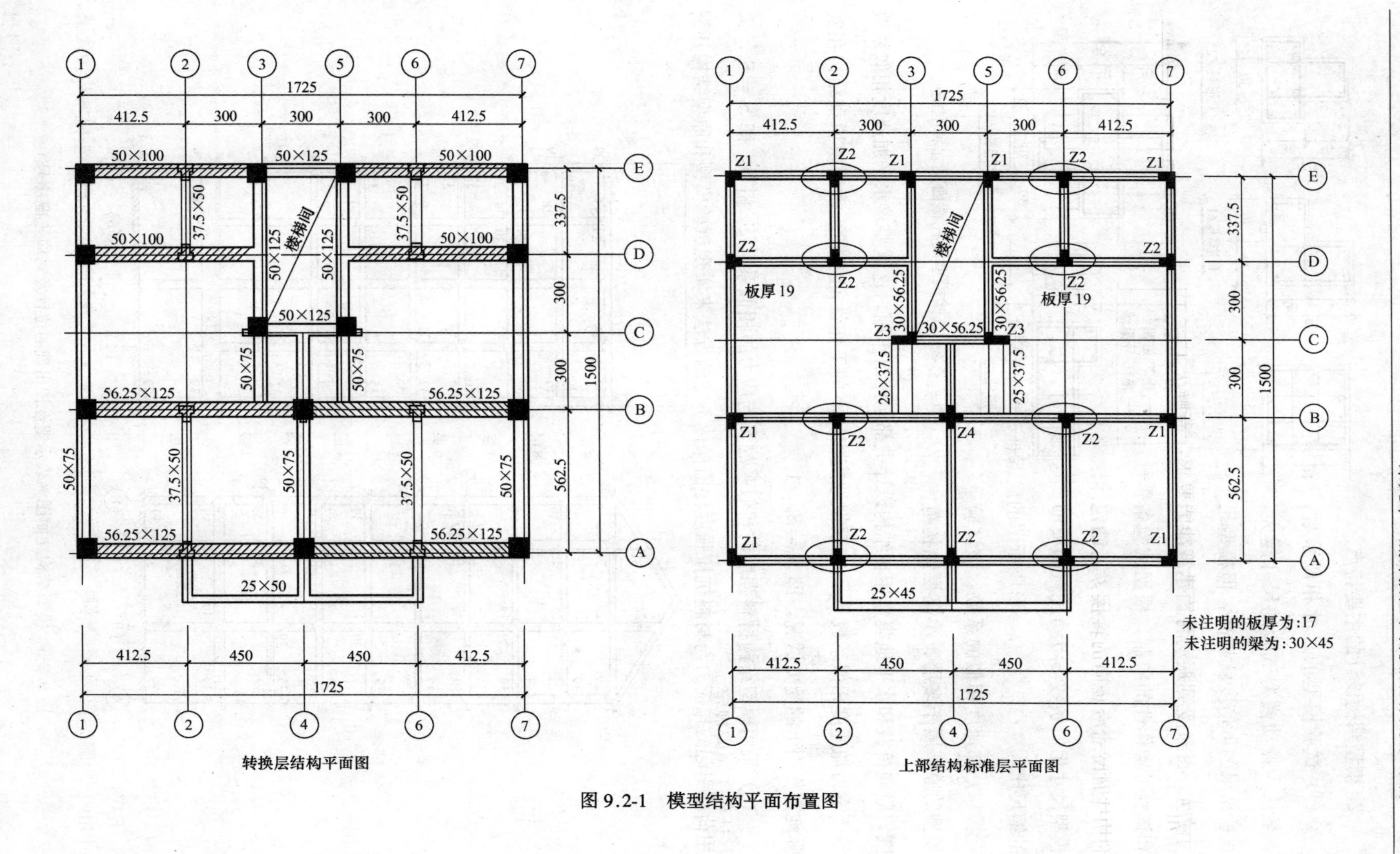

转换层结构平面图

上部结构标准层平面图

图 9.2-1　模型结构平面布置图

2. 模型结构设计的主要特点

（1）试验模型的尺寸相似系数：一般认为振动模型试验的尺寸越大，试验结果的可信度就越高，但模型尺寸之大小往往受到振动台面承载能力和试验可操作性的限制，根据试验条件并全面综合考虑各方面因素，确定模型尺寸相似系数 S_l 为 1/8（即模型的缩尺比）。

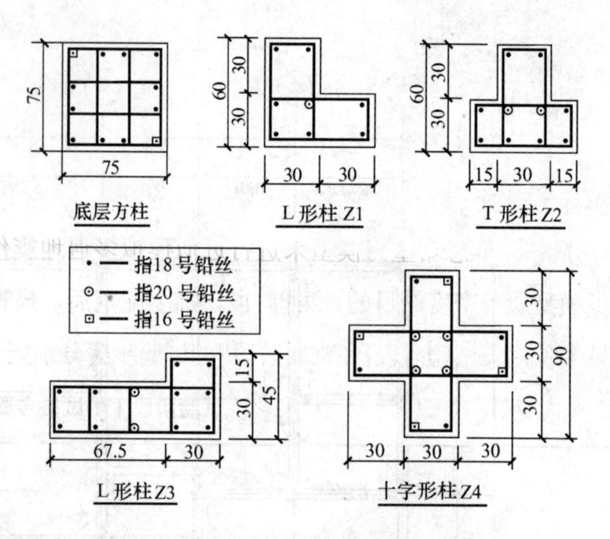

图 9.2-2　试验模型的柱截面尺寸和配筋

（2）加速度相似的系数：该试验模型的原型属于多层、小高层结构范围，竖向荷载和水平地震作用在结构设计中都起控制作用，这就要求水平加速度相似系数等于重力加速度相似系数 S_g，在模拟地震作用下的工作性能才能正确反映原型结构在实际地震作用下的受力情况，即 $S_a=S_g=1$。

（3）采用模型结构材料强度的相似系数 S_f 与应力的相似系数 S_σ 相等，即 $S_f=S_\sigma$，采用荷载引起的拉应力与材料抗拉强度比值保持不变的方法来实现试验模型和原型结构开裂

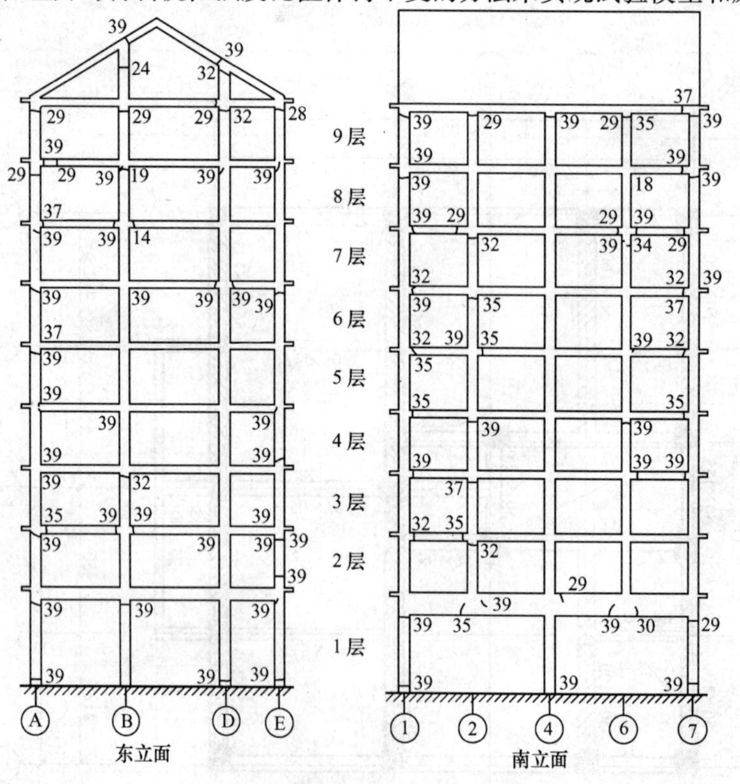

图 9.2-3　模型结构立面图（表示塑性铰出现的位置及对应工况序号）

的相似性。

3. 两阶段试验

模拟7度多遇地震需输入的加速度峰值为0.035*g*（*g*为重力加速度），而振动台试验过程中用以确定结构自振特性的白噪声扫描输入的加速度峰值为0.04*g*，已超过0.035*g*，因此在第Ⅰ阶段采取忽略重力模型来进行近似模拟多遇地震作用，可通过减少配重物的放置达到降低模型质量密度的目的；第Ⅱ阶段，加上配重后，模拟7度常遇地震作用及更高烈度的罕遇地震作用。试验阶段Ⅰ和试验阶段Ⅱ的试验步骤分别列于表9.2-1和表9.2-2。

试验阶段Ⅰ的试验步骤　　**表9.2-1**

	工况序号	采用波形	各向加速度峰值（*g*）		
			X	*Y*	*Z*
模拟7度多遇地震	1	白噪声	0.04	0.04	
	2	EI Centro (NS)	0.095		
	3	EI Centro (NS)		0.095	
	4	Taft (NS)	0.095		
	5	Taft (NS)		0.095	
	6	白噪声	0.04	0.04	

试验阶段Ⅱ的试验步骤　　**表9.2-2**

	工况序号	采用波形	各向加速度峰值（*g*）		
			X	*Y*	*Z*
近似模拟7度多遇地震	7	白噪声	0.04	0.04	0.04
	8	EI Centro (NS)	0.05		
	9	EI Centro (NS)		0.05	
	10	白噪声	0.04	0.04	0.04
模拟7度常遇地震	11	EI Centro (NS)	0.1		
	12	EI Centro (NS)		0.1	
	13	EI Centro (XYZ)	0.1	0.08	0.06
	14	EI Centro (XYZ)	0.08	0.1	0.06
模拟7度常遇地震	15	Taft (NS)	0.1		
	16	Taft (NS)		0.1	
	17	Taft (XYZ)	0.1	0.08	0.06
	18	Taft (XYZ)	0.08	0.1	0.06
	19	白噪声	0.04	0.04	0.04

续表

	工况序号	采用波形	各向加速度峰值（g）		
			X	Y	Z
模拟7度罕遇地震	20	Taft (NS)	0.22		
	21	Taft (NS)		0.22	
	22	Taft (XYZ)	0.22	0.176	0.132
	23	Taft (XYZ)	0.176	0.22	0.132
	24	白噪声	0.05	0.05	0.05
	25	EI Centro (NS)	0.22		
	26	EI Centro (NS)		0.22	
	27	EI Centro (XYZ)	0.22	0.173	0.132
	28	EI Centro (XYZ)	0.176	0.22	0.132
	29	白噪声	0.05	0.05	0.05
	30	Taft (XYZ)	0.3	0.24	0.18
	31	EI Centro (XYZ)	0.24	0.3	0.18
	32	白噪声	0.05	0.05	0.05
模拟8度罕遇地震	33	EI Centro (XYZ)	0.4	0.32	0.24
	34	Taft (XYZ)	0.32	0.4	0.24
	35	白噪声	0.05	0.05	0.05
	36	EI Centro (XYZ)	0.5	0.4	0.3
	37	白噪声	0.05	0.05	0.05
	38	EI Centro (XYZ)	0.6	0.48	0.36
	39	白噪声	0.05	0.05	0.05

4. 试验结果表明

（1）模型结构各层的位移反应

底部抽柱带转换层异形柱结构的模型结构试件在7度多遇地震作用下的最大层间位移角为1/1122；7度罕遇地震作用下的最大层间位移角为1/144；8度罕遇地震作用下最大层间位移角为1/88，既满足现行国家标准对框架结构层间弹性位移限值（$[\theta_e]=1/550$）及层间弹塑性位移限值（$[\theta_p]=1/50$）的要求，也满足本《规程》对底部抽柱带转换层异形柱结构的层间弹性位移限值（$[\theta_e]=1/700$）及层间弹塑性位移限值（$[\theta_p]=1/70$）的要求，模型结构的位移反应曲线示于图9.2-4。

（2）模型结构各层的加速度反应

模型结构各层加速度动力放大系数（指各层峰值加速度与台面峰值加速度之比）与楼层之间的关系曲线，见图9.2-5所示。该图所示曲线分析表明：①不同烈度的地震作用，最大加速度动力系数基本出现在顶层，且明显大于相邻层的加速度动力放大系数，这表明

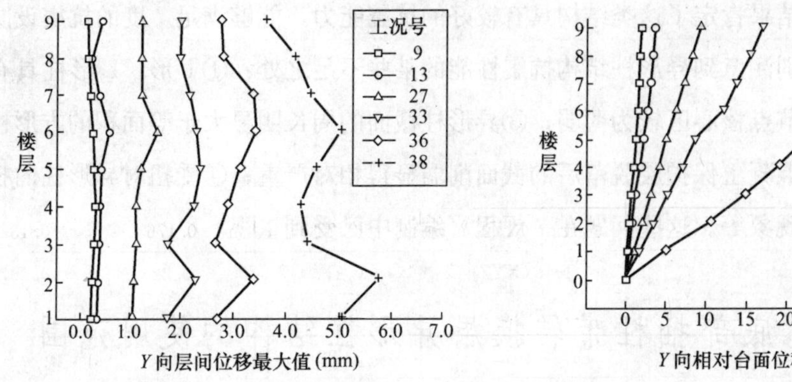

图 9.2-4　模型结构位移反应

一阶振型起了主要作用，并可能存在一定程度的鞭梢效应；②Y 向加速度反应普遍要比 X 向加速度反应大；③随着模拟地震作用地震烈度的提高，最大加速度动力放大系数呈现先增加后减小的趋势。这说明：试验刚开始，结构固有频率和地震作用的主频率比较接近，随着结构开裂，结构刚度下降，使结构的固有频率和地震作用的主频率更加接近，地震反应加大；但结构刚度的进一步下降，使得结构的固有频率与地震作用的主频率再度偏离，模型结构的地震反应又出现一定程度的回落。

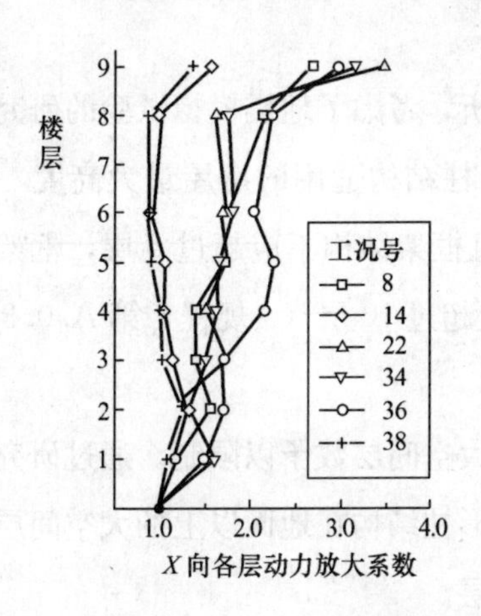

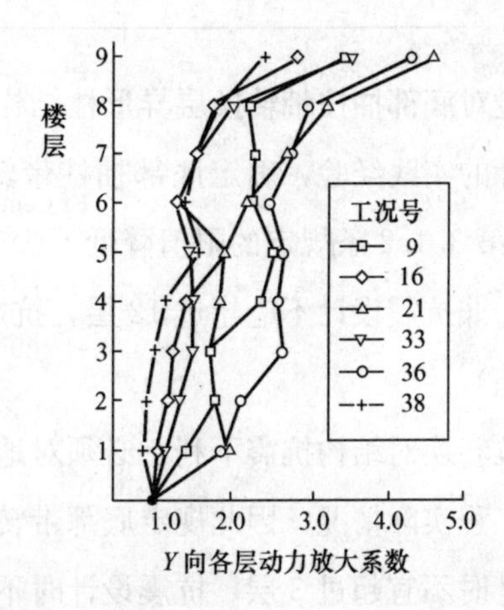

图 9.2-5　模型结构加速度反应

（3）底层方柱和上层异形柱交接的部位，试验中未发生破坏；生根于转换梁上的异形柱和转换梁连接处也未出现问题，这表明，异形柱落在方柱上是可行的；异形柱结构在底部抽柱、通过大梁托柱进行转换在技术上也是可行的。但应指出的是：该柱、梁连接部位受力复杂，应力集中，是薄弱环节，必须在设计中合理计算和配筋、构造。

（4）综合试验全面的成果，包括模型结构开裂情况（塑性铰出现的位置及对应工况序号示于图 9.2-3）、破坏机制、层间位移角、结构频率和刚度的变化情况，可以得出结论：该 9 层底部抽柱带转换层异形柱结构具有较好的抗震能力，可满足 7 度抗震设防的要求。

(5) 尽管试验结果肯定了这类结构具有较好的抗震能力，能够满足7度的抗震设防要求，但同时也应特别注意到异形柱结构抗震性能的某些不足之处：①T形、L形柱具有显著的不对称性；②节点核心区较为薄弱；③异形柱截面的周长明显大于等面积的方形柱截面的周长，这使得混凝土保护层脱落后的截面削弱显得相对严重；④受扭时异形柱内拐角处会出现应力集中现象等。这些问题在《规程》编制中已受到重视。

第三节　底部抽柱带转换层异形柱结构的使用范围

目前对底部抽柱带转换层异形柱结构的研究和工程实践经验主要限于非抗震设计及抗震设防烈度为6度和7度（0.10g）的条件，又考虑到其结构性能特点和抗震安全，故本《规程》第A.0.2条没有将抗震设防烈度为7度（0.15g）和8度（0.20g）纳入底部抽柱带转换层异形柱结构的使用范围。

第四节　底部抽柱带转换层异形柱结构适用的房屋最大高度及底部大空间层数

通过对底部抽柱带转换层异形柱结构的系统分析，考虑了地震模拟试验的研究成果及工程设计的实践经验，确定底部抽柱带转换层异形柱结构适用的房屋最大高度，应按本《规程》第3.1.2条规定的限值降低不少于10%；且框架结构不应超过6层，框架—剪力墙结构，非抗震设计不应超过12层，抗震设计不应超过10层（《规程》第A.0.3条及第A.0.4条）。

高位转换对结构抗震不利，必须对地面以上的大空间层数予以限制。通过研究分析并考虑到工程实际情况，因此规定底部带转换层的异形柱结构在地面以上的大空间层数，非抗震设计时不宜超过3层，抗震设计时不宜超过2层。

上述规定，均通过了《规程》试设计的考核。

第五节　底部抽柱带转换层异形柱结构的结构布置规定

底部抽柱带转换层异形柱结构（图9.5-1）中，作为竖向抗侧力构件的异形柱到底部中断，其内力需通过水平转换大梁来向下传递，属于结构竖向布置不规则情形的“竖向抗侧力构件不连续类型”，若再由于平面布置不规则导致异形柱结构的扭转效应，对异形柱结构更为不利，因此，《规程》第 A.0.5 条对底部抽柱带转换层异形柱结构的平面布置、竖向布置提出了严格要求：

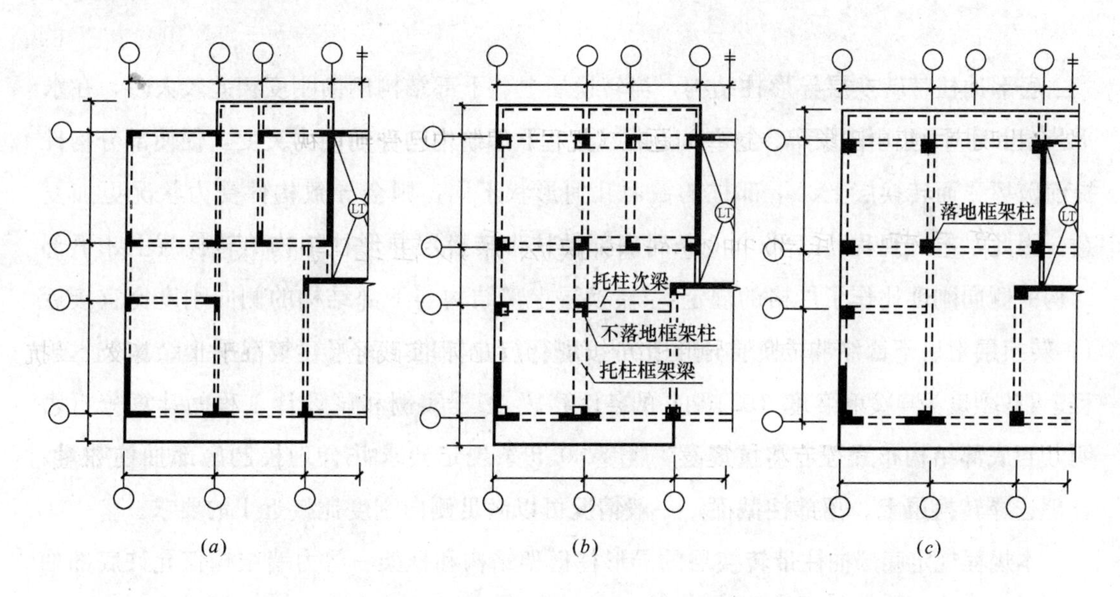

图 9.5-1　底部抽柱带转换层异形柱结构示意图

(a) 上部结构平面图；(b) 转换层结构平面图；(c) 底部结构平面图

(1) 框架—剪力墙结构中的剪力墙应全部落地，并连续贯通房屋全高。抗震设计时，在基本振型地震作用下，剪力墙部分承受的地震倾覆力矩应大于结构总地震倾覆力矩的 50%；

(2) 矩形平面建筑中剪力墙的间距，非抗震设计不宜大于 3 倍楼盖宽度，且不宜大于 36m；抗震设计不宜大于 2 倍楼盖宽度，且不宜大于 24m；

(3) 框架结构的底部托柱框架不应采用单跨框架；

(4) 落地的框架柱应连续贯通房屋全高；不落地的框架柱应连续贯通转换层以上的所有楼层。底部抽柱数不宜超过转换层相邻上部楼层框架柱总数的 30%；

(5) 转换层下部结构的框架柱不应采用异形柱，应优先采用矩形柱；

(6) 不落地的框架柱应直接落在托柱梁（转换梁）上。试验研究表明：不落地的框架柱与托柱梁相交接的部位往往是薄弱环节，应力集中，受力复杂，设计中应根据实际受力情况进行合理的计算分析。本《规程》第 3.2.5 条第 3 款规定，抗震设计时，托柱梁上层框架柱底端弯矩设计值应乘以增大系数 1.2～1.5，并根据增大后的弯矩设计值进行配筋。托柱梁应双向布置，可双向均为框架梁，或一方向为框架梁，另一方向为托柱次梁。直接承托不落地柱的框架称托柱框架，直接承托不落地柱的框架梁称托柱框架梁，直接承托不落地柱的非框架梁称托柱次梁。

第六节 转换层上部结构与下部结构的侧向刚度比

底部抽柱带转换层异形柱结构，当转换层上、下部结构侧向刚度相差较大时，在水平荷载和水平地震作用下，会导致转换层上、下部结构构件的内力突变，促使部分构件提前破坏，而转换层上、下部柱的截面几何形状不同，则会导致构件受力状况更加复杂。因此，本《规程》第 A.0.6 条对底部抽柱带转换层异形柱结构的转换层上、下部结构的侧向刚度比作了严格的规定："转换层上部结构与下部结构的侧向刚度比宜接近1。转换层上、下部结构的侧向刚度比可按现行行业标准《高层建筑混凝土结构技术规程》(JGJ 3—2002) 第 E.0.2 条的规定计算。"工程实例和试设计工程的计算分析表明，当底部结构布置符合本《规程》第 A.0.5 条规定要求并合理控制底部抽柱数量、合理选择转换层上、下部柱截面，一般情况可以满足侧向刚度比接近 1 的要求。

本规程规定底部抽柱带转换层的异形柱框架结构和框架—剪力墙结构仅允许底部抽柱，且采用梁式转换，因此，计算转换层上、下结构的刚度变化时，应考虑竖向抗侧力构件的布置和抗侧刚度中弯曲刚度的影响。现行行业标准《高层建筑混凝土结构技术规程》(JGJ 3—2002) 附录 E 第 E.0.2 条规定的计算方法，综合考虑了转换层上、下结构竖向抗侧力构件的布置、抗剪刚度和抗弯刚度对层间位移量的影响。工程实例和试设计工程的计算分析表明，该方法也可用于本《规程》的底部抽柱带转换层异形柱结构的情况（其计算模型示于图 9.6-1）。

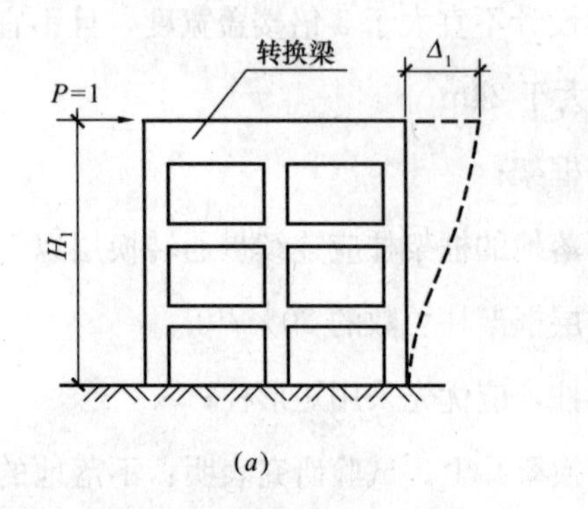

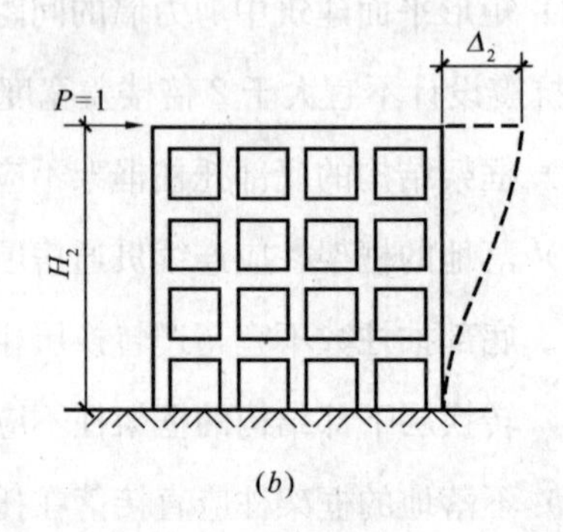

图 9.6-1 转换层上、下等效侧向刚度计算模型

(a) 计算模型 1—转换层及下部结构；(b) 计算模型 2—转换层上部部分结构

本《规程》规定在侧向刚度比计算中引用现行行业标准《高层建筑混凝土结构技术规程》(JGJ 3—2002) 的附录 E 关于转换层上、下结构侧向刚度比的计算公式 (E.0.2)，即

$$\gamma_e = \frac{\Delta_1 H_2}{\Delta_2 H_1}$$

式中 γ_e——转换层上、下结构的等效侧向刚度比；

H_1——转换层及其下部（计算模型1）的高度；

Δ_1——转换层及其下部（计算模型1）的顶部在单位水平力作用下的侧向位移；

H_2——转换层上部若干层（计算模型2）的高度，其值应等于或接近计算模型1的高度H_1，且不大于H_1；

Δ_2——转换层上部若干层（计算模型2）的顶部在单位水平力作用下的侧向位移。

第七节　托柱框架梁与托柱次梁的设计规定

底部抽柱带转换层异形柱结构的托柱梁，是支托上部不落地柱的水平转换构件，托柱梁的设计应满足刚度和承载力的要求。结构分析表明，托柱框架梁刚度大，其承受的内力就大，过大地增加托柱框架梁刚度，不仅增加了结构高度，不经济，而且将较大的内力集中在托柱框架梁上，对抗震不利。研究分析表明：上部结构与托柱框架梁共同工作，可视作一个层层受楼板约束、受相连梁空间约束的巨型平面空腹桁架，设计时不仅要合理地选择托柱框架梁的刚度，且适当加大转换层托柱框架梁以上几层框架的刚度，以达到共同承受上部荷载和起到二道设防的作用，并由一层梁承托变成层层梁承托上部框架柱的工作机制[7]。可以有效地达到托柱框架梁与上部结构共同工作、有利于抗震和优化设计的目的。

本《规程》第A.0.7条规定：“托柱框架梁的截面宽度，不应小于梁宽度方向被托异形柱截面的肢高或一般框架柱的截面高度；不宜大于托柱框架柱相应方向的截面宽度。”及“托柱次梁的宽度不应小于400mm。”

本《规程》第A.0.7条还规定：“托柱框架梁的截面高度不宜小于托柱框架梁计算跨度的1/8；当双向均为托柱框架时，不宜小于短跨框架梁计算跨度的1/8。”托柱梁截面高度除满足本条规定外，尚应满足剪压比的要求。托柱梁截面组合的最大剪力设计值应满足现行行业标准《高层建筑混凝土结构技术规程》（JGJ 3—2002）第10.2.9条公式（10.2.9-1）和（10.2.9-2）的要求。

本《规程》对托柱次梁的布置提出了要求：“托柱次梁应垂直于托柱框架梁方向布置，其中心线应与同方向被托异形柱截面肢厚或一般框架柱截面的中心线重合。”

需要明确的是，本《规程》中抽柱转换所用的托柱梁，在竖向荷载作用下的内力与跨中有集中荷载作用的一般框架梁相似，只是竖向集中荷载很大，梁的跨度较大，故梁端和跨中弯矩和剪力均很大，可按普通梁截面设计方法进行配筋计算。这与框支剪力墙所用的框支梁按拉、弯、剪构件设计是不相同的。

托柱梁、托柱梁与上层框架柱底端相交部位的配筋构造措施可参照现行行业标准《高层建筑混凝土结构技术规程》(JGJ 3—2002)的相关规定。

第八节 转换层楼板

转换层楼板是重要的传力构件，底部抽柱带转换层异形柱结构的振动台试验结果显示，转换层楼板角部裂缝严重，故《规程》第A.0.9条给出了该部位构造措施要求，并做出了保证楼板面内刚度的相应规定如下：

转换层楼面应采用现浇楼板，楼板的厚度不应小于150mm，且应双层双向配筋，每层每方向的配筋率不宜小于0.25%。楼板钢筋应锚固在边梁或墙体内。

楼板与异形柱内拐角相交部位的表面在振动台试验中开裂较严重，应引起重视，《规程》规定在该部位宜加设呈放射形或斜向平行布置的板面钢筋。

楼板边缘和较大洞口周边应设置边梁，其宽度不宜小于板厚的2倍，纵向钢筋配筋率不应小于1.0%，钢筋连接接头宜采用焊接或机械连接。

第九节 转换层上部结构异形柱与下部结构柱的关系

本《规程》第A.0.5条之5款中规定："转换层下部结构的框架柱不应采用异形柱"，应优先采用矩形柱，也可根据建筑外形需要采用圆形或六（八）角形截面柱。

本《规程》第A.0.10条还规定："下部框架柱截面的外轮廓尺寸不宜小于上部异形柱截面外轮廓尺寸。转换层上部异形柱截面形心与下部框架柱截面形心宜重合，当不重合时应考虑偏心的影响。"主要从框架梁柱节点受力和节点构造考虑。

第十节 《规程》规定与国家现行标准有关规定的关系

《规程》第A.0.11条规定，底部大空间带转换层的异形柱结构的结构布置、计算分析、截面设计和构造要求，除应符合本《规程》的规定外，尚应符合国家现行标准的有关规定。

参考文献

［1］ 混凝土结构设计规范（GB 50010—2002）［S］．北京：中国建筑工业出版社，2002.
［2］ 建筑抗震设计规范（GB 50011—2001）［S］．北京：中国建筑工业出版社，2001.
［3］ 高层建筑混凝土结构技术规程（JGJ 3—2002）［S］．北京：中国建筑工业出版社，

2002.
［4］ 刘军进，吕志涛，冯健．9层（带转换层）钢筋混凝土异形柱框架结构模型振动台试验研究［J］．建筑结构学报第23卷第1期，2002.
［5］ 苏光学，熊进刚．转换梁与底部抽柱线刚度比合理值的研究［C］．全国混凝土异形柱结构学术研讨会论文集，混凝土异形柱结构理论及应用，P61～65，北京：中国建筑工业出版社，2006.
［6］ 建筑抗震试验方法规程（JGJ 101—96）［S］．北京：中国建筑工业出版社，2006.
［7］ 唐兴荣，高层建筑转换层结构设计与施工［M］．北京：中国建筑工业出版社，2003.
［8］ 严士超，陈云霞．高层建筑结构体系［M］，建筑结构选型手册第六章，P379—396．北京：中国建筑工业出版社，2003.
［9］ 高小旺，龚思礼，苏经宇，易方民．建筑抗震设计规范理解与应用［M］．北京：中国建筑工业出版社，2002.
［10］ 徐有邻，周氏．混凝土结构设计规范理解与应用［M］．北京：中国建筑工业出版社，2003.

第十章　异形柱结构配筋软件 CRSC 和计算工程实例

第一节　引　　言

异形柱结构配筋计算较为复杂，为满足《规程》编制过程中设计计算公式、构造措施和适用的房屋最大高度的检验和工程试设计工作的顺利进行，我们开发了异形柱结构配筋计算专用软件 CRSC。

全国设计单位普遍采用中国建筑科学研究院开发的 PKPM 系列 SATWE、TAT 结构分析软件，其位移和内力分析及一般框架梁、柱、剪力墙配筋计算和抗震验算较为可靠。因《规程》编制过程中设计计算公式一直处于不断修正完善中，其他软件的异形柱、尤其异形柱框架梁柱节点的配筋计算和抗震验算部分与《规程》要求相差较大，甚至没有涉及。有鉴于此，我们开发的 CRSC 软件采用与 SATWE、TAT 接力的方式运行，即设计人员先用 PKPM 系列的前处理 PMCAD 软件输入结构模型、用 SATWE 或 TAT 进行内力分析，然后再运行 CRSC。CRSC 读取 SATWE 或 TAT 输出的构件内力，进行内力组合，再进行异形截面柱、较小的方形和部分矩形截面柱、梁的配筋及框架梁柱节点配筋计算，给出纵筋根数、直径，箍筋直径、间距和加密区长度等结果、并可进行归并处理，在结构简图上柱位置处用文字标注配筋结果。

因异形柱结构中有时可能会出现少量的矩形柱，CRSC 对部分矩形截面柱也进行了配筋，另外也为了将现行国家标准《混凝土结构设计规范》(GB 50010—2002) 对矩形柱的规定与《规程》对异形柱的规定进行对比，本章下面同时给出了该规范和《规程》关于矩形柱和异形柱相关规定，希望有助于读者的理解。

第二节　荷载和作用效应

荷载和作用及其效应部分 SATWE 和 TAT 已按照现行国家标准《建筑结构荷载规范》(GB 50009—2001)、《建筑抗震设计规范》(GB 50011—2001)、《混凝土结构设计规范》(GB 50010—2002)、《高层建筑混凝土结构技术规程》(JGJ 3—2002)(以下简称“规范及高规”)的要求实现了。因 CRSC 是接力以上二软件的内力计算结果，二软件的实现细节这里不赘述，详见二软件的介绍和使用手册[1,2,3]。以下只就 CRSC 配筋计算有关的部分进行说明。

《规程》规定：“一般情况下，应允许在结构两个主轴方向分别计算水平地震作用并进行抗震验算，各方向的水平地震作用应由该方向抗侧力构件承担，7 度（0.15g）和 8 度（0.2g）时尚应对与主轴成 45°方向进行补充验算”。CRSC 软件具备此功能，即对于用户在 SATWE 或 TAT 交互输入的“斜交抗侧力构件方向附加地震数（最多为 5 对）”所算得的构件内力，均进行内力组合及构件配筋计算。即每多一对地震作用方向，抗震组合数就增加一倍。反映在 CRSC 软件配筋结果文件中该工况号为非附加地震作用组合序号后附加 a、b、c、d、e（对应于附加地震作用方向一、二、三、四、五）。例如，工况序号为 30b 则其内力组合公式可由首层配筋结果输出文件头部的内力组合表查 30 组合序号的公式，但要将其中基本地震方向 x 和 y 作用产生的内力分别换为附加地震作用方向二和与其成 90°方向作用产生的内力参与组合。

CRSC 软件一般采取用户在使用 SATWE 或 TAT 时输入的抗震等级进行结构抗震验算和采取抗震构造措施，对建筑场地为Ⅲ、Ⅳ类、设防烈度为 7 度（0.15g）的结构采取用户在 SATWE 或 TAT 输入的抗震等级进行抗震验算，而按《规程》要求、即按抗 8 度地震设防要求采取抗震构造措施，在配筋结果文件中均输出这两种（即验算和构造措施的）抗震等级，方便用户检验配筋结果。

第三节　荷载及作用效应组合

《建筑结构荷载规范》(GB 50009—2001) 第 3 章承载能力极限状态设计荷载效应组合原则如下。

由可变荷载效应控制的组合：

$$S = \gamma_{G} S_{Sk} + \gamma_{Q1} S_{Q1k} + \sum_{i=2}^{n} \gamma_{Qi} \psi_{ci} S_{Qik} \tag{10.3-1}$$

由永久荷载效应控制的组合：

$$S = \gamma_{G} S_{Gk} + \sum_{i=1}^{n} \gamma_{Qi} \psi_{ci} S_{Qik} \tag{10.3-2}$$

地震作用效应和其他荷载效应的基本组合，按《建筑抗震设计规范》(GB 50011—2001) 第 5.4.1 条为：

$$S = \gamma_{G} S_{GE} + \gamma_{Eh} S_{Ehk} + \gamma_{Ev} S_{Evk} + \psi_{w} \gamma_{w} S_{wk} \tag{10.3-3}$$

式中 S——结构构件内力组合的设计值；

γ_G——永久荷载分项系数，当其对结构不利时取 1.2、有利时取 1.0，对永久荷载效应控制的组合取 1.35，此时参与组合的可变荷载仅限于竖向荷载；

γ_{Q1}，γ_{Qi}——第 1、第 i 个可变荷载的分项系数；

S_{Gk}，S_{Q1k}，S_{Qik}——分别为永久荷载、第 1 和第 i 个可变荷载标准值的效应值；

ψ_{ci}——可变荷载 Q_i 的组合值系数；

γ_{Eh}、γ_{Ev}、γ_w——分别为水平、竖向地震作用和风荷载分项系数；

S_{GE}、S_{Ehk}、S_{Evk}、S_{wk}——分别为重力荷载代表值、水平地震作用、竖向地震作用和风荷载标准值的效应；

ψ_w——与地震作用效应组合时风荷载组合值系数，一般取 0.0、高度不小于 60m 的高层建筑取 0.2。

异形柱结构不允许建在 9 度抗震设防区，又不是跨度大于 24m 的结构，且房屋高度小于 60m，由此再根据现行国家标准《建筑结构荷载规范》（GB 50009—2001）第 3.2.5 条和现行国家标准《建筑抗震设计规范》（GB 50011—2001）第 5.4.1 条各荷载与作用的分项系数的规定及上一节的组合原则，CRSC 内力组合种类如下：

永久荷载与可变荷载组合：

1.35 永久荷载效应＋0.7×1.4 可变荷载效应；

1.20 永久荷载效应＋1.4 可变荷载效应；

1.00 永久荷载效应＋1.4 可变荷载效应。

考虑风荷载作用时：

1.2 永久荷载效应±1.4 风荷载效应；

1.0 永久荷载效应±1.4 风荷载效应；

1.2 永久荷载效应＋1.4 可变荷载效应±0.6×1.4 风荷载效应；

1.0 永久荷载效应＋1.4 可变荷载效应±0.6×1.4 风荷载效应；

1.2 永久荷载效应＋0.7×1.4 可变荷载效应±1.4 风荷载效应；

1.0 永久荷载效应＋0.7×1.4 可变荷载效应±1.4 风荷载效应。

考虑地震作用时：

对多层结构和高度小于 60m 的高层结构：

1.2 永久荷载效应＋0.5×1.2 可变荷载效应±1.3 水平地震作用效应；

1.0 永久荷载效应＋0.5×1.0 可变荷载效应±1.3 水平地震作用效应。

考虑双向地震同时作用时：

以 $\mathrm{Sign}(S_x)\sqrt{S_x^2+(0.85S_y^2)}$ 代替上面的“水平地震作用效应”中的 S_x；

以 $\mathrm{Sign}(S_y)\sqrt{S_y^2+(0.85S_x^2)}$ 代替上面的“水平地震作用效应”中的 S_y。

S_x、S_y 为 x、y 向地震单独作用在结构上引起的效应，即前面组合式中的 S_{Ehk}。这种情况不增加组合数目。

考虑附加地震作用方向的地震作用时，则需用每一个附加方向地震作用及与其成 90°方向作用产生的内力值取代上面组合式中的 x、y 方向地震作用产生的内力值即可。

考虑偶然偏心地震作用时，参照 SATWE 软件的做法，共有三组地震作用效应：无偏心地震作用效应（EX、EY），负向偏心地震作用效应（EX－、EY－），正向偏心地震作用效应（EX＋、EY＋）。对于任一个有 EX 参与的组合，将 EX 分别代以 EX－和 EX＋，演化成三个组合；任一个有 EY 参与的组合，将 EY 分别代以 EY－和EY＋，也演化成三个组合。地震作用组合数就增加到原来的三倍。

列出可能的荷载组合数见表 10.3-1。

CRSC 使用的荷载效应组合　　**表 10.3-1**

序　号	荷载、作用效应组合	组　合　数
1	恒＋活	3
2	恒＋风（8），恒＋活＋风（16）	24
3	恒＋活＋水平地震	8
4	恒＋活＋偶然偏心	16

组合总数可根据考虑荷载或作用的种类由表 10.3-1 对应项组合数求和得到。例如，考虑恒载、活载、风载和地震并考虑偶然偏心影响的组合总数为：3＋24＋8＋16＝51 种。另每增加一对附加方向地震作用，组合总数将增加 8。

《规程》规定对扭转不规则的结构，水平地震作用计算应计入双向水平地震作用下的扭转影响。CRSC 软件提供了考虑双向水平地震作用的控制开关，设计人员应注意：

（1）软件设置了考虑偶然偏心和双向地震作用的选项，若用户同时选中了这两个选项，则在此情况下软件仅对无偏心的地震作用效应(EX、EY)进行双向地震作用计算，而对负偏心地震作用效应（EX－、EY－）和正偏心地震作用效应（EX＋、EY＋）不考虑双向地震作用；

（2）考虑双向地震作用，不改变内力组合总数。

第四节　设计内力调整

SATWE 和 TAT 软件已在结构整体和楼层层次上对结构内力分析结果进行了调整，

这里列出与异形柱结构有关的部分如下：(1) 楼层最小地震剪力，即保证结构任一楼层具有最小剪重比的调整；(2) 竖向不规则结构地震作用效应，即薄弱层地震剪力的调整；(3) 侧向刚度沿竖向分布基本均匀的框－剪结构，任一层框架部分的地震剪力，不应小于结构底部总地震剪力的 20％和按框－剪结构分析的框架部分各楼层地震剪力中最大值 1.5 倍二者的较小值；对此，SATWE 和 TAT 软件输出这些结构整体和楼层层次上调整后的构件内力，CRSC 软件读取此调整后构件内力进行后续的构件内力调整及配筋的计算。

各地异形柱结构的地方标准虽已出台多年，但目前很多配筋软件还是按矩形柱的要求进行构件内力调整，以下给出现行国家标准和《规程》对二者要求的差别，本章第九节算例也表现出这种差别对工程设计的影响。

在上一节内力组合取得内力值的基础上，还须按现行国家标准《混凝土结构设计规范》(GB 50010—2002) 及《规程》的有关条文进行调整，以体现强柱弱梁、强剪弱弯、强节点核心等抗震概念设计思想。因异形柱结构中有时可能会有少量矩形截面柱，CRSC 软件对方形和小截面尺寸矩形截面柱及其梁柱节点进行了配筋计算，这里列出 CRSC 软件框架柱的设计内力调整系数。

普通截面柱（非角柱）抗震设计内力调整系数　　表 10.4-1

抗震等级	弯矩			剪力		
	一级	二级	三级	一级	二级	三级
非底层柱根弯矩、非底层柱剪力	1.40	1.20	1.10	1.96	1.44	1.21
底层柱柱根弯矩、底层柱剪力	1.50	1.25	1.15	2.10	1.50	1.27
顶层柱	1.00	1.00	1.00	1.40	1.20	1.10

异形截面柱（非角柱）抗震设计内力调整系数　　表 10.4-2

抗震等级	弯矩		剪力	
	二级	三级	二级	三级
非底层柱及底层柱上端截面弯矩	1.30	1.10	1.56	1.21
底层柱柱根弯矩、底层柱剪力	1.40	1.20	1.68	1.32
顶层柱	1.00	1.00	1.20	1.10

注：普通截面柱和异形截面柱四级抗震等级的设计内力调整系数均为 1.0。

1. 抗震设计

抗震设计内力调整系数见表 10.4-1、表 10.4-2；

一、二、三抗震等级角柱的弯矩、剪力调整系数均为在表 10.4-1、表 10.4-2 基础上乘 1.1。

2. 非抗震设计

柱内力调整系数均为 1.0，即不作调整。

框架梁柱节点内力调整系数见本章第七节。

第五节 配筋及抗震验算

一、材料强度和弹性模量

1. 混凝土

CRSC 软件考虑的混凝土强度等级范围为：C25～C50，也可取其间的任意值，软件依据现行国家标准《混凝土结构设计规范》（GB 50010—2002）用线性插入法取得相应的设计强度。混凝土弹性模量按混凝土结构设计规范条文说明提供的公式计算。在计算现浇钢筋混凝土轴心受压及偏心受压构件时，如矩形截面的长边或圆形截面的直径小于 300mm 时，则对混凝土的强度设计值乘以 0.8 系数。

2. 钢筋

CRSC 软件中纵向受力钢筋采用的钢种有 HRB400 或 HRB335；箍筋钢种有 HRB400、HRB335 或 HPB235 级钢筋。异形柱框架梁柱节点是异形柱结构的薄弱环节，对于框架梁柱节点核心区箍筋，CRSC 软件也是按用户输入的 HPB235、HRB335、HRB400 中的一种相应的强度设计值计算，并考虑构造要求来确定节点核心区的箍筋间距。

二、承载能力极限状态表达式

1. 荷载基本组合下的设计表达式

$$\gamma_0 S \leqslant R \tag{10.5-1}$$

式中 γ_0——结构重要性系数。构件的安全等级与所在结构的相同。安全等级为二级、设计使用年限为 50 年的异形柱结构民用建筑 γ_0 不应小于 1.0；

S——荷载基本组合的内力设计值；

R——构件承载力设计值。

2. 地震作用组合下的设计表达式

$$S \leqslant R/\gamma_{RE} \tag{10.5-2}$$

式中 γ_{RE}——承载力抗震调整系数，见表 10.5-1；

S——地震作用组合的内力设计值；

R——构件承载力设计值。

承载力抗震调整系数　　表 10.5-1

构件类别	梁	柱（$n\leqslant 0.15$）	柱（$n>0.15$）	柱、节点
受力状态	受弯	偏压	偏压	偏拉、受剪
γ_{RE}	0.75	0.75	0.80	0.85

注：现行行业标准《高层建筑混凝土结构技术规程》(JGJ 3—2002) 规定与此表相同；现行国家标准《混凝土结构设计规范》(GB 50010—2002) 规定几乎与此表相同，只是对（$n\leqslant 0.15$）的偏压柱，γ_{RE}也是 0.8。

CRSC 配筋计算时偏安全地，γ_{RE}统一按现行国家标准《混凝土结构设计规范》(GB 50010—2002) 规定取值。

三、承载力计算一般规定

1. 混凝土应力应变关系

异形柱正截面受弯承载力计算时混凝土受压的应力应变关系按现行国家标准《混凝土结构设计规范》(GB 50010—2002) 第 7.1.2 条规定采用；不考虑混凝土的受拉强度。

2. 纵向受力钢筋应力应变关系

纵向受力钢筋的应力取等于钢筋应变与其弹性模量的乘积，但其绝对值不大于其相应的强度设计值。纵向受拉钢筋的极限拉应变取为 0.01。

四、异形柱正截面承载力计算

异形柱双向偏心受压、双向偏心受拉的正截面承载力采用《规程》5.1 节规定的方法计算。数值积分法的计算步骤如图 10.5-1 所示。由于用数值积分法进行正截面配筋计算消耗时间较多，对于工程中常用尺寸的异形截面柱采用了一种快速计算的实用方法[4]。文[4]在找出数值积分法计算出的异形柱正截面极限承载力随柱轴压比、双向作用弯矩方向、大小而变化的规律的基础上，总结出各尺寸截面在各种可能的纵向受力钢筋配置情况的异形柱正截面承载力极限曲面数学表达式。建立这些极限曲面的数据库存入计算机。在进行配筋计算时，首先在数据库中查找是否有此截面的极限曲面数据，如果有，则根据各组合内力设计值判断配哪种纵筋直径刚好能承担此组内力，如此对几十组内力逐一判断，找出其最大值并符合构造要求的配筋即是所要的结果。这种方法将配筋计算过程改为了在数据库中查找和判断的过程，大大加快了配筋计算速度。如果数据库中无此截面的数据，则此截面就用数值积分法来计算配筋。因为此数据库较庞大，工程中常用尺寸截面数据均纳入数据库中，数据库中未列入的异形柱截面工程中应用较少，即使一个工程有几种截面不在数据库中，整个工程总的配筋计算时间还是可以接受的。

CRSC 软件对方形、部分矩形截面柱正截面承载力也是采用这种考虑双偏压的快速计算方法。

考虑双偏压计算的数值积分法及建立在其基础上的上述快速算法实施时，首先要规定钢筋在截面上的位置，为了减小上述数据库的数据量，CRSC 对 C40 及以上混凝土强度的异形柱规定截面钢筋位置时采取与低于 C40 混凝土强度的异形柱相同的净保护层厚度 30mm，即对这些柱受弯为主的内力组合时的纵筋配筋量比实际需要的略有增大。

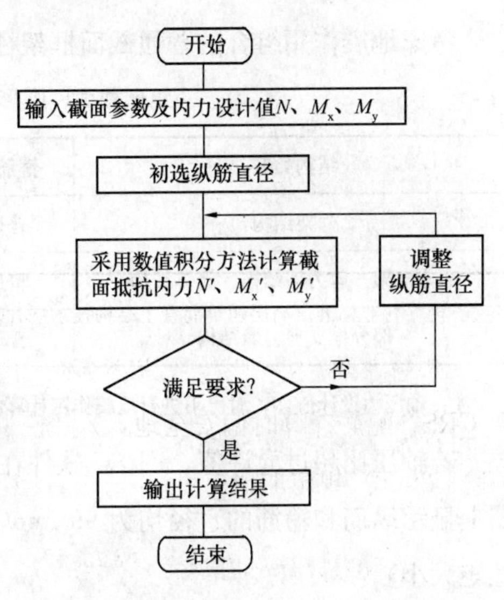

图 10.5-1 异形柱正截面配筋流程图

五、异形柱受弯变形延性控制

异形柱截面肢薄，相对于截面积相等的矩形柱而言，异形截面外缘尺寸长，截面有凹角，箍筋对混凝土的约束性能较差。所以异形柱要达到与矩形柱相当的延性系数，箍筋就要配相对多些，轴压比控制要严些。《规程》给出的轴压比限值如表10.5-2所示。表 10.5-3 是现行国家标准《混凝土结构设计规范》（GB 50010—2002）对矩形柱轴压比限值的要求，对照可看出两者间的较大差别。有些软件按矩形柱轴压比限值减 0.1 来控制异形柱轴压比是不符合《规程》要求的。

L 形、T 形、十字形截面框架柱的轴压比限值 **表 10.5-2**

结构体系	截面形式	抗震等级		
		二级	三级	四级
框架结构	L 形	0.50	0.60	0.70
	T 形	0.55	0.65	0.75
	十字形	0.60	0.70	0.80
框架—剪力墙结构	L 形	0.55	0.65	0.75
	T 形	0.60	0.70	0.80
	十字形	0.65	0.75	0.85

注：1. 轴压比 $N/(f_cA)$ 指考虑地震作用组合的异形柱轴向压力设计值 N 与柱全截面面积 A 和混凝土轴心抗压强度设计值 f_c 乘积之比值；

2. 剪跨比不大于 2 的异形柱，轴压比限值应按表内相应数值减小 0.05；

3. 框架—剪力墙结构，在基本振型地震作用下，若框架部分承担的地震倾覆力矩大于结构总地震倾覆力矩的 50%，异形柱轴压比限值应按框架结构采用。

考虑地震作用组合的普通截面框架柱的轴压比不宜大于表 10.5-3 规定的限值。

矩形截面、圆形截面框架柱的轴压比限值 **表 10.5-3**

结构类型	箍筋类型	一级抗震	二级抗震	三级抗震
框架结构	普通箍	0.7	0.8	0.9
部分框架—剪力墙结构、筒体结构	普通箍	0.75	0.85	0.95
部分框支剪力墙结构	普通箍	0.6	0.7	—

注：轴压力设计值 N，对可不进行地震作用计算的结构，取无地震作用组合的轴力设计值。

若轴压比超过允许值，CRSC 软件在配筋结果输出文件中会给出相应的提示：配筋简图上显示纵筋和箍筋的直径均为 99 mm（表示配筋结果有误，如构件截面尺寸或截面惯性矩太小）。

框架柱加密区箍筋的数量除应满足受剪承载力计算值的需要，也不应小于最小体积配箍率和规定的构造要求。加密区最小体积配箍率按《规程》第 6.2.9 条和按现行国家标准《混凝土结构设计规范》(GB 50010—2002) 第 11.4.17 条的规定：

$$\rho_v \geqslant \lambda_v f_c / f_{yv} \tag{10.5-3}$$

式中 f_c——混凝土轴心抗压强度设计值、当强度等级低于 C35 时，按 C35 取值；

f_{yv}——箍筋及拉筋抗拉强度设计值，对异形柱当 f_{yv} 超过 300N/mm² 时，取 300N/mm²；

λ_v——最小配筋特征值按表 10.5-4、表 10.5-5 采用。

普通箍筋矩形截面柱箍筋加密区的箍筋最小配筋特征值 **表 10.5-4**

抗震等级	柱轴压比								
	≤0.3	0.4	0.5	0.6	0.7	0.8	0.9	1.0	1.05
一级	0.10	0.11	0.13	0.15	0.17	0.20	0.23	*0.30*	
二级	0.08	0.09	0.11	0.13	0.15	0.17	0.19	0.22	0.24
三级	0.06	0.07	0.09	0.11	0.13	0.15	0.17	0.20	0.22

异形柱箍筋加密区的箍筋最小配筋特征值 **表 10.5-5**

截面	抗震等级	柱轴压比											
		≤0.30	0.40	0.45	0.50	0.55	0.60	0.65	0.70	0.75	0.80	0.85	
L形	二级	0.10	0.13	0.15	0.18	0.20	*0.24*	*0.28*					
	三级	0.09	0.10	0.12	0.14	0.16	0.18	0.20	*0.24*	*0.28*			
	四级	0.08	0.09	0.10	0.11	0.12	0.14	0.16	0.18	0.20	*0.24*	*0.28*	

续表

截面	抗震等级	柱轴压比											
		≤0.30	0.40	0.45	0.50	0.55	0.60	0.65	0.70	0.75	0.80	0.85	
T形	二级	0.09	0.12	0.14	0.17	0.19	0.21	*0.25*	*0.29*				
	三级	0.08	0.09	0.11	0.13	0.15	0.17	0.19	0.21	*0.25*	*0.29*		
	四级	0.07	0.08	0.09	0.10	0.11	0.13	0.15	0.17	0.19	0.21	*0.25*	*0.29*
十字形	二级	0.08	0.11	0.13	0.16	0.18	0.20	0.22	*0.26*	*0.30*			
	三级	0.07	0.08	0.10	0.12	0.14	0.16	0.18	0.20	0.22	*0.26*	*0.30*	
	四级	0.06	0.07	0.08	0.09	0.10	0.12	0.14	0.16	0.18	0.20	0.22	*0.26*

注：表中斜体的数字是CRSC软件对超过《规程》轴压比限值情况采取的配箍特征值，没有鼓励用户超《规程》设计和按此数值配箍就能达到安全设计的意思。希望用户根据情况作出调整。

可见异形柱的配箍特征值要求均比相同抗震等级的矩形柱要严，只有按《规程》要求配箍筋才能实现安全可靠的设计目的。CRSC软件已按《规程》的箍筋构造要求进行配箍。

第六节　异形柱斜截面受剪承载力计算

考虑地震作用组合的框架柱的剪力设计值：

$$V_c = \eta\left(\frac{M_c^t + M_c^b}{H_n}\right) \tag{10.6-1}$$

式中　η——增大系数，一、二、三级抗震等级分别取1.4、1.2、1.1；

M_c^t、M_c^b——分别为有地震作用组合，且经调整后的框架柱上、下端弯矩设计值；

H_n——柱的净高。

四级抗震等级，取地震作用组合下的剪力设计值；非抗震设计取静载和风载作用组合下的剪力设计值。

一、异形截面柱斜截面承载力

异形柱斜截面受剪承载力按截面两肢各自（长边）方向分别计算。每方向计算时，只考虑该方向肢的矩形截面和该方向的剪力分量（前提是另方向肢高不小于500mm），即与矩形截面要考虑双向受剪的作用有所不同。

(1) L形、T形及十字形截面框架柱的斜截面应满足以下规定：

无地震作用组合：　$V_c \leqslant 0.25 f_c b_c h_{c0}$　　(10.6-2a)

有地震作用组合：$\lambda>2$ 时 $V_c\leqslant\frac{1}{\gamma_{RE}}(0.2f_cb_ch_{c0})$ (10.6-2b)

$\lambda\leqslant2$ 时 $V_c\leqslant\frac{1}{\gamma_{RE}}(0.15f_cb_ch_{c0})$ (10.6-2c)

式中 λ——剪跨比，取柱上、下端弯矩较大值 M 与相应的剪力 V 和柱截面有效高度 h_{c0} 的比值，即 $\lambda=M/Vh_{c0}$；当框架结构的框架柱的反弯点在柱层高范围时，可取 $\lambda=H_n/2h_{c0}$，H_n 为柱的净高。当 $\lambda<1.0$ 时，取 $\lambda=1.0$；当 $\lambda>3$ 时，取 $\lambda=3$。因住宅柱梁刚度比较小，CRSC 软件近似取：$\lambda=0.5\times$柱净高/验算方向柱截面肢高；

b_c、h_{c0}——剪力作用方向的柱肢截面厚度、有效高度。

(2) 按强剪弱弯的要求，对地震作用组合的剪力应乘以相应的调整系数（见本章第四节）；

(3) 当柱截面不出现拉力时斜截面受剪承载力计算：

无地震作用组合 $V_c\leqslant\frac{1.75}{\lambda+1.0}f_tb_ch_{c0}+f_{yv}\frac{A_{sv}}{s}h_{c0}+0.07N$ (10.6-3a)

有地震作用组合 $V_c\leqslant\frac{1}{\gamma_{RE}}\left(\frac{1.05}{\lambda+1.0}f_tb_ch_{c0}+f_{yv}\frac{A_{sv}}{s}h_{c0}+0.056N\right)$ (10.6-3b)

(4) 当柱截面出现拉力时斜截面受剪承载力计算

无地震作用组合 $V_c\leqslant\frac{1.75}{\lambda+1.0}f_tb_ch_{c0}+f_{yv}\frac{A_{sv}}{s}h_{c0}-0.2N$ (10.6-4a)

有地震作用组合 $V_c\leqslant\frac{1}{\gamma_{RE}}\left(\frac{1.05}{\lambda+1.0}f_tb_ch_{c0}+f_{yv}\frac{A_{sv}}{s}h_{c0}-0.2N\right)$ (10.6-4b)

式 (10.6-4a) 右边、式 (10.6-4b) 右边括号内的计算值小于 $f_{yv}\frac{A_{sv}}{s}h_{c0}$ 时，取等于 $f_{yv}\frac{A_{sv}}{s}h_{c0}$，且 $f_{yv}\frac{A_{sv}}{s}h_{c0}$ 值取不小于 $0.36f_tb_ch_{c0}$。

上述各式中：

N——不考虑地震作用组合时为与剪力设计值相应的轴向压力或拉力设计值；考虑地震作用组合时为框架柱的轴向压力或拉力设计值；当 $N>0.3f_cA$ 时，取 $N=0.3f_cA$，此处 A 为柱的全截面面积；

A_{sv}——验算方向的柱肢截面厚度 b_c 范围内同一截面内箍筋各肢的全部截面面积；

s——沿柱高度方向上的箍筋间距。

二、矩形截面柱斜截面承载力

矩形截面静载作用下双向受剪的钢筋混凝土框架柱，其斜截面剪力设计值：

$$V_x \leqslant V_{ux}\Big/\sqrt{1+\left(\frac{V_{ux}\tan\theta}{V_{uy}}\right)^2};\qquad V_y \leqslant V_{uy}\Big/\sqrt{1+\left(\frac{V_{uy}\tan\theta}{V_{ux}}\right)^2} \tag{10.6-5}$$

其受剪截面应符合下列条件：

$$V_x \leqslant 0.25 f_c b_c h_{c0}\cos\theta;\qquad V_y \leqslant 0.25 f_c b_{c0} h_c \sin\theta \tag{10.6-6}$$

在 x 轴、y 轴方向的斜截面受剪承载力设计值 V_{ux}、V_{uy} 应按下列公式计算：

矩形截面柱截面不出现拉力时

$$V_{ux} \leqslant \frac{1.75}{\lambda_x+1.0} f_t b_c h_{c0} + f_{yv}\frac{A_{svx}}{s} h_{c0} + 0.07N;$$

$$V_{uy} \leqslant \frac{1.75}{\lambda_y+1.0} f_t h_c b_{c0} + f_{yv}\frac{A_{svy}}{s} b_{c0} + 0.07N \tag{10.6-7a}$$

矩形截面柱截面出现拉力时

$$V_{ux} \leqslant \frac{1}{\gamma_{RE}}\left(\frac{1.05}{\lambda+1.0} f_t b_c h_{c0} + f_{yv}\frac{A_{svx}}{s} h_{c0} - 0.2N\right);$$

$$V_{uy} \leqslant \frac{1}{\gamma_{RE}}\left(\frac{1.05}{\lambda+1.0} f_t h_c b_{c0} + f_{yv}\frac{A_{svy}}{s} b_{c0} - 0.2N\right) \tag{10.6-7b}$$

有地震作用组合用式（10.6-3b），式（10.6-4b）分别计算两个截面主轴方向的斜截面受剪承载力。

式中　λ_x、λ_y——框架柱的计算剪跨比；

A_{svx}、A_{svy}——配置在同一截面内平行于 x 轴、y 轴的箍筋各肢截面面积的总和；

N——与剪力设计值相应的轴向压力设计值；当 $N > 0.3 f_c A$ 时，取 $N = 0.3 f_c A$，此处 A 为柱的全截面面积；

V_x——x 轴方向的剪力值，对应的截面有效高度为 h_{c0}，截面宽度为 b_c；

V_y——y 轴方向的剪力值，对应的截面有效高度为 b_{c0}，截面宽度为 h_c；

θ——斜向剪力设计值 V 的作用方向与 x 轴的夹角，$\theta = \arctan(V_y/V_x)$。

有地震作用组合时，矩形截面柱截面限制条件：见式（10.6-2b）、式（10.6-2c）。

三、圆形截面柱斜截面承载力

按式（10.6-2）、式（10.6-3）、式（10.6-4）计算，但公式中的截面宽度 b_c 和截面有效高度 h_{c0} 应分别以 $1.76r$ 和 $1.6r$ 代替，此处，r 为圆形截面的半径。

第七节　梁柱节点核心区受剪承载力计算

一、梁柱节点核心区剪力设计值

二、三、四级抗震等级和非抗震的框架梁柱节点核心区的剪力设计值为：

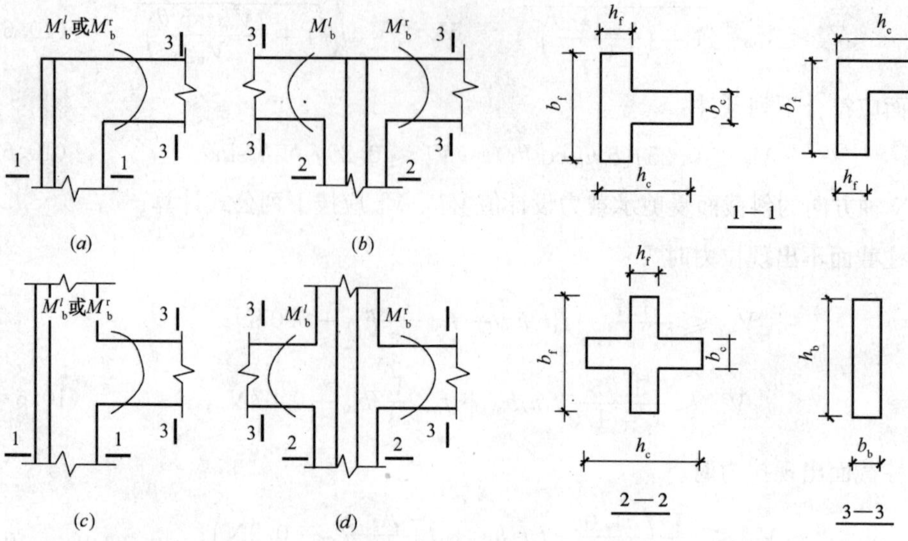

图 10.7-1　框架节点和梁柱截面示意图

(a) 顶层端节点；(b) 顶层中间节点；(c) 中间层端节点；(d) 中间层中间节点

中间层中柱节点和端节点

$$V_j = \lambda_1\left(\frac{M_b^l + M_b^r}{h_{b0} - a'_s}\right)\left(1 - \frac{h_{b0} - a'_s}{H_c - h_b}\right) \tag{10.7-1}$$

顶层中柱节点和端节点

$$V_j = \lambda_1\left(\frac{M_b^l + M_b^r}{h_{b0} - a'_s}\right) \tag{10.7-2}$$

式中　λ_1——增大系数，二、三、四级抗震等级和非抗震时分别取 1.2、1.1、1.0、1.0；

M_b^l、M_b^r——分别为有地震作用组合的框架节点左、右侧梁端弯矩设计值；

H_c——节点上、下层柱反弯点之间的距离；

h_b、h_{b0}——梁截面的高度、有效高度，当节点两侧梁高不同时，取其平均值；

a'_s——梁纵向受压钢筋合力点至截面近边的距离。

二、异形截面柱框架节点核心区的受剪承载力计算

框架节点核心区受剪承载力应符合

无地震作用组合　$$V_j \leqslant 0.24\zeta_f\zeta_h f_c b_j h_j \tag{10.7-3a}$$

有地震作用组合　$$V_j \leqslant \frac{0.19}{\gamma_{RE}}\zeta_N\zeta_f\zeta_h f_c b_j h_j \tag{10.7-3b}$$

框架节点核心区受剪承载力应按下式进行计算

无地震作用组合 $$V_j \leqslant 1.38\left(1 + \frac{0.3N}{f_c A}\right)\zeta_f\zeta_h f_t b_j h_j + \frac{f_{yv}A_{svj}}{s}(h_{b0} - a'_s) \tag{10.7-4a}$$

有地震作用组合 $V_j \leqslant \frac{1}{\gamma_{RE}}\left[1.1\zeta_N\left(1+\frac{0.3N}{f_cA}\right)\zeta_f\zeta_h f_t b_j h_j + \frac{f_{yv}A_{svj}}{s}(h_{b0}-a'_s)\right]$

(10.7-4b)

式中　b_j、h_j——分别为框架节点水平截面腹板的厚度和高度，可取 $b_j=b_c$，$h_j=h_c$；

b_c、h_c——分别为验算方向的柱肢截面厚度和柱肢截面高度；

N——与组合的节点剪力设计值对应的该节点上柱底部轴向力设计值，当 N 为压力且 $N>0.3f_cA$ 时，取 $N=0.3f_cA$；当 N 为拉力时，取$N=0$；

ζ_N——轴压比影响系数，取值见表 10.7-1；

ζ_f——翼缘 b_f（即为垂直于验算方向的柱肢截面高度）影响系数，对于柱肢截面高度和厚度相同的等肢异形柱节点，见表 10.7-2，对于柱肢截面高度与厚度不相同的不等肢异形柱节点，根据柱肢截面高度与厚度不相同的不同情况，分为四类，ζ_f 以有效翼缘影响系数 $\zeta_{f,ef}$ 代替，$\zeta_{f,ef}$ 见表 10.7-3；

ζ_h——截面高度影响系数，取值见表 10.7-4；

A_{svj}——核心区有效验算宽度范围内同一截面验算方向的箍筋各肢总截面面积。

轴压比影响系数 ζ_N　　**表 10.7-1**

轴压比	≤0.3	0.4	0.5	0.6	0.7	0.8	0.9
ζ_N	1.00	0.98	0.95	0.90	0.88	0.86	0.84

翼缘影响系数 ζ_f　　**表 10.7-2**

b_f-b_c (mm)		0	300	400	500	600	700
ζ_f	L形	1	1.05	1.10	1.10	1.10	1.10
	T形	1	1.25	1.30	1.35	1.40	1.40
	十字形	1	1.40	1.45	1.50	1.55	1.55

注：1. 表中 b_f 为垂直于验算方向的柱肢截面高度，见图 10.7-1；

2. 表中的十字形和 T 形截面是指翼缘对称截面。若不对称时，则翼缘的不对称部分不计算在 b_f 数值内；

3. 对于 T 形截面，当验算方向为翼缘方向时，ζ_f 按 L 形截面取值。

有效翼缘影响系数 $\zeta_{f,ef}$ **表 10.7-3**

截面类型	L形、T形和十字形截面			
	A类	B类	C类	D类
截面特征	$b_f \geqslant h_c$ 和 $h_f \geqslant b_c$	$b_f \geqslant h_c$ 和 $h_f < b_c$	$b_f < h_c$ 和 $h_f \geqslant b_c$	$b_f < h_c$ 和 $h_f < b_c$
$\zeta_{f,ef}$	ζ_f	$1+\frac{(\zeta_f-1)\ h_f}{b_c}$	$1+\frac{(\zeta_f-1)\ b_f}{h_c}$	$1+\frac{(\zeta_f-1)\ b_f h_f}{b_c h_c}$

注：1. 对于A类柱肢截面节点，取 $\zeta_{f,ef}=\zeta_f$，ζ_f 值按表 10.7-2 取用，但表中（b_f-b_c）值应以（h_c-b_c）值代替；

2. 对于B类、C类和D类柱肢截面节点，确定 $\zeta_{f,ef}$值时，ζ_f 值按表 10.7-2 取用，但表中（b_f-b_c）值应分别以（h_c-h_f）、（b_f-b_c）和（b_f-h_f）值代替。

核心区截面高度影响系数 ζ_h **表 10.7-4**

h_j（mm）	≤600	700	800	900	1000
ζ_h	1	0.9	0.85	0.80	0.75

三、矩形截面柱框架节点核心区的受剪承载力计算

因异形柱结构中常见截面尺寸较小（300mm$\leqslant b$ 或 $h<$400mm）的矩形截面柱，计算发现三级抗震设计时，这样柱的框架节点核心区承载力或构造要求有些会达不到规范要求，故CRSC软件增加了对三级抗震要求的这样的梁柱节点核心区受剪承载力计算和节点核心区配箍特征值的检验。四级抗震等级和非抗震设计的矩形柱框架节点，软件不进行受剪承载力计算，但按构造要求进行配筋。

矩形截面柱框架节点核心区受剪的水平截面应符合下列条件：

$$V_j \leqslant \frac{1}{\gamma_{RE}}(0.3\eta_j f_c b_j h_j) \tag{10.7-5}$$

式中 η_j——正交梁对节点的约束影响系数：对整浇楼盖两个正交方向有梁约束的中间节点，当梁的截面宽度均大于柱截面宽度的 1/2，且正交方向梁高度不小于较高框架梁高度 3/4 时，取 $\eta_j=1.5$；当不满足上述约束条件时，应取 $\eta_j=1$。

矩形截面柱框架节点核心区受剪承载力，应按下列公式计算：

$$V_j \leqslant \frac{1}{\gamma_{RE}}\left[1.1\eta_j f_t b_j h_j + 0.05\eta_j N\frac{b_j}{b_c} + \frac{f_{yv}A_{sv}}{s}(h_{b0}-a'_s)\right] \tag{10.7-6}$$

其中 N——考虑地震作用组合的节点上柱底的轴向压力，当 $N>0.5f_c b_c h_c$ 时，取 $N=0.5f_c b_c h_c$。

当矩形柱采用复合箍筋时，CRSC软件在计算节点核心区受剪承载力时，对于非矩形的复合箍筋、即菱形箍筋按其拉力投影到 X 或 Y 轴方向的力（即乘 0.707）来考虑。对于八角形箍筋也按菱形箍筋方式处理。

四、圆形截面柱框架节点核心区的受剪承载力计算

圆形截面柱框架节点，当梁中线与柱中线重合时，受剪的水平截面应符合下列条件：

$$V_j \leqslant \frac{1}{\gamma_{RE}} 0.3 \eta_j f_c A_j \tag{10.7-7}$$

式中　A_j——节点核心区有效截面面积，当 $b_b \geqslant 0.5D$ 时，取 $A_j = 0.8D^2$；当 $0.4D \leqslant b_b < 0.5D$ 时，取 $A_j = 0.8D\ (b_b + D/2)$；

D——圆柱截面直径；

b_b——梁的有效宽度；梁的宽度不宜小于 $D/3$；

η_j——正交梁对节点的约束影响系数，其值与矩形截面柱框架节点相同。

当设防烈度低于9度时，圆形截面柱框架节点核心区的受剪承载力，应按下列公式计算：

$$V_j \leqslant \frac{1}{\gamma_{RE}} \left(1.5 \eta_j f_t A_j + 0.05 \eta_j \frac{N}{D^2} A_j + 1.57 f_{yv} A_{sh} \frac{h_{b0} - a'_s}{s} + f_{yv} A_{svj} \frac{h_{b0} - a'_s}{s} \right) \tag{10.7-8}$$

式中　h_{b0}——梁的有效高度；

A_{sh}——单根圆形箍筋的截面面积；

A_{svj}——同一截面验算方向的拉筋和非圆形箍筋各肢的全部截面面积。

第八节　构　造　要　求

（1）矩形、圆形及异形截面柱全部纵向受力钢筋的配筋率不小于表10.8-1的规定值且截面一侧的纵向受力钢筋的配筋率不小于0.2%。

（2）框架柱中全部纵向钢筋的配筋率，抗震设计时，对HRB335、HRB400钢筋异形截面柱不应大于3%、矩形、圆形截面柱不应大于5%；非抗震设计时，异形截面柱不应大于4%、矩形、圆形截面柱不应大于5%。

（3）抗震设计时，柱端加密区长度、箍筋最大间距和箍筋最小直径应满足表10.8-2的规定。

框架柱纵向受力钢筋的最小配筋率（%）　　表10.8-1

柱类型	抗震等级				非抗震
	一级	二级	三级	四级	
中柱、边柱	1.0	0.8 (0.8)	0.7 (0.8)	0.6 (0.8)	0.6 (0.8)
角柱	1.2	1.0 (1.0)	0.9 (0.9)	0.8 (0.8)	0.6 (0.8)

注：括号中数值是对异形柱的规定值。

框架柱端箍筋加密区的构造要求 表 10.8-2

抗震等级	箍筋加密区长度	箍筋最大间距	箍筋最小直径（mm）
一级	取截面长边尺寸（或圆形截面直径）、层间柱净高的 1/6 和 500 mm 三者中的最大值	矩形柱取纵向钢筋直径的 6 倍、100 mm 二者中的较小值（不允许采用异形柱）	10
二级		取纵向钢筋直径的 8（异形柱 6）倍、100 mm 二者中的较小值	8
三级		取纵向钢筋直径的 8（异形柱 7）倍、150（异形柱 120）（底层 100）mm 二者中的较小值	8
四级		取纵向钢筋直径的 8（异形柱 7）倍、150（底层柱 100）mm 二者中的较小值	6（底层柱 8）

注：1. 柱在刚性地坪上、下各 500mm 范围内，应按表中规定配置箍筋；

2. 对二级抗震等级的矩形柱，当箍筋直径不小于 10 mm 时，其箍筋最大间距可取 150mm；

3. 框支柱和剪跨比不大于 2 的矩形或异形截面框架柱，箍筋间距不应大于 100mm，且一、二、三、四级抗震等级箍筋直径不应小于 8mm；

4. 对三、四级抗震等级的框架柱底层柱嵌固部位的箍筋直径宜不小于 8 mm，间距宜不大于 100mm。

（4）框架柱加密区箍筋的数量应满足受剪承载力计算值的需要，也不应小于最小体积配箍率和表 10.8-2 规定的构造要求。加密区最小体积配箍率按现行国家标准《混凝土结构设计规范》（GB 50010—2002）第 11.4.17 条和《规程》第 6.2.9 条的规定：$\rho_v \geqslant \lambda_v f_c / f_{yv}$，其中 λ_v 为最小配筋特征值按表 10.5-4，表 10.5-5 采用。

柱中靠近截面边缘的纵向钢筋间距一般不宜大于 200mm，最大不应超过 250 mm，不能满足时，应设置纵向构造钢筋，其直径可采用 12 mm，并设拉筋，拉筋间距与箍筋间距同。

（5）对于矩形、圆形及异形截面柱框架节点，在节点区内的箍筋最大间距和最小直径宜按框架柱箍筋加密区的构造要求取用；对一、二、三、四级抗震等级的框架节点核心区配箍特征值分别不宜小于 0.12、0.10、0.08 和 0.06，且体积配箍率分别不宜小于 1.0%、0.8%、0.6%和 0.5%。框架柱的剪跨比 $\lambda \leqslant 2$ 的框架节点核心区配箍特征值不宜小于核心区上、下配箍特征值中的较大值。CRSC 软件对节点核心区配箍特征值按规范、《规程》要求进行检验与输出。

第九节 工 程 算 例

算例一

7 度（0.15g）地震设防的三层异形柱结构初始设计方案，首层结构平面如图 10.9-1（a）所示、二层如图 10.9-1（b）所示、三层如图 10.9-1（c）所示。1～3 层层高分别是

5m（自基础顶面算起）、3.2m、2.7m。Ⅲ类场地，设计地震分组为第一组，考虑附加输入 45°（和 135°）方向的地震作用补充验算，基本风压 0.55 kN/m²。混凝土强度等级为 C25。L 形柱肢厚 200mm、肢长高 500～700mm，方柱截面边长 350mm。梁柱重叠区考虑梁端刚域。查《规程》表 3.3.1 知该异形柱结构抗震验算的等级为三级，采取构造措施的抗震等级为二级。用 PKPM 软件分析结构内力时，输入三级抗震等级。采用现行国家标准《混凝土结构设计规范》（GB 50010—2002）第 7.3.11-3 条确定柱的计算长度。基本输入数据文件 data.tat 和 TAT 的内力计算结果文件 nl-?.out，见软件安装开首次运行后生

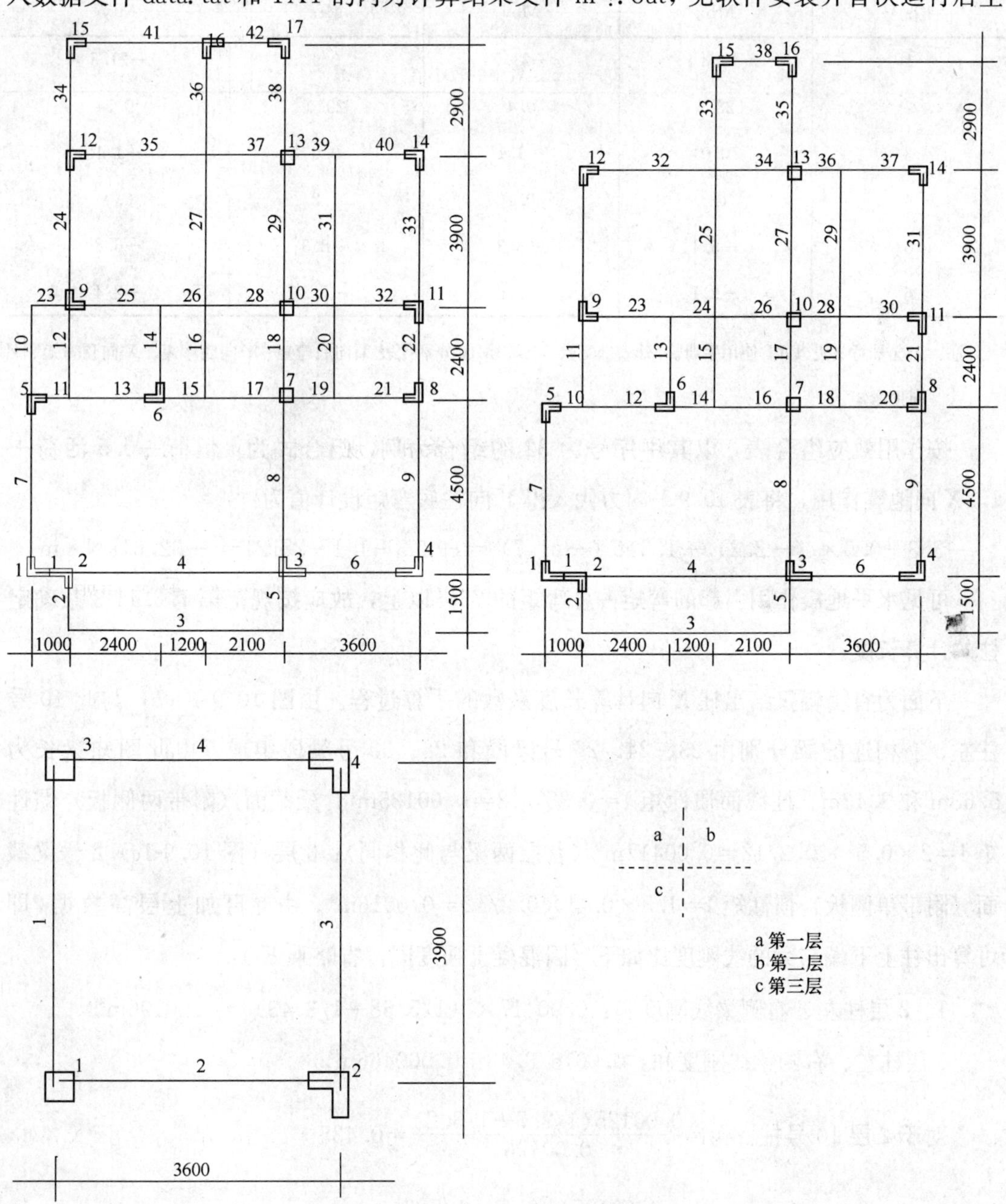

图 10.9-1　结构平面简图

成的 c:\crscexam 子目录。

读取 TAT 软件的内力结果，用 CRSC 软件进行配筋计算，发现大多数柱都是水平荷载产生的弯矩占总弯矩的 75%以上，所以应按混凝土规范第 7.3.11-3 条确定柱的计算长度。下面给出 CRSC 算出的几根柱的计算长度系数及其手算复核。

2 层 10 号柱，2007 年 8 月 29 日版本 TAT 给出的弯矩结果如表 10.9-1 所示。

2 层第 10 号柱单元弯矩（kN·m） **表 10.9-1**

工况号	Mbx	Mby	Mtx	Mty
1	0.8	−21.7	0.9	−21.3
2	28.5	0.4	29.0	0.5
3	0.0	−1.1	0.0	−1.1
4	1.0	0.1	1.2	0.0
5	−5.1	−3.3	−8.3	−6.8
6	−2.1	−2.2	−2.3	−2.4

注：工况号意义见 TAT 使用手册。Mbx、Mby、Mtx、Mty 分别代表 X 向底弯矩、Y 向底弯矩、X 向顶弯矩、Y 向顶弯矩。

按作用效应组合表，以其中序号为 32 的组合为例，组合式为：恒荷＋0.5 活荷＋1.3X 向地震作用，将表 10.9-1 内力代入得 Y 向柱底弯矩设计值为：

$$-3.3+0.5\times(-2.2)+1.3\times(-21.7)=-3.3-1.1-28.21=-32.61\text{kN}\cdot\text{m}$$

可见水平地震作用引起的弯矩占总弯矩的 75%以上，故应按规范第 7.3.11-3 条确定柱的计算长度。

下面为省篇幅仅给出柱 X 向计算长度系数的手算过程。由图 10.9-1（b）与此 10 号柱左、右相连的梁分别由 23、24、26 号梁段和 28、30 号梁段组成。由此图知梁长为 5.68m 和 3.43m。柱截面惯性矩 $I=0.35^4/12=0.00125\text{m}^4$，梁截面（附带两侧板）惯性矩 $I=2\times0.5^3\times0.2/12=0.00417\text{m}^4$（首层两梁与此相同）；3 层（图 10.9-1$c$）2 号梁截面（附带单侧板）惯性矩 $I=1.5\times0.4^3\times0.2/12=0.0016\text{m}^4$。由此再加上层高数据，即可算出柱上下端与梁的线刚度比如下（因混凝土强度同，省略乘 E_c）：

1、2 层柱左、右侧梁线刚度和：$0.00417\times(1/5.68+1/3.43)=0.00196\text{m}^3$

3 层柱左、右侧梁线刚度和：$0.0016/3.43=0.000466\text{m}^3$

对于 2 层 10 号柱：$\psi_u=\dfrac{0.00125(1/2.7+1/3.2)}{0.00196}=0.435$

$$\psi_l=\frac{0.00125(1/3.2+1/5.0)}{0.00196}=0.327$$

计算长度系数 $1+0.15(\psi_u+\psi_l)=1.11$。其值小于规范第 7.3.11-2 条确定的一般框架柱的计算长度系数，故计算时取 1.25。

对于 1 层 10 号柱 $\psi_l=0$；ψ_u 与 2 层 10 号柱的 ψ_l 同，计算长度系数 $1+0.15(\psi_u+\psi_l)=1.05$

对截面有两正交对称轴的柱、如矩形、十字形截面柱，CRSC 软件分别给出 x 和 y 两方向柱的计算长度，对于 L、T 形截面柱则偏安全地取两方向计算长度的较大值进行配筋。CRSC 输出的此两柱 x 向计算长度系数分别为 1.25 和 1.05。可见其与手算结果一致。经 CRSC 软件计算 1 层 5 号柱的计算长度系数为 1.65，考虑此系数后该柱的长细比 l_0/r_a 最大值 73.1，超出了《规程混凝土异形柱结构技术》（JGJ 149—2006）最大限值 70 的规定。

另外，首层有 7 个 L 形柱上梁柱节点（柱号分别为 5、6、8、9、11、12、16）不满足受剪承载力最小截面尺寸要求。下面给出 11 号节点上柱节点剪力值手算和 CRSC 电算结果及其比较。由结构平面简图（图 10.9-1a）可见该节点 y 方向上（右 r）、下（左 l）梁号分别为 33 和 22。TAT 内力结果文件 NL-1. OUT 给出二梁的部分内力如表 10.9-2 所示。

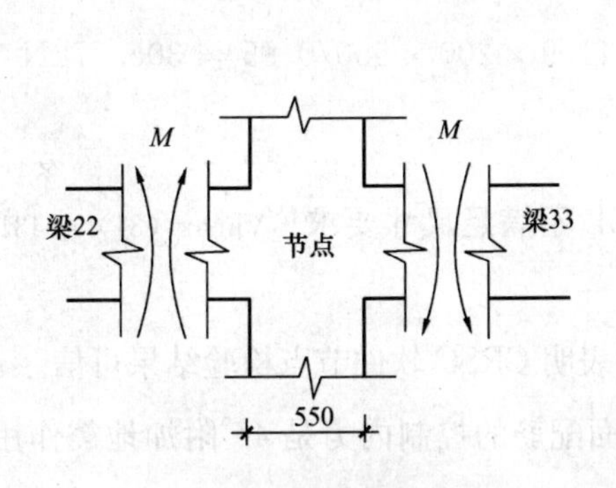

图 10.9-2　节点两侧弯矩图

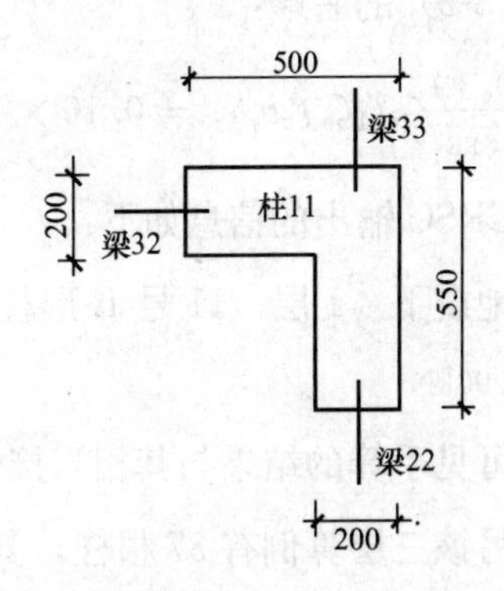

图 10.9-3　节点水平截面

1 层第 11 号柱上、下侧梁端单元弯矩（kN·m）　　**表 10.9-2**

	梁 33 的 i 端			梁 22 的 j 端		
荷载或作用	M（kN·m）	V（kN）	折减后 M	M（kN·m）	V（kN）	折减后 M
永久荷载	−16.5	30.0	−11.25	−2.6	11.6	−0.47
可变荷载	−3.5	6.1	−2.43	−0.6	1.0	−0.43
Y 向地震作用	46.5	30.0	41.25	−66.7	82.2	−52.32

在 TAT 计算时取参数 Mbcm=2、即取 1/2 柱宽与 1/4 梁高宽的差按梁的刚域考虑，

这里取将梁端弯矩减去梁端剪力与 1/2 柱宽与 1/4 梁高宽的差（$=0.55/2-0.4/4=0.175$m）的乘积得节点剪力计算式所需的弯矩值，即表 10.9-2 中的“折减后 M”。第 31 号内力组合式为：1.2×永久荷载效应+0.6×可变荷载效应−1.3×y 向地震作用效应，以此为例计算如下：

$$M_b^l = 1.2\times(-0.47)+0.6\times(-0.43)-1.3\times(-52.32)=67.194\ \text{kN}\cdot\text{m}$$

$$M_b^r = 1.2\times(-11.25)+0.6\times(-2.43)-1.3\times 41.25=-68.583\ \text{kN}\cdot\text{m}$$

左梁梁端下部受拉、右梁梁端上部受拉，对中间节点正好相反，节点两侧弯矩均绕节点顺时针旋转（图 10.9-2），将两者累加得节点剪力：

$$\begin{aligned}V_j &= \eta_{jb}\frac{M_b^l+M_b^r}{h_{b0}-a'_s}\left(1-\frac{h_{b0}-a'_s}{H_c-h_b}\right)\\ &=1.1\times\frac{67.194+68.583}{0.365-0.035}\times\left(1-\frac{0.365-0.035}{2.5+1.6-0.40}\right)\\ &=412.22\text{kN}\end{aligned}$$

此节点为不等肢 L 形截面，根据其所受轴力和截面尺寸（图 10.9-3）由规程表 5.3.2-1～表 5.3.4-2 查得轴压比影响系数 $\zeta_N=1$、翼缘影响系数 $\zeta_f=1.045$、截面高度影响系数 $\zeta_h=1$。可算得节点所能承受的最大剪力（截面尺寸限制条件），即《规程》式（5.3.3-2）的右端：

$$\frac{0.19}{\gamma_{RE}}\zeta_N\zeta_f\zeta_h f_c b_j h_j=0.19\times1\times1.045\times1\times11.9\times200\times550/0.85=305.77\text{kN}$$

CRSC 输出的信息如下：

地震下 1层 11号 L 形柱上节点在方向 2L 不满足尺寸要求！Vjmax（31）＝431.32＞305.90kN

可见手算的结果与其相当接近（差 4.4%）。表明 CRSC 软件节点检验结果可信。

另该三层算例有 37 根柱，其中 22 根柱正截面配筋的控制内力是 45°附加地震作用参与的组合。以下是 CRSC 输出的部分配筋出错文件 cnpjtat.err 的部分信息

第 1层第 5号柱 L0/Ra＝ 73.0＞70

地震下 1层 5号 L 形柱上节点在方向 2 不满足尺寸要求！Vjmax(30)＝ 282.68＞ 279.30 kN

地震下 1层 6号 L 形柱上节点在方向 2 不满足尺寸要求！Vjmax(31)＝ 335.39＞ 279.30 kN

地震下 1层 8号 L 形柱上节点在方向 2 不满足尺寸要求！Vjmax(30)＝ 359.70＞ 279.30 kN

地震下 1层 9号 L 形柱上节点在方向 2 不满足尺寸要求！Vjmax(30)＝ 302.73＞ 279.30 kN

地震下 1层 11号 L 形柱上节点在方向 2 不满足尺寸要求！Vjmax(31)＝ 431.32＞ 305.90 kN

地震下 1层 12号 L 形柱上节点在方向 2 不满足尺寸要求！Vjmax(31)＝ 325.84＞ 279.30 kN

地震下 1层 16号 L 形柱上节点在方向 2 不满足尺寸要求！Vjmax(30)＝ 295.99＞ 285.95 kN

TAT 各层构件超限信息输出文件 GCPJ.OUT 的部分内容为：

第 1 层配筋、验算

柱墙活荷载拆减系数 Rf＝1.00

**节点域抗剪超限	(31) Vjy＝	－286.	＞	Ffc＝0.23*fc*B*H＝	279. Nc＝	1
**节点域抗剪超限	(30) Vjy＝	334.	＞	Ffc＝0.23*fc*B*H＝	279. Nc＝	5
**节点域抗剪超限	(29) Vjx＝	－286.	＞	Ffc＝0.23*fc*B*H＝	279. Nc＝	6
**节点域抗剪超限	(31) Vjy＝	－391.	＞	Ffc＝0.23*fc*B*H＝	279. Nc＝	6
**节点域抗剪超限	(30) Vjy＝	444.	＞	Ffc＝0.23*fc*B*H＝	279. Nc＝	8
**节点域抗剪超限	(30) Vjy＝	341.	＞	Ffc＝0.23*fc*B*H＝	279. Nc＝	9
**节点域抗剪超限	(31) Vjy＝	－539.	＞	Ffc＝0.23*fc*B*H＝	306. Nc＝	11
**节点域抗剪超限	(29) Vjx＝	－296.	＞	Ffc＝0.23*fc*B*H＝	279. Nc＝	12
**节点域抗剪超限	(31) Vjy＝	－375.	＞	Ffc＝0.23*fc*B*H＝	279. Nc＝	12
**节点域抗剪超限	(28) Vjx＝	318.	＞	Ffc＝0.23*fc*B*H＝	306. Nc＝	16
**节点域抗剪超限	(30) Vjy＝	345.	＞	Ffc＝0.23*fc*B*H＝	279. Nc＝	16

CRSC 给出的配筋简表文件：cltab.dat 的内容：

层	柱号	柱长	形状	B	H	U	T	D	F	Uc	N1	D1	Dg	SD	LofD	SS	SJ		KZ
1	1	5.00	L	200	500	300	200	0	400	0.13	8	25	8	100	Full	100	100	角柱	2
1	2	5.00	L	200	500	0	200	400	0	0.17	8	18	8	100	Full	100	100	角柱	1
1	3	5.00	L	200	500	300	200	0	500	0.23	8	25	8	96	1433	160	96		4
1	4	5.00	L	200	500	300	200	500	0	0.13	8	25	8	100	Full	100	100	角柱	4
1	5	5.00	L	200	500	0	200	0	300	0.14	8	16	8	96	Full	96	0	角柱	5
1	6	5.00	L	200	500	300	200	300	0	0.18	8	16	8	96	1533	160	0		5
1	7	5.00	S	350	350	0	0	0	0	0.24	8	12	8	96	1500	120	96		13
1	8	5.00	L	200	500	300	200	300	0	0.17	8	18	8	100	1533	180	0		6
1	9	5.00	L	200	500	300	200	0	300	0.19	8	16	8	96	1500	160	0		5
1	10	5.00	S	350	350	0	0	0	0	0.33	8	12	8	96	1500	120	96		13
1	11	5.00	L	200	550	0	200	300	0	0.17	8	22	8	96	1500	160	0		10
1	12	5.00	L	200	500	0	200	0	300	0.17	8	16	8	96	1500	160	0		5
1	13	5.00	S	350	350	0	0	0	0	0.31	8	12	8	96	1500	120	96		13
1	14	5.00	L	200	500	0	200	300	0	0.13	8	18	8	100	Full	100	100	角柱	6
1	15	5.00	L	200	500	0	200	0	300	0.04	8	20	8	100	Full	100	100	角柱	7
1	16	5.00	L	200	500	0	200	0	350	0.14	8	25	8	96	1500	160	0		12
1	17	5.00	L	200	500	0	200	350	0	0.13	8	25	8	100	Full	100	100	角柱	12
2	1	3.20	L	200	500	300	200	0	400	0.02	8	18	8	100	Full	100	100	角柱	1
2	2	3.20	L	200	500	0	200	400	0	0.09	8	18	8	100	Full	100	100	角柱	1
2	3	3.20	L	200	500	300	200	0	500	0.10	8	18	8	89	Full	89	89		3
2	4	3.20	L	200	500	300	200	500	0	0.04	8	18	8	89	Full	89	89	角柱	3
2	5	3.20	L	200	500	0	200	0	300	0.05	8	16	8	96	Full	96	96	角柱	5
2	6	3.20	L	200	500	300	200	300	0	0.08	8	16	8	96	500	160	96		5
2	7	3.20	S	350	350	0	0	0	0	0.10	8	12	8	96	500	120	96		13
2	8	3.20	L	200	500	300	200	300	0	0.07	8	16	8	96	500	160	96		5
2	9	3.20	L	200	500	300	200	0	300	0.07	8	16	8	96	500	160	96		5
2	10	3.20	S	350	350	0	0	0	0	0.17	8	12	8	96	500	120	96		13
2	11	3.20	L	200	550	0	200	300	0	0.08	8	16	8	96	550	160	96		8
2	12	3.20	L	200	500	0	200	0	300	0.05	8	16	8	96	Full	96	96	角柱	5
2	13	3.20	S	350	350	0	0	0	0	0.16	8	12	8	96	500	120	96		13
2	14	3.20	L	200	500	0	200	300	0	0.07	8	16	8	96	Full	96	96	角柱	5
2	15	3.20	L	200	500	0	200	0	350	0.04	8	18	8	100	Full	100	100	角柱	11

2	16	3.20	L	200	500	0	200	350	0	0.04	8	18	8	100	Full	100	100	角柱 11
3	1	2.70	S	350	350	0	0	0	0	0.03	8	14	8	100	Full	100	100	角柱 14
3	2	2.70	L	200	550	0	200	300	0	0.03	8	18	8	100	Full	100	100	角柱 9
3	3	2.70	S	350	350	0	0	0	0	0.03	8	14	8	100	Full	100	100	角柱 14
3	4	2.70	L	200	500	0	200	300	0	0.02	8	16	8	96	Full	96	96	角柱 5

＝＝＝＝＝＝＝＝＝＝＝＝＝＝＝ 文件结尾 ＝＝＝＝＝＝＝＝＝＝＝＝＝＝＝

注：其中柱长 m、截面形状及各边尺寸、轴压比、纵筋根数、直径；箍筋直径，SD、SS 和 SJ 分别为箍筋加密区、非加密区的箍筋间距和节点核心区箍筋间距，LofD 是加密区长度。

和配筋结果汇总文件 pjlst0.out 的内容

不同尺寸柱截面总数（NCA）＝6

KCH	120 602 050	120 702 050	120 502 050	120 502 055	120 552 050	350 000 35
USE	4	4	14	3	4	8
MAS	2	2	3	3	2	2

L 形截面柱 KCH＝120 602 050 配筋结果 As，柱数 n，受力纵筋直径 D 为：

As	2035.8	3927.0
n，D	3，18	1，25
KZ 号	1	2

L 形截面柱 KCH＝120 702 050 配筋结果 As，柱数 n，受力纵筋直径 D 为：

As	2035.8	3927.0
n，D	2，18	2，25
KZ 号	3	4

L 形截面柱 KCH＝120 502 050 配筋结果 As，柱数 n，受力纵筋直径 D 为：

As	1608.5	2035.8	2513.3
n，D	11，16	2，18	1，20
KZ 号	5	6	7

L 形截面柱 KCH＝120 502 055 配筋结果 As，柱数 n，受力纵筋直径 D 为：

As	1608.5	2035.8	3041.1
n，D	1，16	1，18	1，22
KZ 号	8	9	10

L 形截面柱 KCH＝120 552 050 配筋结果 As，柱数 n，受力纵筋直径 D 为：

As	2035.8	3927.0
n，D	2，18	2，25
KZ 号	11	12

矩形截面柱 KCH＝350 000 35 配筋结果 As，柱数 n，受力纵筋直径 D 为：

As	904.8	1231.5
n，D	6，12	2，14
KZ 号	13	14

各层柱加密区箍筋最大和最小配置，节点箍筋最大配置

ISU	层号	异形截面柱					普通截面柱				
		最大直径	最小间距	最小直径	最大间距	节点箍筋最小间距	最大直径	最小间距	最小直径	最大间距	节点箍筋最小间距
1	3	8	96	8	100	96	8	100	8	100	100
2	2	8	89	8	100	89	8	96	8	96	96
3	1	8	96	8	100	0	8	96	8	96	96

================文件结尾================

运行归并，结果文件 PJLSTM. OUT 如下：

PJLSTM. OUT　不同尺寸柱截面总数（NCA）＝　6

KCH	120602050	120702050	120502050	120502055	120552050	35000035
USE	4	4	14	3	4	8
MAS	1	1	1	1	1	1

L 形截面柱 KCH＝120602050 配筋结果 *As*；柱数 *n*，受力纵筋直径 *D* 为：

As　3927.0
n,*D*　4，25
KZ 号　1

L 形截面柱 KCH＝120702050 配筋结果 *As*；柱数 *n*，受力纵筋直径 *D* 为：

As　3927.0
n,*D*　4，25
KZ 号　2

L 形截面柱 KCH＝120502050 配筋结果 *As*；柱数 *n*，受力纵筋直径 *D* 为：

As　2513.3
n,*D*　14，20
KZ 号　3

L 形截面柱 KCH＝120502055 配筋结果 *As*；柱数 *n*，受力纵筋直径 *D* 为：

As　3041.1
n,*D*　3，22
KZ 号　4

L 形截面柱 KCH＝120552050 配筋结果 *As*；柱数 *n*，受力纵筋直径 *D* 为：

As　3927.0
n,*D*　4，25
KZ 号　5

矩形截面柱 KCH＝35000035 配筋结果 *As*；柱数 *n*，受力纵筋直径 *D* 为：

As　1231.5
n,*D*　8，14

KZ 号　　6

各层柱加密区箍筋最大和最小配置，节点箍筋最大配置

ISU	层号	异形截面柱 最大直径	最小间距	最小直径	最大间距	节点箍筋最小间距	普通截面柱 最大直径	最小间距	最小直径	最大间距	节点箍筋最小间距
1	3	8	100	8	100	100	8	100	8	100	100
2	2	8	100	8	100	100	8	100	8	100	100
3	1	8	96	8	100	0	8	100	8	100	100

＝＝＝＝＝＝＝＝＝＝＝＝＝ 文件 PJLSTM.OUT 结尾 ＝＝＝＝＝＝＝＝＝＝＝＝＝

可见随着受力纵筋直径的加大，箍筋间距也有所加大（如果原箍筋间距是由 s/d，即箍筋间距与受力纵筋直径成正比控制的），CRSC 做到了此点。如有的题目经纵筋归并后箍筋间距还小于 100mm，这里可再运行箍筋间距调整，将箍筋直径换成 10mm 直径。

算例二

位于 8 度设防区Ⅱ类场地上 7 层普通柱与异形柱混合使用的框架结构，二级抗震等级，图 10.9-4 为其首层至六层平面。顶层层高 2.9m、其他各层层高 2.8m。

异形柱均为等肢截面，其截面肢高 600mm、肢厚 200mm；方柱截面 400mm×400mm。混凝土强度等级 C35，柱纵筋采用 HRB335 级钢、箍筋用 HPB235 级钢。下面给出二层 24 号柱的斜截面配筋输出结果作为典型示例。

平面中间编号为 24 的等肢十形截面柱截面尺寸为肢厚 200mm、肢高 600mm。2007 年 8 月 29 日版本 TAT 给出的二层该柱标准内力如下：

第　24 柱单元　上节点号：　24　下节点号：　24　主轴夹角（dec）：　0.0

（工况号）	轴力	X 向剪力	Y 向剪力	X 底弯矩	Y 底弯矩	X 顶弯矩	Y 顶弯矩	扭矩
(1)	0.0	−89.2	0.0	0.0	−127.6	0.0	−122.1	1.7
(2)	−113.3	0.0	−120.5	173.9	0.0	163.7	0.0	0.0
E 45D	−80.1	−63.1	−85.2	123.0	−90.2	115.7	−86.4	1.2
E135D	−80.1	63.1	−85.2	123.0	90.2	115.7	86.4	−1.2
(3)	0.0	−3.5	0.0	0.0	−4.9	0.0	−4.8	0.0
(4)	−8.4	0.0	−9.5	13.7	0.0	13.1	0.0	0.0
(5)	−807.7	0.0	2.7	−2.4	0.0	−5.2	0.0	0.0
(6)	−139.9	0.0	1.6	−2.4	0.0	−2.0	0.0	0.0

下面考察该柱在 31 号内力组合下的内力，第 31 号内力组合式为：1.2×永久荷载效应＋0.6×可变荷载效应－1.3×y 向地震作用效应，其受到的剪力为：

$$V_c = 1.56\times[1.2\times2.7+0.6\times1.6-1.3\times(-120.5)]$$

$$=1.56\times160.85=250.93\ \text{kN}$$

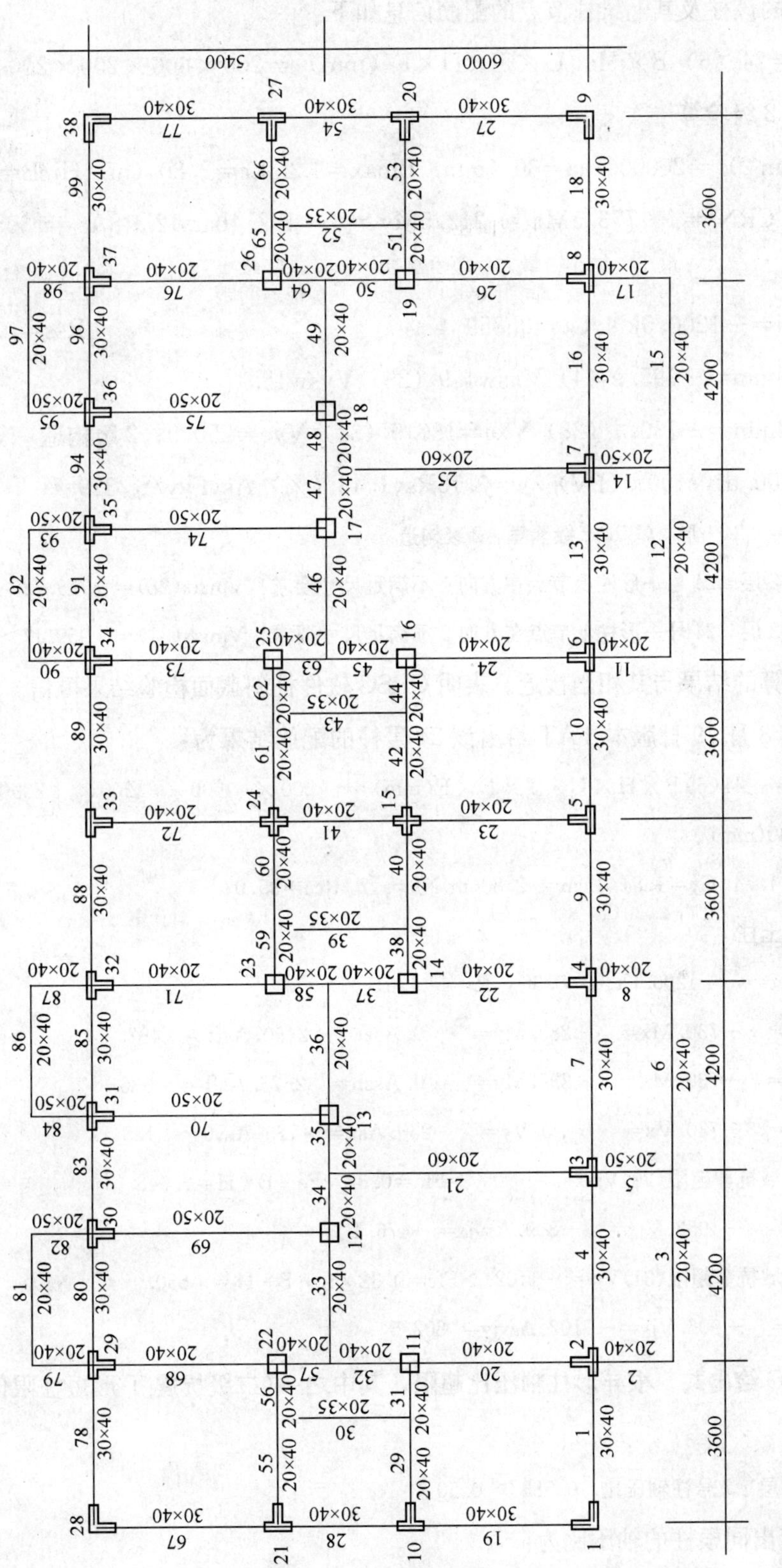

图10.9-4　例题二首层至六层平面

CRSC 输出的该柱及其上梁柱节点的配筋信息如下：

N－C＝24（6）B×H×U×T×D×F（mm）＝200×600×200×200×200×200 "＋" C35；2 级验算

Ac（mm^2）＝200000. aa＝30（mm）Bmax＝1.25Lc＝2.80（m）Hj/B＝4.0

（35a）CRN＝－773.5Mx＝212.5My＝－152.4bars12D18As＝3053.6 Rs＝1.53（%）

（30）N＝－1200.5kN Uc＝0.359 Rss＝0.25（%）

（11）Nmin＝－795.9（4）Vxsw4.9（23）Vysw18.1

（35）Nmin＝－730.4（28）Vxe＝180.9（31）Vye＝250.9；2 级构造

HDZ2800. d10s100.（PV）λv＝0.15Rsv1.48（%）AsvFyv/S 329.7

N－N＝ 24＋形，C35，2 级验算，2 级构造

地震下 2层 24 号＋形柱上节点在方向 1 不满足尺寸要求！Vjmax(28)＝ 719.72＞ 649.53 kN

地震下 2层 24 号＋形柱上节点在方向 2 不满足尺寸要求！Vjmax(31)＝ 959.17＞ 649.53 kN

可见手算的结果与其相当接近。表明 CRSC 软件柱斜截面检验结果可信。

2007 年 8 月 29 日版本 TAT 给出该 24 号柱的配筋结果为：

N－C＝ 24(6)B×H×U×T×D×F(mm)＝ 200× 600× 200× 200× 200× 200 Cover＝30(mm)

Cx＝1.74 Cy＝1.84 Lcm＝ 2.80(m)Nfc＝ 2 Rcc＝35.0

混凝土柱

(30)Nuc＝ －1200. Uc＝ 0.36 Rs＝ 1.61(%)

(35)N＝ －730. Mx＝ －285. My＝ 0. Aszt＝ 2460. Asft＝ 492.

(35)N＝ －730. Mx＝ －299. My＝ 0. Aszb＝ 2678. Asfb＝ 536.

(35)N＝ －730. Vx＝ 0. Vy＝ －250. Asv＝ 125. Asv0＝ 125.

** 节点域抗剪超限(29)Vjx＝ －809. ＞Ffc＝0.32 * Fc * B * H＝ 648.

(29)N＝ －1053. Vjx＝ －809. Asvjx＝ 476.4

** 节点域抗剪超限(31)Vjy＝－1102. ＞Ffc＝0.32 * fc * B * H＝ 650.

(31)N＝ －906. Vjy＝－1102. Asvjy＝ 802.5

另 CRSC 给出共 5 根异形柱轴压比超限，其中之一(二级抗震 T 形短柱限值见本书表 9-3)如下：

第 2层 7 号柱轴压比 0.588 ＞ 0.50 ?

TAT 算出同根柱的轴压比为：

N－C＝ 7(6)B×H×U×T×D×F(mm)＝ 200× 600× 400× 200× 200× 200 Cover＝ 30(mm

Cx＝1.60 Cy＝1.70 Lcm＝ 2.80(m) Nfc＝2 Rcc＝35.0 混凝土柱

(31)Nuc= −1963. Uc= 0.59 Rs= 1.30(%)

而没给出超限提示(其余 4 根也没给出)，可见 2007 年 8 月 29 日版本 TAT 还没执行《规程》的异形柱轴压比要求。

因本算例房屋总高度超出规程限值过多，柱纵筋超筋和梁柱节点不满足最小截面尺寸要求情况多，这里不列出了。

该工程算例用 2007 年 8 月 29 日版本 SATWE 计算给出该柱(因与 TAT 编号不同，它是二层 15 号柱)的标准内力如下：

N−C= 15 Node−i= 139, Node−j= 72, DL=2.800(m), Angle= 0.000

(1)	−80.1	0.0	0.0	0.0	−114.5	0.0	109.8
(2)	0.0	−108.3	−101.9	157.4	0.0	145.8	0.0
(3)	−3.1	0.0	0.0	0.0	−4.3	0.0	4.3
(4)	0.0	−8.5	−7.5	12.3	0.0	11.6	0.0
(5)	0.0	2.5	−815.1	−2.3	0.0	−4.9	0.0
(6)	0.0	1.5	−139.1	−2.3	0.0	−1.9	0.0
EX1	−56.6	−76.5	−72.0	111.3	−81.0	103.1	77.7
EY1	56.6	−76.5	−72.0	111.3	81.0	103.1	−77.7

2007 年 8 月 29 日版本 SATWE 计算给出该柱配筋结果如下：

N−C= 15 (6)B×H×U×T×D×F(mm)= 200× 600× 200× 200× 200× 200

Cover=30(mm) Cx=1.68 Cy=1.70 Lc= 2.80(m) Nfc=2 Rcc=35.0

混凝土柱

(30)Nu= −1194. Uc= 0.36 Rs= 1.18(%)

(35)N= −752. Mx= −254. My= 0. Aszt= 1723. Asft=345.

(35)N= −752. Mx= −270. My= 0. Aszb= 1960. Asft=392.

(35)N= −752. Vx= 0. Vy= 225. Asv= 106. Asv0= 106.

** 节点域抗剪超限 N−C= 15 (28)Vjx= 786. > FFC=0.32×fc×B×H= 647.

(28)N −1062. Vjx= 768. Asvjx= 430.

** 节点域抗剪超限 N−C= 15 (31)Vjy=−1068. > FFC=0.32×fc×H×B= 650.

(31)N= −929. Vjy=−1068. Asvjy= 763.

CRSC 接力 2007 年 8 月 29 日版本 SATWE 内力得到的该柱配筋结果如下：

N−C= 15(6)B×H×U×T×D×F=200× 600× 200× 200× 200× 200"+"; C35, 2 级验算

Ac(mm^2)= 200000. aa=30 Bmax= 1.70 Lc= 2.80(m) Hj/B= 4.0

(35a)CRN= −791.0 Mx= 192.6 My=−136.9 bars12D16 As= 2412.7 Rs=1.21(%)

(30)N= −1194.0 kN Uc= 0.357 Rss=0.20(%)

(11)Nmin= −804.6(4)Vxsw 4.3(23)Vysw 16.4

(35)Nmin= −752.2(28)Vxe= 162.4(31)Vye=225.7；2 级构造

HDZ 2800. d10s 96. (PV) λv=0.15 Rsv1.55(%) AsvFyv/S 343.4

N−N= 15 十形，C35，2 级验算，2 级构造

地震下 2层 15号+形柱上节点在方向 1 不满足尺寸要求！Vjmax(28)= 708.45> 649.53 kN

地震下 2层 15号+形柱上节点在方向 2 不满足尺寸要求！Vjmax(31)= 974.71> 649.53 kN

另 CRSC 给出的柱轴压比超限信息为(二级抗震 T 形短柱)：

第 2层 19 号柱轴压比 0.589 > 0.50？

SATWE 算出同根柱的轴压比为：

N−C= 19 (6)B×H×U×T×D×F(mm)= 200× 600× 400× 200× 200× 200

Cover= 30(mm) Cx=1.89 Cy=1.54 Lc= 2.80(m) Nfc=2 Rcc=35.0 混凝土柱

(31)Nu= −1957. Uc= 0.59 Rs= 1.68(%)

而没给出超限提示，可见 2007 年 8 月 29 日版本 SATWE 还没执行《规程》的异形柱轴压比要求。

可看出，以上柱剪力手算结果与 CRSC 和 TAT、SATWE 计算结果相同。

此算例非实际工程，很多方面不符合规程和混凝土结构设计规范要求，使用 SATWE 与 TAT 一样有许多柱纵筋超筋和梁柱节点不满足最小截面尺寸要求的情况出现，这里不列出了。用此做算例是为考核软件的判断工程是否符合规程要求的能力。

通过以上两算例可见，目前 RKPM 与 CRSC 异形柱节点剪力还有些差距(两算例中最多相差 25%)，PKPM 还没按异形柱长细比限值进行检验，轴压比控制偏松，构造要求没达到《异形柱规程》要求(例如由算例一 CRSC 结果文件 cltab. dat 可见箍筋加密区箍筋间距有的小于 100mm，非加密区箍筋间距不总是加密区间距的 2 倍，不是用户输入两间距 100mm、200mm 能控制的)。所以设计人员还不能通过该软件的计算获得异形柱节点强度和配箍是否足够的信息，也不能达到《规程》的构造要求。

第十节 CRSC 软件使用方法简介

CRSC 软件于 1999 年初推出，于 2001 年 5 月通过天津市城乡建设委员会组织的鉴定，至今八年多，经历了国家标准(规范、高规)和天津异形柱规程至全国行业标准《规程》的更新交替和《规程》试设计工程配筋计算的任务，在全国用户的关心帮助下，我们花费大量时间精力，将《规程》关于异形柱载面设计(包括正截面承载力、斜截面受剪承载力、框

架梁柱节点核心区受剪承载力计算及构造)的绝大部分条款进行了计算机软件实现。本文简略介绍了软件实现的部分细节，更详细和更新的内容请到网站 http://www.kingofjudge.com 下载并查看新的软件用户手册[5]。

该网站上的 CRSC 软件对规模较小的工程(有限元模型结点总数不大于 100)有试用功能，即可在没有软件锁的情况下正常运行。自网上下载软件后，运行安装程序，按屏幕提示将软件安装在 c：\ crsc 子目录下。

使用 CRSC 算题时，在 CRSC 软件状态下选择是接力 SATWE 还是接力 TAT，再选择 PKPM 算过题的工作路径，即可进行数据检查、配筋计算、纵筋归并、箍筋调整工作(图 10.10-1)。使用时应注意以下几点：(1)在 PMCAD 建立结构模型时，对于 L、T、十字形截面形状柱均 kind=6 截面类型，即原形为“十”形的截面类型输入(截面某一、二个方向肢长为零，则可得到 T、L 形截面)；(2)接力 SATWE 时，注意在 CRSC 中用鼠标在屏幕上选择风载、地震作用、偶然偏心地震作用工况数应与用户在 SATWE 中选择的相同；(3)使用 CRSC 数据检查后，注意应通过屏幕上鼠标操作来补充定义结构中的角柱。详细内容请见 CRSC 软件用户手册。

我们对 CRSC 软件将不断改进完善与扩大开发，请用户在使用过程中，提出宝贵意见和建议。

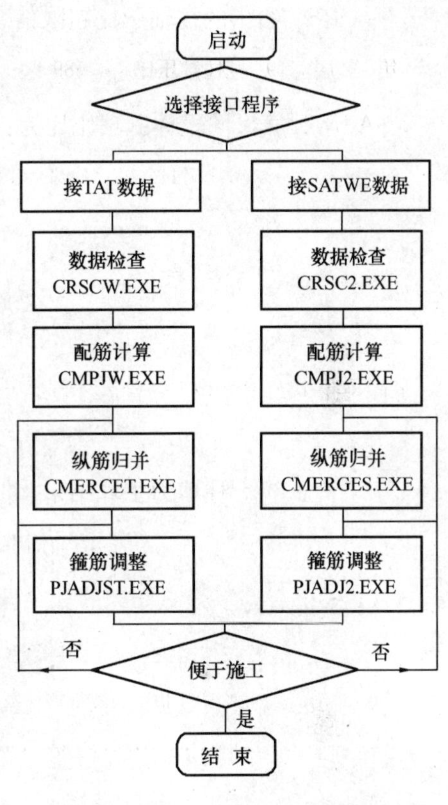

图 10.10-1　CRSC 工程流程

参考文献

[1] 李云贵.建筑结构设计新规范软件 SATWE[M],见混凝土结构设计规范算例编委会编混凝土结构设计规范算例,中国建筑工业出版社,2003.

[2] 中国建筑科学研究院 PKPMCAD 工程部:TAT 用户手册及技术条件[M],2005.

[3] 中国建筑科学研究院 PKPMCAD 工程部:SATWE 用户手册及技术条件[M],2005.

[4] 王依群、赵艳静、周克民、陈勤、陈云霞.异形截面钢筋混凝土柱正截面承载力简化计算[J],建筑结构,2003.

[5] 天津市异形柱结构规程软件开发组:钢筋混凝土异形柱结构计算及配筋软件 CRSC 用户手册及编制原理[M],2006.

[6] 王依群,柱剪力设计值计算[C],第十九届全国高层建筑结构学术会议论文,2006.

[7] 王依群，邓孝祥，王福智. CRSC软件在六度抗震的异形柱框架结构设计中的应用[M]，计算机技术在工程建设中的应用. 北京：知识产权出版社，2004.

[8] 王依群，康谷贻，邓孝祥. 非抗震设计的异形柱框架梁柱节点受剪承载力[C]，第八届全国混凝土结构基本理论及工程应用学术会议论文集. 重庆大学出版社，2004.

[9] 王依群，邓孝祥，康谷贻，贺民宪. 非抗震设计的异形柱框架剪力墙结构节点承载力计算[J]. 建筑结构，2005.